高职高专规划教材

21世纪高等学校数学系列教材

高等数学

- 主　编　万荣国
- 副主编　段珍兰　冯秀琴

武汉大学出版社

图书在版编目(CIP)数据

高等数学/万荣国主编. —武汉：武汉大学出版社,2013.5(2016.8重印)
21世纪高等学校数学系列教材
 ISBN 978-7-307-10662-8

Ⅰ.高…　Ⅱ.万…　Ⅲ.高等数学—高等学校—教材　Ⅳ.O13

中国版本图书馆CIP数据核字(2013)第056366号

责任编辑:黄汉平　　　责任校对:黄添生　　　版式设计:马　佳

出版发行：武汉大学出版社　　(430072　武昌　珞珈山)
　　　　　　　(电子邮件：cbs22@whu.edu.cn　网址：www.wdp.com.cn)
印刷：武汉中科兴业印务有限公司
开本：787×1092　1/16　印张：12.75　字数：306千字　插页：1
版次：2013年5月第1版　2016年8月第5次印刷
ISBN 978-7-307-10662-8/O·493　　　定价：27.00元

版权所有，不得翻印；凡购我社的图书，如有质量问题，请与当地图书销售部门联系调换。

21 世纪高等学校数学系列教材

编 委 会

主　　任：羿旭明　武汉大学数学与统计学院，副院长，教授
副 主 任：何　穗　华中师范大学数学与统计学院，副院长，教授
　　　　　肖业胜　武汉工程职业技术学院，副教授
　　　　　万荣国　湖北科技职业学院机电工程学院，副院长，副教授
　　　　　孙旭东　武汉工业职业技术学院，副教授
　　　　　万　武　湖北轻工业职业技术学院，副教授
　　　　　骞　明　华中科技大学数学学院，副院长，教授
　　　　　曾祥金　武汉理工大学理学院，数学系主任，教授、博导
　　　　　李玉华　云南师范大学数学学院，副院长，教授
编　　委：（按姓氏笔画为序）
　　　　　王绍恒　重庆三峡学院数学与计算机学院，教研室主任，副教授
　　　　　叶牡才　中国地质大学（武汉）数理学院，教授
　　　　　叶子祥　武汉科技学院东湖校区，副教授
　　　　　刘　俊　曲靖师范学院数学系，系主任，教授
　　　　　全惠云　湖南师范大学数学与计算机学院，系主任，教授
　　　　　何　斌　红河师范学院数学系，副院长，教授
　　　　　李学峰　仰恩大学（福建泉州），副教授
　　　　　李逢高　湖北工业大学理学院，副教授
　　　　　杨柱元　云南民族大学数学与计算机学院，院长，教授
　　　　　杨汉春　云南大学数学与统计学院，数学系主任，教授
　　　　　杨泽恒　大理学院数学系，系主任，教授
　　　　　张金玲　襄樊学院，讲师
　　　　　张惠丽　昆明学院数学系，系副主任，副教授
　　　　　陈圣滔　长江大学数学系，教授
　　　　　邹庭荣　华中农业大学理学院，教授
　　　　　吴又胜　咸宁学院数学系，系副主任，副教授
　　　　　肖建海　孝感学院数学系，系主任
　　　　　沈远彤　中国地质大学（武汉）数理学院，教授
　　　　　欧贵兵　武汉科技学院理学院，副教授

	赵喜林	武汉科技大学理学院，副教授
	徐荣聪	福州大学数学与计算机学院，副院长
	高遵海	武汉工业学院数理系，副教授
	梁　林	楚雄师范学院数学系，系主任，副教授
	梅汇海	湖北第二师范学院数学系，副主任
	熊新斌	华中科技大学数学学院，副教授
	蔡光程	昆明理工大学理学院数学系，系主任，教授
	蔡炯辉	玉溪师范学院数学系，系副主任，副教授
执行编委：	李汉保	武汉大学出版社，副编审
	黄金文	武汉大学出版社，副编审

内容简介

本书在总结、分析和吸收全国高职高专院校高等数学教学改革经验的基础上，从高职高专人才培养目标出发，精选了教学内容，淡化理论推导和证明，注重理论联系实际，遵循循序渐进的教学原则，精心配备了每节中的例题和习题，突出了职业教育改革特色，难易程度更适合目前的生源情况.

本书内容为函数、极限与连续、导数与微分、导数的应用、不定积分、定积分及其应用、常微分方程、Mathematica 软件及应用. 书末附有习题答案.

本书可供高职高专各专业使用，亦可作为学习高等数学的参考书.

序

数学是研究现实世界中数量关系和空间形式的科学。长期以来，人们在认识世界和改造世界的过程中，数学作为一种精确的语言和一个有力的工具，在人类文明的进步和发展中，甚至在文化的层面上，一直发挥着重要的作用。作为各门科学的重要基础，作为人类文明的重要支柱，数学科学在很多重要的领域中已起到关键性、甚至决定性的作用。数学在当代科技、文化、社会、经济和国防等诸多领域中的特殊地位是不可忽视的。发展数学科学，是推进我国科学研究和技术发展，保障我国在各个重要领域中可持续发展的战略需要。高等学校作为人才培养的摇篮和基地，对大学生的数学教育，是所有的专业教育和文化教育中非常基础、非常重要的一个方面，而教材建设是课程建设的重要内容，是教学思想与教学内容的重要载体，因此显得尤为重要。

为了提高高等学校数学课程教材建设水平，由武汉大学数学与统计学院与武汉大学出版社联合倡议、策划，组建 21 世纪高等学校数学课程系列教材编委会，在一定范围内，联合多所高校合作编写数学课程系列教材，为高等学校从事数学教学和科研的教师，特别是长期从事教学且具有丰富教学经验的广大教师搭建一个交流和编写数学教材的平台。通过该平台，联合编写教材，交流教学经验，确保教材的编写质量，同时提高教材的编写与出版速度，有利于教材的不断更新，极力打造精品教材。

本着上述指导思想，我们组织编撰出版了这套 21 世纪高等学校数学课程系列教材，旨在提高高等学校数学课程的教育质量和教材建设水平。

参加 21 世纪高等学校数学课程系列教材编委会的高校有：武汉大学、华中科技大学、云南大学、云南民族大学、云南师范大学、昆明理工大学、武汉理工大学、湖南师范大学、重庆三峡学院、襄樊学院、华中农业大学、福州大学、长江大学、咸宁学院、中国地质大学、孝感学院、湖北第二师范学院、武汉工业学院、武汉科技学院、武汉科技大学、仰恩大学（福建泉州）、华中师范大学、湖北工业大学、湖北科技职业学院等 20 余所院校。

高等学校数学课程系列教材涵盖面很广，为了便于区分，我们约定在封首上以汉语拼音首写字母缩写注明教材类别，如：数学类本科生教材，注明：SB；理工类本科生教材，注明：LGB；文科与经济类教材，注明：WJ；理工类硕士生教材，注明：LGS，如此等等，以便于读者区分。

武汉大学出版社是中共中央宣传部与国家新闻出版署联合授予的全国优秀出版社之一。在国内有较高的知名度和社会影响力，武汉大学出版社愿尽其所能为国内高校的教学与科研服务。我们愿与各位朋友真诚合作、力争将该系列教材打造成为国内同类教材中的精品教材，为高等教育的发展贡献力量！

21 世纪高等学校数学系列教材编委会
2007 年 7 月

前　言

随着高职教育的改革与发展不断深入，以及社会对高职教育的新要求，高职教育公共基础课的内容必须与时俱进，经过多年的高职数学教学实践与调研，我们决定编写一本适合高职特点，便于教、学的基础数学教材《高等数学》，以满足新形势的发展与需要．本教材具有以下特点：

1．本着衔接好中学数学内容、核心内容必须保留、兼顾后续需要的原则对高等数学有关内容大胆进行取舍，以适应新形势下专业人才培养方案设置的高等数学课程学时少的瓶颈．

2．教材编写充分考虑到高职院校学生的实际情况，遵循"以应用为目的，必须、够用为度"的原则．在尽可能保持数学学科特点的基础上，对教学内容进行了精心处理、组织，淡化理论性，体现适应、实用、简明的要求，同时兼顾对学生抽象概括能力、逻辑推理能力、运算能力和综合运用所学知识分析及解决问题能力的培养．

3．注重以实例引入概念，并最终回到数学应用的思想，强调数学概念与实际问题的联系，培养学生对数学的应用意识和兴趣；注重对基本知识、基本方法和基本技能的训练；教材结构紧凑，语言简练，深入浅出，通俗易懂，便于教与学．

4．鉴于计算机和数学软件的广泛使用及数学软件在解决问题中的重要作用，为了提高学生使用计算机解决数学问题的意识和能力，我们在附录3中介绍了Mathematica软件的使用方法及在微积分中的实验，使学生学会用计算机计算和绘图．

5．书后附有微积分中的常用公式、初等数学常用公式，方便学习和复习有关内容时查找．各章每节后配有精选的习题，每章后还配有复习题，供学生边学边练、及时复习和巩固所学内容之用．习题和复习题配有参考答案．

本书由万荣国担任主编，段珍兰、冯秀琴担任副主编．其中第1章、第2章由冯秀琴编写，第3章、第4章由段珍兰编写，第5章．第6章及附录由万荣国编写．全书由万荣国策划并定稿.

在本书编写过程中，得到了湖北科技职业学院各级领导的大力支持，特别是得到了数学教研室所有同仁的帮助，是他们给了我们很多有价值的建议，编者在此表示诚挚的感谢．

限于编者水平，加之编写时间比较仓促，书中不妥之处在所难免，希望广大读者提出批评和指正．

编　者

2013年3月

目 录

第1章 函数、极限与连续 ········· 1
  1.1 函数 ········· 1
  习题 1-1 ········· 11
  1.2 函数的极限 ········· 11
  习题 1-2 ········· 16
  1.3 无穷小与无穷大 ········· 17
  习题 1-3 ········· 18
  1.4 极限的运算 ········· 19
  习题 1-4 ········· 23
  1.5 无穷小的比较 ········· 24
  习题 1-5 ········· 25
  1.6 函数的连续性 ········· 26
  习题 1-6 ········· 32
  复习题 1 ········· 33

第2章 导数与微分 ········· 35
  2.1 导数的概念 ········· 35
  习题 2-1 ········· 41
  2.2 求导法则 ········· 41
  习题 2-2 ········· 46
  2.3 隐函数的导数 ········· 47
  习题 2-3 ········· 49
  2.4 高阶导数 ········· 49
  习题 2-4 ········· 51
  2.5 函数的微分 ········· 51
  习题 2-5 ········· 55
  复习题 2 ········· 56

第3章 导数的应用 ········· 58
  3.1 中值定理与洛必达法则 ········· 58
  习题 3-1 ········· 63
  3.2 函数的单调性与极值 ········· 63

习题 3-2 ……………………………………………………………………………… 69
　3.3　函数的最大值、最小值及其应用 ……………………………………………… 70
　　习题 3-3 ……………………………………………………………………………… 72
　3.4　曲线的凹凸性与拐点、渐近线 …………………………………………………… 73
　　习题 3-4 ……………………………………………………………………………… 76
　3.5　函数的作图 ………………………………………………………………………… 77
　　习题 3-5 ……………………………………………………………………………… 80
　3.6　导数在经济学中的应用 …………………………………………………………… 80
　　习题 3-6 ……………………………………………………………………………… 86
　　复习题 3 ……………………………………………………………………………… 87

第 4 章　不定积分 ……………………………………………………………………… 89
　4.1　不定积分的概念与性质 …………………………………………………………… 89
　　习题 4-1 ……………………………………………………………………………… 93
　4.2　换元积分法 ………………………………………………………………………… 94
　　习题 4-2 ……………………………………………………………………………… 100
　4.3　分部积分法 ………………………………………………………………………… 101
　　习题 4-3 ……………………………………………………………………………… 104
　　复习题 4 ……………………………………………………………………………… 104

第 5 章　定积分及其应用 ……………………………………………………………… 106
　5.1　定积分的概念与性质 ……………………………………………………………… 106
　　习题 5-1 ……………………………………………………………………………… 112
　5.2　微积分基本公式 …………………………………………………………………… 113
　　习题 5-2 ……………………………………………………………………………… 116
　5.3　定积分的换元积分法和分部积分法 ……………………………………………… 116
　　习题 5-3 ……………………………………………………………………………… 119
　5.4　广义积分 …………………………………………………………………………… 120
　　习题 5-4 ……………………………………………………………………………… 123
　5.5　定积分应用举例 …………………………………………………………………… 124
　　习题 5-5 ……………………………………………………………………………… 131
　　复习题 5 ……………………………………………………………………………… 132

第 6 章　常微分方程 …………………………………………………………………… 135
　6.1　微分方程的基本概念 ……………………………………………………………… 135
　　习题 6-1 ……………………………………………………………………………… 136
　6.2　一阶微分方程 ……………………………………………………………………… 137
　　习题 6-2 ……………………………………………………………………………… 142
　6.3　可降阶的微分方程 ………………………………………………………………… 143

目录

  习题 6-3 ·· 145
  6.4 二阶线性微分方程 ·· 146
  习题 6-4 ·· 150
  复习题 6 ·· 151

附录 1 微积分中的一些常用公式 ·· 154
附录 2 常用初等数学公式 ·· 156
附录 3 **Mathematica** 软件及应用 ·· 161
习题参考答案 ·· 177
参考文献 ··· 192

第1章 函数、极限与连续

高等数学主要研究事物运动、变化过程的数量关系.函数描述变量与变量之间的关系,是高等数学研究的重要对象之一.极限是高等数学的基础,极限研究的是变量在某一过程中的变化趋势.一个变量在向指定的趋势变化时,另一个依赖于这个变量的变量是否有固定的变化趋势?如果有,该怎样求?高等数学中的许多概念、性质和法则都是通过极限方法来建立的."连续"貌似通俗的概念,其数学描述却不简单.本章将介绍函数、极限、连续等基本概念及其性质.

1.1 函 数

本节介绍函数及有关概念,以及函数的性质、反函数与复合函数、初等函数等内容,最后举例说明建立函数关系的方法.

1.1.1 区间与邻域

1. 区间

设 a 和 b 为实数(假定 $a<b$),数集 $\{x|a<x<b\}$ 称为以 a,b 为端点的**开区间**,记为 (a,b),即

$$(a,b) = \{x|a<x<b\}.$$

类似地,可以定义:$[a,b] = \{x|a\leqslant x\leqslant b\}$ 为**闭区间**,$(a,b] = \{x|a<x\leqslant b\}$ 和 $[a,b) = \{x|a\leqslant x<b\}$ 为**半开区间**.

以上这些区间称为**有限区间**,数 $b-a$ 称为区间的长度.此外,还有以下几类**无限区间**:

$$(a,+\infty) = \{x|x>a\}$$
$$[a,+\infty) = \{x|x\geqslant a\}$$
$$(-\infty,b) = \{x|x<b\}$$
$$(-\infty,b] = \{x|x\leqslant b\}$$
$$(-\infty,+\infty) = \{x|x\in \mathbf{R}\}.$$

其中,$+\infty$ 与 $-\infty$ 仅是两个记号(不是数),分别读做"正无穷大"和"负无穷大".

当不需具体指明是何种区间时,我们常用"区间 I"泛指以上各种区间.

2. 邻域

设 a 与 δ 均为实数,且 $\delta>0$,集合 $\{x||x-a|<\delta\}$ 等同于以 a 为中心,以 δ 为半径的开区间 $(a-\delta,a+\delta)$.这个区间称为点 a 的 **δ 邻域**,记为 $U(a,\delta)$,即

$$U(a,\delta) = \{x|a-\delta<x<a+\delta\} = \{x||x-a|<\delta\}$$

点 a 称为该邻域的中心,δ 称为该邻域的半径.

有时在不需关注邻域的半径时,邻域 $U(a,\delta)$ 也简记为 $U(a)$(读做"a 的邻域").

在点 a 的 δ 邻域中去掉点 a 后,称为 a 的**去心 δ 邻域**,记为 $\mathring{U}(a,\delta)$,或简记 $\mathring{U}(a)$,即
$$\mathring{U}(a,\delta) = \{x \mid 0 < |x-a| < \delta\}$$
其中 $0 < |x-a|$ 表示 $x \neq a$.

例 1-1 $\{x \mid |x-2| < 0.5\}$,表示以点 $a=2$ 为中心,以 0.5 为半径的邻域,也就是开区间 $(2-0.5, 2+0.5) = (1.5, 2.5)$.

$\{x \mid 0 < |x-2| < 0.5\}$,表示以点 $a=2$ 为中心,以 0.5 为半径的去心邻域,也就是 $(1.5, 2) \cup (2, 2.5)$.

1.1.2 函数的概念

1. 常量与变量

在日常生活和科学研究中,经常遇到各种不同的量,如长度、面积、体积、时间、距离、速度等.其中在某一过程中保持不变,始终取一固定数值的量称为**常量**;在某一过程中发生变化,可以取不同的数值的量称为**变量**.习惯上,常量用字母 a,b,c 等表示,变量用字母 x,y,z 等表示.

例如,在对一密封容器内气体加热的过程中,气体的体积和质量保持一定,它们是常量;而气体的温度和压力在变化,它们是变量.

需要指出的是,常量和变量依赖于所研究的过程.同一个量,在某一过程中是常量,而在另一过程中则可能是变量.因此,常量和变量是相对的.

2. 函数的定义

在某一个问题中,往往会出现多个变量,它们并不是孤立地变化的,而是相互联系并按一定的对应规律变化.

例 1-2 圆的面积公式 $S = \pi r^2$ 中,半径 r 与面积 S 互相联系.半径 $r = 2$ 的圆,其面积为 $S = 4\pi$;半径 $r = 3$ 的圆,其面积为 $S = 9\pi$,如此等等.总之,面积 S 随着半径 r 的变化而变化,也随 r 的确定而确定.

变量 S 与变量 r 的这种关系在数学中称为函数关系.下面,我们给出函数的确切定义.

定义 1.1 设 D 是一个非空数集.如果对于 D 中的每一个数 x,按照一定的法则 f,都能对应于唯一的一个数 y,则此对应法则 f 称为定义在集合 D 上的一个**函数**,记为
$$y = f(x)$$
并称 x 为该函数的**自变量**,y 为**因变量**,D 为**定义域**.

当自变量 x 取遍定义域 D 中的一切数时,相应的函数值 y 组成的集合 $f(D) = \{y \mid y = f(x), x \in D\}$ 称为函数 f 的**值域**.

当自变量 x 在定义域 D 内取一个确定的值 x_0 时,因变量 y 按所给函数关系 $y = f(x)$ 求出的对应值 y_0 称为函数在 $x = x_0$ 处的值,记为 $y_0 = f(x_0), f(x)|_{x=x_0}, y|_{x=x_0}$.

函数 $y = f(x)$ 中的 f 反映自变量与因变量的对应法则,也常常用 g, F, φ 等字母表示.相应地,函数可以记为 $y = g(x), y = F(x), y = \varphi(x)$ 等.有时为简化符号,函数关系也可以记为 $y = y(x)$,这样 y 既代表对应法则又代表因变量.

定义域是函数的一个组成部分,给定一个函数就意味着其定义域是同时给定的.关于定义域,如果所讨论的函数来自某个实际问题,那么其定义域应符合实际意义.

由函数的定义知,确定一个函数有两个要素,即定义域 D 与对应法则 f. 只有当两个函数的定义域和对应法则完全相同时,才能认为这两个函数是相同的函数.至于用什么字母表示自变量和因变量则是无关紧要的.如函数 $y=f(x),x\in D$ 与 $s=f(t),t\in D$ 表示同一个函数.

例 1-3 已知函数 $f(x)=x^2+\dfrac{x}{1-x}+1$,求 $f(0),f(x+1),f\left(\dfrac{1}{x}\right)$.

解 $f(0)=0^2+\dfrac{0}{1-0}+1=1$,

$$f(x+1)=(x+1)^2+\dfrac{x+1}{1-(x+1)}+1=\dfrac{x^3+2x^2+x-1}{x},$$

$$f\left(\dfrac{1}{x}\right)=\left(\dfrac{1}{x}\right)^2+\dfrac{\dfrac{1}{x}}{1-\dfrac{1}{x}}+1=\dfrac{x^3+x-1}{x^3-x^2}.$$

例 1-4 求下列函数的定义域:

(1) $f(x)=\dfrac{1}{x-1}-\sqrt{1-x^2}$;

(2) $f(x)=\ln(2x-1)+\arcsin(5-2x)$.

解 (1) 由 $\begin{cases} x-1\neq 0, \\ 1-x^2\geqslant 0, \end{cases}$ 解得 $-1\leqslant x<1$. 即所求定义域为 $[-1,1)$.

(2) 当 $\ln(2x-1)$ 与 $\arcsin(5-2x)$ 都有意义时,$f(x)$ 才有意义,所以有

$$\begin{cases} 2x-1>0, \\ -1\leqslant 5-2x\leqslant 1, \end{cases}$$

解得 $2\leqslant x\leqslant 3$. 所求定义域为 $[2,3]$.

1.1.3 函数的几种特性

1. 函数的有界性

定义 1.2 设函数 $y=f(x)$ 在区间 I 上有定义,如果存在正数 M,使得对任意 $x\in I$,恒有 $|f(x)|\leqslant M$ 成立,则称函数 $f(x)$ 在 I 上**有界**.如果不存在这样的正数 M,则称函数 $f(x)$ 在 I 上**无界**.

例如,函数 $y=\sin x$ 在区间 $(-\infty,+\infty)$ 上有界,因为对于任何 $x\in(-\infty,+\infty)$ 恒有 $|\sin x|\leqslant 1$. 又如函数 $y=\dfrac{1}{x}$ 在区间 $[0.1,1]$ 上有界,但在区间 $(0,1)$ 上无界.

从图形来看,函数 $f(x)$ 在 I 上有界,是指该函数在区间 I 上的图形介于两条水平直线 $y=M$ 与 $y=-M$ 之间,如图 1-1 所示.

2. 函数的单调性

定义 1.3 设函数 $f(x)$ 的定义域为 D,区间 $I\subset D$. 如果对于任意的 $x_1,x_2\in I$,当 $x_1<x_2$ 时,都有 $f(x_1)<f(x_2)$,则称函数 $f(x)$ 在区间 I 上是**单调增加**的,称区间 I 是 $f(x)$ 的**单调增加区间**. 如果对于任意的 $x_1,x_2\in I$,当 $x_1<x_2$ 时,都有 $f(x_1)>f(x_2)$,则称函数 $f(x)$ 在区间 I 上是**单调减少**的,称区间 I 是 $f(x)$ 的**单调减少区间**.

函数在某个区间上递增或递减的性质统称为函数的单调性.

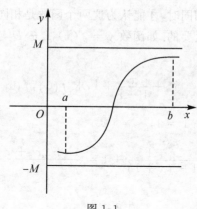

图 1-1

单调增加函数的图形是沿 x 轴正向逐渐上升,如图 1-2 所示;单调减少函数的图形是沿 x 轴正向逐渐下降,如图 1-3 所示.

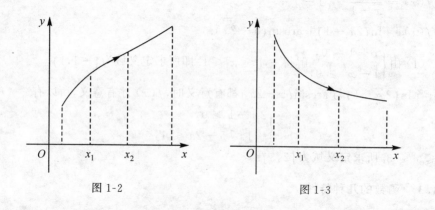

图 1-2 图 1-3

例如,$y=x^2$ 在区间 $[0,+\infty)$ 上单调增加,在 $(-\infty,0]$ 上单调减少,在 $(-\infty,+\infty)$ 内不是单调的.

3. 函数的奇偶性

定义 1.4 设函数 $f(x)$ 的定义域 D 关于坐标原点对称. 如果对于任意的 $x\in D$,总有 $f(-x)=f(x)$ 成立,则称 $f(x)$ 为**偶函数**;如果对于任意的 $x\in D$,总有 $f(-x)=-f(x)$ 成立,则称 $f(x)$ 为**奇函数**.

例如,$y=\cos x$ 在 $(-\infty,+\infty)$ 内是偶函数. $y=\sin x$ 在 $(-\infty,+\infty)$ 内是奇函数.

由定义可知,偶函数的图形关于 y 轴对称,如图 1-4 所示;奇函数的图形关于原点对称,如图 1-5 所示.

4. 函数的周期性

定义 1.5 设函数 $f(x)$ 的定义域为 D. 如果存在一个非零的常数 T,使得对任意的 $x\in D$,都有 $x+T\in D$,且 $f(x+T)=f(x)$,则称 $f(x)$ 为**周期函数**,称 T 为 $f(x)$ 的**周期**.

如果在所有的正周期中存在一个最小的数,则把它称为 $f(x)$ 的**最小正周期**. 讨论函数的周期性时,所说周期一般是指最小正周期. 例如 $y=\sin x$ 是周期函数,最小正周期为 2π.

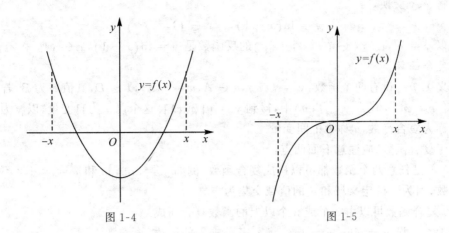

图 1-4   图 1-5

1.1.4 反函数与复合函数

1. 反函数

定义 1.6 设函数 $y = f(x)$ 的定义域为 D，值域为 $Y = f(D)$. 如果对于 Y 中每一个 y，都可以由 $f(x) = y$ 唯一确定出 x，则得到一个定义在集合 Y 上的新函数，称这个新函数为 $y = f(x)$ 的反函数. 记为

$$x = f^{-1}(y), \quad y \in Y.$$

通常，习惯用 x 表示自变量，用 y 表示因变量，所以常将 $y = f(x)$，$x \in D$ 的反函数写成 $y = f^{-1}(x)$，$x \in Y$.

函数 $y = f(x)$ 与其反函数 $y = f^{-1}(x)$ 的图形关于直线 $y = x$ 对称，如图 1-6 所示.

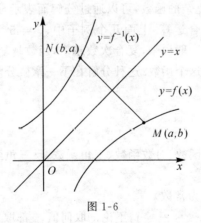

图 1-6

求反函数的过程可以分为两步：(1) 从 $y = f(x)$ 中解出 $x = f^{-1}(y)$；(2) 交换字母 x 与 y 的位置.

例 1-5 求 $y = e^x + 1, x \in (-\infty, +\infty)$ 的反函数.

解 解出 x，得

$$x = \ln(y - 1)$$

再将 x、y 交换,得
$$y = \ln(x-1), \quad x \in (1, +\infty)$$
所以 $y = e^x + 1, x \in (-\infty, +\infty)$ 的反函数是 $y = \ln(x-1), x \in (1, +\infty)$.

2. 复合函数

定义 1.7 设有两个函数:$y = f(u), u \in A; u = \varphi(x), x \in D$,其值域为 B. 若 $A \cap B$ 非空,将 $u = \varphi(x)$ 代入 $y = f(u)$ 中,得到 $y = f[\varphi(x)]$. 这个以 x 为自变量,以 y 为因变量的函数称为**复合函数**,u 称为中间变量.

对于复合函数,应注意下面两点:

(1) 不是任意两个函数都可以构成复合函数. 例如 $y = \arcsin u$ 和 $u = x^2 + 2$ 不能构成复合函数,因为 y 的定义域和 u 的值域交集为空集.

(2) 复合函数可以由 3 个或 3 个以上的函数复合而成.

例 1-6 设 $y = \sin u, u = \ln x$,将 y 表示成 x 的函数.

解 $y = \sin \ln x$.

例 1-7 已知 $y = \ln u, u = 4 - v^2, v = \sin x$,将 y 表示成 x 的函数.

解 $y = \ln(4 - v^2) = \ln(4 - \sin^2 x)$.

例 1-8 指出下列复合函数的结构:

(1) $y = 5^{\cot x}$;   (2) $y = \ln \sin \sqrt{x}$;

(3) $y = \sqrt{\log_a(x^2+1)}$;   (4) $y = \sin^2 e^x$.

解 (1) $y = 5^u, u = \cot x$.

(2) $y = \ln u, u = \sin v, v = \sqrt{x}$.

(3) $y = \sqrt{u}, u = \log_a v, v = x^2 + 1$.

(4) $y = u^2, u = \sin v, v = e^x$.

例 1-8 表明,一个形式复杂的函数,可以通过分解而表示成若干个简单函数的合成,我们把这种合成称为函数的复合运算. 上面几个例子中,$y = 5^{\cot x}$ 是通过一次复合运算而成的,其余都是两次复合而成. 一般说来,复合次数越多,函数越复杂. 但无论多么复杂的函数,总可以通过设中间变量分解这个函数. 这种分解在下一章微分学中是很有用的.

1.1.5 初等函数

1. 基本初等函数

常数函数、幂函数、指数函数、对数函数、三角函数、反三角函数这六类函数,统称为基本初等函数.

(1) **常数函数** $y = C$(C 为常数)

常数函数的定义域是 $(-\infty, +\infty)$,不论 x 取何值,y 都取常数 C. 其图形是一条平行于 x 轴的直线(如图 1-7 所示).

(2) **幂函数** $y = x^\alpha$(α 为实数)

当 α 为不同的实数时,幂函数的定义域及性质也随之不同. 但不论 α 取何值,x^α 在区间 $(0, +\infty)$ 内总有定义,且都经过 $(1,1)$ 点.

常见的幂函数有:$y = x, y = x^2, y = x^3, y = x^{\frac{1}{2}}, y = x^{-1} = \dfrac{1}{x}$ 等(如图 1-8 所示).

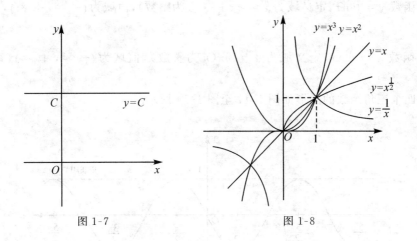

图 1-7　　　　　　　图 1-8

(3) **指数函数** $y = a^x$ (a 为常数, $a > 0, a \neq 1$)

指数函数的定义域是 $(-\infty, +\infty)$, 值域是 $(0, +\infty)$, 过定点 $(0,1)$.

当 $a > 1$ 时, $y = a^x$ 单调增加; 当 $0 < a < 1$ 时, $y = a^x$ 单调减少, 如图 1-9 所示.

以无理数 $e = 2.71828\cdots$ 为底的指数函数 $y = e^x$, 是科学研究中常用的指数函数.

应特别注意指数函数与幂函数的区别: 在幂函数 $y = x^\alpha$ 中, 自变量 x 在底的位置, 指数 α 是常数; 而在指数函数 $y = a^x$ 中, 自变量 x 在指数位置, 底数 a 是常数.

(4) **对数函数** $y = \log_a x$ (a 为常数, $a > 0, a \neq 1$)

对数函数 $y = \log_a x$ 是指数函数 $y = a^x$ 的反函数. 对数函数的定义域为 $(0, +\infty)$, 值域为 $(-\infty, +\infty)$, 过定点 $(1, 0)$.

当 $a > 1$ 时, $y = \log_a x$ 单调增加; 当 $0 < a < 1$ 时, $y = \log_a x$ 单调减少, 如图 1-10 所示.

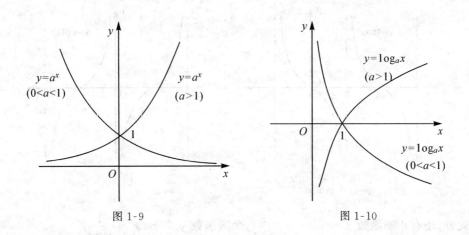

图 1-9　　　　　　　图 1-10

特别地, 以无理数 e 为底的对数函数 $y = \log_e x$ 称为自然对数, 记作 $\ln x$.

(5) **三角函数**

正弦函数 $y = \sin x$, 定义域为 $(-\infty, +\infty)$, 值域为 $[-1, 1]$, 奇函数, 周期为 2π;

余弦函数 $y = \cos x$, 定义域为 $(-\infty, +\infty)$, 值域为 $[-1, 1]$, 偶函数, 周期为 2π;

正切函数 $y = \tan x$,定义域为 $x \neq n\pi + \dfrac{\pi}{2}$($n$ 为整数),值域为 $(-\infty, +\infty)$,奇函数,周期为 π;

余切函数 $y = \cot x$,定义域为 $x \neq n\pi$(n 为整数),值域为 $(-\infty, +\infty)$,奇函数,周期为 π.

以上四个三角函数的图形如图 1-11 至图 1-14 所示.

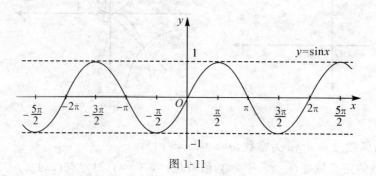

图 1-11

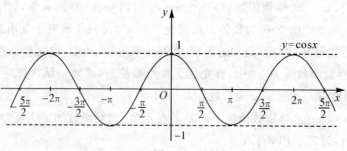

图 1-12

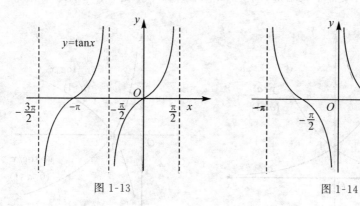

图 1-13　　　　　　图 1-14

此外,还有正割函数 $y = \sec x = \dfrac{1}{\cos x}$,余割函数 $y = \csc x = \dfrac{1}{\sin x}$.

(6) **反三角函数**

反三角函数是相应三角函数的反函数. $y = \sin x, y = \cos x, y = \tan x, y = \cot x$ 分别在其单调区间 $\left[-\dfrac{\pi}{2}, \dfrac{\pi}{2}\right]$,$[0, \pi]$,$\left(-\dfrac{\pi}{2}, \dfrac{\pi}{2}\right)$,$(0, \pi)$ 内得到相应的反函数:

反正弦函数 $y = \arcsin x$,定义域为 $[-1,1]$,值域为 $\left[-\dfrac{\pi}{2},\dfrac{\pi}{2}\right]$;

反余弦函数 $y = \arccos x$,定义域为 $[-1,1]$,值域为 $[0,\pi]$;

反正切函数 $y = \arctan x$,定义域为 $(-\infty,+\infty)$,值域为 $\left(-\dfrac{\pi}{2},\dfrac{\pi}{2}\right)$;

反余切函数 $y = \mathrm{arccot}\, x$,定义域为 $(-\infty,+\infty)$,值域为 $(0,\pi)$.

其图形如图 1-15 至图 1-18 所示.

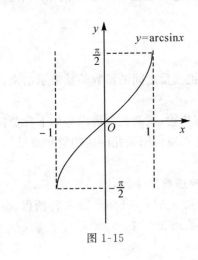

图 1-15

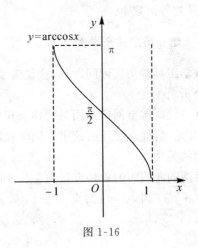

图 1-16

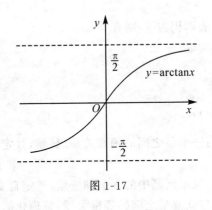

图 1-17

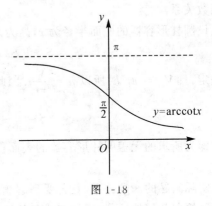

图 1-18

2. 初等函数

函数与函数之间有四则运算(加、减、乘、除)和复合运算. 凡是由上述六类基本初等函数经过有限次四则运算与有限次的函数复合所构成,并且可以用一个数学式子表示的函数,称为**初等函数**.

例如,$y = \ln\left(x + \sqrt{x^2 - 1}\right)$,$y = \mathrm{e}^{\cos x} + x\tan x$,$y = \dfrac{x^3 + 1}{\ln(x+1)}$ 都是初等函数. 而 $y = 1 + x + x^2 + x^3 + \cdots$ 和 $y = \begin{cases} 0, & x \geqslant 0 \\ 1, & x < 0 \end{cases}$ 都不是初等函数,前者不满足有限次运算,后者不是用一个式子表示的.

今后在讨论中遇到的函数绝大多数都是初等函数,初等函数是微积分研究的主要对象.

由初等函数的定义知,初等函数是用一个数学式子表示的函数,而在实际问题中,有时会遇到不同区间用不同式子表示的分段函数,例如符号函数

$$\text{sgn}x = \begin{cases} 1, & x > 0 \\ 0, & x = 0 \\ -1, & x < 0 \end{cases}$$

这种分段函数在每一段上可以用初等函数表示,但总体上这个函数不能用一个数学式子表示,已经不是初等函数了.

1.1.6 建立函数关系举例

运用数学工具解决实际问题时,往往需要先把变量之间的函数关系表示出来,然后再进行计算和分析.

例 1-9 设一淘宝网店采用某快递公司邮寄货物,到湖北省境内为如下收费标准,首重 1kg,价格 12 元,续重 5 元/kg,试求某同学在湖北省境内网购此网店的货物重量与所需要的快递费之间的关系.

解 设网购此网店的货物重量为 x kg,所需快递费为 y 元,则

当 $0 < x \leqslant 1$ 时,$y = 12$;当 $x > 1$ 时,$y = 12 + 5(x-1) = 5x + 7$. 所以

$$y = \begin{cases} 12, & 0 < x \leqslant 1 \\ 5x + 7, & x > 1 \end{cases}.$$

例 1-10 某厂要建造一个容积为 V_0 的无盖圆柱形容器,试建立其表面积与底面半径之间的函数关系.

解 设圆柱形容器的底面半径为 r,高为 h,表面积为 S,则有

$$S = S_{侧} + S_{底} = 2\pi r h + \pi r^2$$

因容积一定,且 $V_0 = \pi r^2 h$,所以 $h = \dfrac{V_0}{\pi r^2}$. 因此

$$S = \frac{2V_0}{r} + \pi r^2.$$

上式即为所求的无盖圆柱形容器的表面积与底半径之间的函数关系. 显然,其定义域为 $(0, +\infty)$.

建立实际问题的函数关系,首先要理解题意,找出问题中的常量和变量,选定自变量,再根据问题所给的几何特性、物理规律或其他知识建立变量之间的等量关系,整理化简得函数式. 有时还要根据题意,写出函数的定义域.

例 1-11(复利问题) 设某银行将数量为 A_0 的款贷出,每期利率为 r. 试求每期结算一次和每期结算 m 次时可收回的本利和.

解 设 t 表示期数,S 表示 t 期后可收回的本利和,则当每期结算一次时,t 期后可收回的本利和

$$S = A_0(1+r)^t.$$

当每期结算 m 次时,t 期后可收回的本利和

$$S = A_0 \left(1 + \frac{r}{m}\right)^{mt}.$$

习题 1-1

1. 用区间表示下列变量的变化范围：
   (1) $2 \leqslant x < 6$；
   (2) $x \geqslant 1$；
   (3) $|x-1| \leqslant 4$；
   (4) $x^2 > 9$.

2. 在 $y = \ln(-x^2)$ 中，y 与 x 是不是函数关系，为什么？

3. 下列 $f(x)$ 与 $g(x)$ 是否为相同函数，说明理由：
   (1) $f(x) = x, g(x) = (\sqrt{x})^2$；
   (2) $f(x) = \sqrt{x^2}, g(x) = |x|$；
   (3) $y = x + 2, g(x) = \dfrac{x^2 - 4}{x - 2}$；
   (4) $f(x) = \ln x^2, g(x) = 2\ln|x|$.

4. 求下列函数的定义域：
   (1) $y = x^2 - 2x + 3$；
   (2) $y = \dfrac{1}{\sqrt{2x+1}}$；
   (3) $y = \dfrac{1}{x^2 - 1} + \arcsin \dfrac{x-1}{2}$；
   (4) $y = \lg(\ln x)$.

5. 已知函数 $f(x) = \dfrac{1}{(x-1)^2}$，求 $f(0), f(2), f(x+1), f\left[\dfrac{1}{f(x)}\right]$.

6. 下列函数在指定区间是否有界？若有界，请给出一个界：
   (1) $y = x^2 + 2x$，   a) $x \in (-\infty, +\infty)$，b) $x \in [-1, 1]$；
   (2) $y = \lg(x-1)$，   a) $x \in (1, 2)$，b) $x \in (2, 3)$.

7. 将下列各题中的 y 表示成 x 的复合函数：
   (1) $y = e^u, u = 2x + 1$；   (2) $y = \lg u, u = \sqrt{v}, v = 1 + \tan x$.

8. 指出下列复合函数的结构：
   (1) $y = \sqrt{x + \cos x}$；
   (2) $y = 2^{\sin 3x}$；
   (3) $y = (\arccos \sqrt{x})^2$；
   (4) $y = \sin e^{\frac{1}{x}}$.

9. 已知汽车刹车后轮胎摩擦的痕迹长 $s(\text{m})$ 与车速 $v(\text{km/h})$ 的平方成正比，当车速为 30 km/h 时刹车，测得痕迹长为 3m，试求痕迹长 s 与车速 v 的函数关系.

10. 某工厂在甲、乙两地的两个分厂各生产某种机床 12 台和 6 台. 现销售给 A 地 10 台, B 地 8 台. 已知从甲地调运 1 台至 A 地、B 地的运费分别为 400 元和 800 元，从乙地调运 1 台至 A 地、B 地的运费分别为 300 元和 500 元. 设从乙地调运到 A 地的台数为 x，试求总运费 y 关于 x 的函数关系式.

11. 我国 2004 年 1 月 1 日起执行的国内投寄外埠平信的邮件资费如下：首重 100 克内，每重 20 克（不足 20 克按 20 克计算）付邮资 0.80 元，续重 101～2000 克，每重 100 克（不足 100 克按 100 克计算）付邮资 2.00 元. 试写出外埠平信投寄重量 $x(0 \leqslant x \leqslant 120)$ 与邮资 y 之间的函数关系式.

1.2 函数的极限

极限概念是由求实际问题的精确解而产生的. 我国古代数学家刘徽利用圆内接正多边

形来推算圆面积的方法——割圆术,就是极限思想在几何学中的应用.

1.2.1 数列的极限

1. 数列的概念

无穷多个实数,按照某种规则依次排列下去,就构成一个**数列**:
$$x_1, x_2, x_3, \cdots, x_n, \cdots$$
简记为$\{x_n\}$.其中x_1称为数列的第一项,x_2称为数列的第二项,$\cdots$,x_n称为数列的第n项,又称为**通项**或**一般项**.例如:

(1) $1, \dfrac{1}{\sqrt{2}}, \dfrac{1}{\sqrt{3}}, \dfrac{1}{\sqrt{4}}, \cdots,$ 通项为 $x_n = \dfrac{1}{\sqrt{n}}$;

(2) $\dfrac{1}{2}, \dfrac{2}{3}, \dfrac{3}{4}, \dfrac{4}{5}, \cdots,$ 通项为 $x_n = \dfrac{n}{n+1}$;

(3) $0, 1, 0, 1, \cdots,$ 通项为 $x_n = \dfrac{(-1)^n + 1}{2}$;

(4) $-1, -3, -5, -7, \cdots,$ 通项为 $x_n = -(2n-1)$.

数列$\{x_n\}$可以看成自变量n取正整数时的函数:$x_n = f(n), n \in \mathbf{N}^+$.

2. 数列的极限

现在我们来研究这样的问题:给定一个数列$\{x_n\}$,当n无限增大时,通项x_n的变化趋势是什么?观察上述几个数列可以发现,当n无限增大时,数列(1)无限趋近于常数0,数列(2)无限趋近于常数1.而数列(3)在0和1之间跳动,数列(4)的绝对值无限变大.

定义1.8 对于数列$\{x_n\}$,如果n无限增大时,x_n无限趋近于某个确定的常数a,则称a为**数列**$\{x_n\}$**的极限**,或称数列$\{x_n\}$**收敛**于a,记为
$$\lim_{n \to \infty} x_n = a \text{ 或 } x_n \to a (n \to \infty).$$
如果不存在这样的常数a,就说数列$\{x_n\}$没有极限,或者说数列$\{x_n\}$是**发散**的,习惯上也说$\lim\limits_{n \to \infty} x_n$不存在.

根据极限的定义,上述数列$\left\{\dfrac{1}{\sqrt{n}}\right\}$的极限为0,数列$\left\{\dfrac{n}{n+1}\right\}$的极限为1,数列$\left\{\dfrac{(-1)^n + 1}{2}\right\}$和$\{-(2n-1)\}$的极限不存在.

例1-12 利用极限的定义,讨论一般项x_n如下的数列$\{x_n\}$的极限:

(1) $x_n = \dfrac{1}{2^n}$;   (2) $x_n = (-1)^{n+1}$;

(3) $x_n = \dfrac{n + (-1)^{n-1}}{n}$;   (4) $x_n = n^3 + 1$.

解 (1) 当n无限增大时,2^n也无限增大,故$\dfrac{1}{2^n}$无限趋近于0.所以由数列极限的定义可知$\lim\limits_{n \to \infty} \dfrac{1}{2^n} = 0$.

(2) 因数列$\{x_n\} = \{(-1)^{n+1}\}$为:$1, -1, 1, -1, \cdots$,当n无限增大时,数列的x_n在-1与1之间跳动,因此不可能无限趋近于一个常数,所以$\lim\limits_{n \to \infty} x_n$不存在.

(3) $x_n = \dfrac{n+(-1)^{n-1}}{n} = 1+(-1)^{n-1}\dfrac{1}{n}$,当 n 无限增大时,$(-1)^{n-1}\dfrac{1}{n}$ 无限趋近于 0,故 $1+(-1)^{n-1}\dfrac{1}{n}$ 无限趋近于 1,所以 $\lim\limits_{n\to\infty}\dfrac{n+(-1)^{n-1}}{n}=1$.

(4) 当 n 无限增大时,$x_n = n^3+1$ 也无限增大,因此不可能无限趋近于一个常数,所以 $\lim\limits_{n\to\infty}x_n$ 不存在.

1.2.2 函数的极限

数列是定义在正整数集合上的函数,数列的极限只是一种特殊函数的极限. 下面将极限的概念推广到一般的函数,讨论定义在实数集合上的函数 $y=f(x)$ 的极限.

1. $x\to\infty$ 时函数 $f(x)$ 的极限

有些函数当 $x\to\infty$ 时或当 $x\to+\infty$(或 $x\to-\infty$)时,有确定的变化趋势. 先考察当 $x\to\infty$ 时反比函数 $y=\dfrac{1}{x}$ 的变化趋势. 从图形上可以看出,$x\to\infty$ 时(包括 $x\to+\infty$,$x\to-\infty$),函数趋近于确定的常数 0. 再如,当 $x\to+\infty$ 时,反正切函数 $y=\arctan x$ 趋近于 $\dfrac{\pi}{2}$;当 $x\to-\infty$ 时,指数函数 $y=a^x(a>1)$ 趋近于 0,等等.

定义 1.9 设函数 $f(x)$ 在 $|x|>a$ 时有定义,当 $|x|$ 无限增大时,对应的函数值 $f(x)$ 无限趋近于某个确定的常数 A,则称 A 为函数 $f(x)$ 当 $x\to\infty$ **时的极限**,记作
$$\lim_{x\to\infty}f(x)=A \text{ 或 } f(x)\to A(x\to\infty).$$

定义 1.9 中,$|x|$ 无限增大,意味着 $x\to\infty$(包括 $x\to+\infty$ 与 $x\to-\infty$). 若只当 $x\to+\infty$(或 $x\to-\infty$) 时,函数无限趋近于某一确定的常数 A,则称 A 为函数 $f(x)$ 当 $x\to+\infty$(**或** $x\to-\infty$) **时的极限**,记作
$$\lim_{x\to+\infty}f(x)=A \ (\text{或}\ \lim_{x\to-\infty}f(x)=A).$$

由上述定义可知:

定理 1.1 $\lim\limits_{x\to\infty}f(x)=A$ 的充分必要条件是 $\lim\limits_{x\to+\infty}f(x)=\lim\limits_{x\to-\infty}f(x)=A$.

由定理 1.1 知,即使 $\lim\limits_{x\to+\infty}f(x)$ 和 $\lim\limits_{x\to-\infty}f(x)$ 都存在,但若不相等,则 $\lim\limits_{x\to\infty}f(x)$ 不存在.

例 1-13 观察下列函数的图形,根据极限的定义填空:

(1) $\lim\limits_{x\to(\ )}\mathrm{e}^x=0$;   (2) $\lim\limits_{x\to+\infty}\left(\dfrac{2}{3}\right)^x=(\ )$;

(3) $\lim\limits_{x\to(\ )}\arctan x=\dfrac{\pi}{2}$;   (4) $\lim\limits_{x\to-\infty}\arctan x=(\ )$.

解 从图形上(图 1-19)可以看出,

(1) $\lim\limits_{x\to-\infty}\mathrm{e}^x=0$;   (2) $\lim\limits_{x\to+\infty}\left(\dfrac{2}{3}\right)^x=0$;

(3) $\lim\limits_{x\to+\infty}\arctan x=\dfrac{\pi}{2}$;   (4) $\lim\limits_{x\to-\infty}\arctan x=-\dfrac{\pi}{2}$.

例 1-14 求极限 $\lim\limits_{x\to\infty}\dfrac{x+1}{x}$.

解 函数 $f(x)=\dfrac{x+1}{x}=1+\dfrac{1}{x}$ 图形如图 1-20 所示. 当 $x\to+\infty$ 时,$f(x)\to 1$;当 x

$\to -\infty$ 时,$f(x) \to 1$.所以有

$$\lim_{x \to \infty} \frac{x+1}{x} = 1.$$

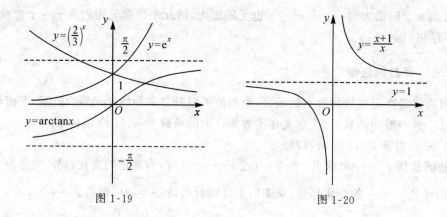

图 1-19　　　　　　　　　图 1-20

例 1-15　讨论下列极限:

(1) $\lim\limits_{x \to -\infty} 2^x$,$\lim\limits_{x \to +\infty} 2^x$ 和 $\lim\limits_{x \to \infty} 2^x$;

(2) $\lim\limits_{x \to -\infty} e^{\frac{1}{x}}$,$\lim\limits_{x \to +\infty} e^{\frac{1}{x}}$ 和 $\lim\limits_{x \to \infty} e^{\frac{1}{x}}$;

(3) $\lim\limits_{x \to \infty} \sin x$.

解　(1) 由指数函数的图形可知,$x \to -\infty$ 时,$2^x \to 0$,故 $\lim\limits_{x \to -\infty} 2^x = 0$;$x \to +\infty$ 时,2^x 无限增大,故 $\lim\limits_{x \to +\infty} 2^x$ 不存在.由定理 1.1 可知 $\lim\limits_{x \to \infty} 2^x$ 不存在.

(2) 当 $x \to -\infty$ 时,$\frac{1}{x} \to 0$,得 $e^{\frac{1}{x}} \to 1$,故 $\lim\limits_{x \to -\infty} e^{\frac{1}{x}} = 1$;当 $x \to +\infty$ 时,$\frac{1}{x} \to 0$,得 $e^{\frac{1}{x}} \to 1$,故 $\lim\limits_{x \to +\infty} e^{\frac{1}{x}} = 1$.因为 $\lim\limits_{x \to +\infty} e^{\frac{1}{x}} = \lim\limits_{x \to -\infty} e^{\frac{1}{x}} = 1$,所以 $\lim\limits_{x \to \infty} e^{\frac{1}{x}} = 1$.

(3) 由正弦函数的图形可知,当 $x \to \infty$ 时,$y = \sin x$ 的值在 -1 与 1 之间变动无限多次,不趋近于任何确定的常数,故 $\lim\limits_{x \to \infty} \sin x$ 不存在.

2. $x \to x_0$ 时函数 $f(x)$ 的极限

现在考察当自变量 x 无限趋近于某一点 x_0 时函数 $f(x)$ 的变化趋势.例如,当 x 从左边和右边无限趋近于 2 时,函数 $f_1(x) = x + 3$ 无限趋近于 5;函数 $f_2(x) = x^3$ 无限趋近于 8.

定义 1.10　设函数 $f(x)$ 在点 x_0 的某邻域内有定义(但在 x_0 处可以没有定义).如果当 x 无限趋近于 x_0 时,函数 $f(x)$ 无限趋近于某个确定的常数 A,则称 A 为**函数 $f(x)$ 当 $x \to x_0$ 时的极限**,记为

$$\lim_{x \to x_0} f(x) = A \text{ 或 } f(x) \to A(x \to x_0).$$

例 1-16　根据极限定义说明:

(1) $\lim\limits_{x \to x_0} C = C$;　　　　　　(2) $\lim\limits_{x \to x_0} x = x_0$.

解　(1) 当自变量 x 趋近于 x_0 时,常数函数都取值 C,那它当然趋近于常数 C,所以由定义 1.10 有 $\lim\limits_{x \to x_0} C = C$.

(2) 当自变量 x 趋近于 x_0 时,作为函数的 x 也趋近于 x_0,于是由定义 1.10 得 $\lim\limits_{x \to x_0} x = x_0$.

前面例子中,当自变量 $x \to 2$ 时,函数 $f_1(x)$ 和 $f_2(x)$ 的极限恰好分别等于函数在 $x = 2$ 处的函数值 $f_1(2)$ 和 $f_2(2)$. 在例 1-16 中,当自变量 x 趋近于 x_0 时,函数的极限也等于在 x_0 处的函数值. 下面再看一个例子.

例 1-17 设 $f(x) = \dfrac{x^2 - 1}{x - 1}$,求 $\lim\limits_{x \to 1} f(x)$.

解 本题就不能把 $x = 1$ 时的函数值作为所求的极限值了,因为 $f(x)$ 在 $x = 1$ 处没有定义. $x \neq 1$ 时,函数 $f(x) = \dfrac{x^2 - 1}{x - 1} = x + 1$. 当 $x \to 1$(但始终不取 1) 时,$f(x) \to 2$. 所以,$\lim\limits_{x \to 1} f(x) = 2$.

这个例子告诉我们,在求极限 $\lim\limits_{x \to x_0} f(x)$ 时,函数 $f(x)$ 在点 x_0 可以有定义,也可以没有定义;极限 $\lim\limits_{x \to x_0} f(x)$ 是否存在,与函数 $f(x)$ 在点 x_0 有没有定义毫无关系.

3. 单侧极限

在上述 $x \to x_0$ 时函数 $f(x)$ 的极限概念中,自变量 x 是既从 x_0 的左侧也从 x_0 的右侧趋近于 x_0 的. 但有时只能或只需考虑 x 仅从 x_0 的左侧趋近于 x_0(记为 $x \to x_0^-$)的情形,或 x 仅从 x_0 的右侧趋近于 x_0(记为 $x \to x_0^+$)的情形. 从而引入下列相应的定义.

定义 1.11 若当 $x \to x_0^-$ 时,函数 $f(x)$ 无限趋近于某个确定的常数 A,则称 A 为函数 $f(x)$ 当 $x \to x_0$ 时的**左极限**,记作

$$\lim_{x \to x_0^-} f(x) = A \text{ 或 } f(x) \to A(x \to x_0^-).$$

定义 1.12 若当 $x \to x_0^+$ 时,函数 $f(x)$ 无限趋近于某个确定的常数 A,则称 A 为函数 $f(x)$ 当 $x \to x_0$ 时的**右极限**,记作

$$\lim_{x \to x_0^+} f(x) = A \text{ 或 } f(x) \to A(x \to x_0^+).$$

函数 $f(x)$ 在点 x_0 的左极限和右极限也分别记为 $f(x_0^-)$ 与 $f(x_0^+)$. 左极限与右极限统称为**单侧极限**.

显然,对于一个给定的函数 $f(x)$,如果当 $x \to x_0$ 时极限 $\lim\limits_{x \to x_0} f(x)$ 存在,则 $f(x)$ 在 x_0 处的左极限和右极限都存在并相等. 反过来也是对的. 于是得到以下定理.

定理 1.2 $\lim\limits_{x \to x_0} f(x) = A$ 的充分必要条件是 $\lim\limits_{x \to x_0^-} f(x) = \lim\limits_{x \to x_0^+} f(x) = A$.

例 1-18 设函数 $f(x) = \begin{cases} x^2, & x \leqslant 2 \\ x + 2, & x > 2 \end{cases}$,试判断 $\lim\limits_{x \to 2} f(x)$ 是否存在.

解 函数 $f(x)$ 是分段函数,其图形如图 1-21 所示. 由图可见

$$\lim_{x \to 2^-} f(x) = \lim_{x \to 2^-} x^2 = 4, \lim_{x \to 2^+} f(x) = \lim_{x \to 2^+} (x + 2) = 4,$$

所以,$\lim\limits_{x \to 2} f(x) = 4$.

例 1-19 判断 $\lim\limits_{x \to 0} e^{\frac{1}{x}}$ 是否存在.

解 因为 $x \to 0^-$,$\dfrac{1}{x} \to -\infty$,$e^{\frac{1}{x}} \to 0$,即

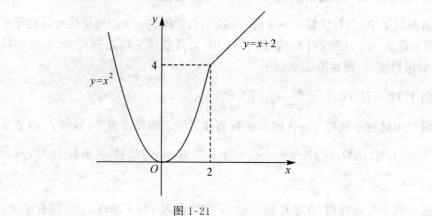

图 1-21

$$\lim_{x\to 0^-} e^{\frac{1}{x}} = 0,$$

又因为 $x \to 0^+$, $\frac{1}{x} \to +\infty$, $e^{\frac{1}{x}} \to +\infty$, 即

$$\lim_{x\to 0^+} e^{\frac{1}{x}} \text{ 不存在},$$

左极限存在,而右极限不存在,所以 $\lim\limits_{x\to 0} e^{\frac{1}{x}}$ 不存在.

习题 1-2

1. 观察下列数列 $\{x_n\}$ 当 $n \to \infty$ 时的变化趋势. 若存在极限,写出其极限值.

(1) $x_n = \dfrac{n+1}{n-1}$;   (2) $x_n = (-1)^n n$;

(3) $x_n = \dfrac{1}{n} + (-1)^n$;   (4) $x_n = \dfrac{1}{n} \sin \dfrac{\pi}{n}$.

2. 由函数的图形及极限的定义,判断下列函数极限是否存在?若存在,求出其极限.

(1) $\lim\limits_{x\to\infty} \dfrac{1}{x^3}$;   (2) $\lim\limits_{x\to 0^+} \cos x$;

(3) $\lim\limits_{x\to -\infty} 3^x$;   (4) $\lim\limits_{x\to +\infty} 3^{-x}$;

(5) $\lim\limits_{x\to \frac{\pi}{2}} \sin x$;   (6) $\lim\limits_{x\to 0} \sin \dfrac{1}{x}$.

3. 设函数

$$f(x) = \begin{cases} x^2 + 2x - 1, & x \leqslant 1, \\ x, & 1 < x < 2, \\ 2x - 2, & x \geqslant 2. \end{cases}$$

求 $\lim\limits_{x\to -5} f(x), \lim\limits_{x\to 1} f(x), \lim\limits_{x\to 2} f(x), \lim\limits_{x\to 3} f(x)$.

4. 设函数 $f(x) = \begin{cases} e^x, & x < 0 \\ a + \cos x, & x > 0 \end{cases}$,问 a 为何值时,$\lim\limits_{x\to 0} f(x)$ 存在.

1.3 无穷小与无穷大

1.3.1 无穷小

定义 1.13 若在自变量 x 的某个变化过程中,函数 $f(x)$ 的极限为零,则称在该变化过程中,$f(x)$ 为**无穷小**,常用希腊字母 α,β,λ 等表示无穷小.

例如,因为 $\lim\limits_{x\to 0}x^2=0,\lim\limits_{x\to 0}\sin x=0$,所以,当 $x\to 0$ 时,x^2,$\sin x$ 是无穷小;又如,$\lim\limits_{x\to\infty}\dfrac{1}{x+1}=0$,所以 $x\to\infty$ 时,$\dfrac{1}{x+1}$ 是无穷小.同理,$x\to 2$ 时,$(x-2)^2$ 是无穷小.

在理解无穷小的概念时,注意以下两点:

(1) 无穷小这个概念,不是表达量的大小,而是表达量的变化状态.因此,无穷小并不是绝对值很小的数(例如 10^{-100} 虽然是很小的数,却不是无穷小),而是以零为极限的变量.只有数"0"是唯一可以作为无穷小的常数.

(2) 无穷小与极限过程相关联.例如,$x\to 1$ 时,函数 $f(x)=x-1$ 是无穷小;而当 $x\to 2$ 时,该函数就不是无穷小.

例 1-20 假设下列函数为无穷小,在括号中填上自变量的变化过程.

(1) $y=\dfrac{1}{x^2}$,( );　　　　　　(2) $y=2x-4$,( );

(3) $y=2^x$,( );　　　　　　(4) $y=\left(\dfrac{1}{4}\right)^x$,( ).

解 (1) $x\to\infty$;(2) $x\to 2$;(3) $x\to-\infty$;(4) $x\to+\infty$.

无穷小是一类特殊的有极限的函数,其极限为零.为什么要单独研究无穷小呢?为了说明原因,我们指出一个事实.假若当 $x\to x_0$ 时,函数 $f(x)$ 以 A 为极限:

$$\lim_{x\to x_0}f(x)=A,$$

则显然有

$$\lim_{x\to x_0}[f(x)-A]=0.$$

这表明,有极限的函数 $f(x)$ 与其极限值 A 之差 $f(x)-A$ 是无穷小.反之,若 $f(x)-A$ 是一个无穷小,则 $f(x)$ 以 A 为极限.因此,函数的极限与无穷小间有下述关系:

定理 1.3 函数 $f(x)$ 以 A 为极限的充分必要条件是:$f(x)$ 可以表示为 A 与一个无穷小 α 之和,即

$$\lim f(x)=A \Leftrightarrow f(x)=A+\alpha.$$

说明:上式中"lim"下面没有标明自变量的变化过程,它是泛指 $x\to-\infty,x\to+\infty,x\to\infty,x\to x_0^-,x\to x_0^+$ 及 $x\to x_0$ 中的任意一种.本书以下同,不再说明.

下面给出无穷小的重要性质:

性质 1.1 有限个无穷小的代数和仍是无穷小.

例如 $x\to 0$ 时,x^2 和 $\sin x$ 都是无穷小,故 $x^2+\sin x$ 也是无穷小.

性质 1.2 有限个无穷小的乘积仍是无穷小.

例如,当 $x \to 0$ 时,$x^2 \sin x$ 也是无穷小.

性质 1.3 常数与无穷小的乘积是无穷小.

例如,当 $x \to 0$ 时,$2\sin x$ 是无穷小.

性质 1.4 无穷小与有界函数的乘积仍是无穷小.

例 1-21 求 $\lim\limits_{x \to \infty} \dfrac{\sin x}{x}$.

解 当 $x \to \infty$ 时,$\dfrac{1}{x}$ 是无穷小,$\sin x$ 不是无穷小,但它是有界函数($|\sin x| \leqslant 1$),所以,由性质 1.4 知,$\dfrac{\sin x}{x} = \dfrac{1}{x} \sin x$ 是无穷小,即

$$\lim_{x \to \infty} \frac{\sin x}{x} = 0.$$

1.3.2 无穷大

定义 1.14 若在自变量 x 的某个变化过程中,函数的绝对值 $|f(x)|$ 无限增大,则称在该变化过程中,$f(x)$ 为**无穷大**,记作 $\lim f(x) = \infty$.

注意:这里我们虽然使用了极限符号,但 $\lim f(x) = \infty$ 只是一个记号,此时 $f(x)$ 的极限是不存在的,因为极限值必是确定的常数,而 ∞ 不是常数,只表示一种变化状态. 为了叙述方便,我们也说:函数的极限是无穷大.

例如,当 $x \to 0$ 时,$\dfrac{1}{x^2}$ 和 $\dfrac{1}{\sin x}$ 都是无穷大;$x \to \infty$ 时,$x+1$ 是无穷大;$x \to 2$ 时,$\dfrac{1}{(x-2)^2}$ 是无穷大.

在理解无穷大时,注意以下两点:

(1) 无穷大是一个变化的量,而不是常数. 一个无论多么大的常数(如 10^{100})都不是无穷大.

(2) 无穷大与极限过程相关联. 说某个函数是无穷大时,必须同时指出其极限过程.

根据无穷小与无穷大的定义,不难发现无穷小和无穷大之间有如下关系:

定理 1.4 在自变量的同一变化过程中,

(1) 如果 $f(x)$ 为无穷大,则 $\dfrac{1}{f(x)}$ 为无穷小;

(2) 如果 $f(x)$ 为无穷小,且 $f(x) \neq 0$,则 $\dfrac{1}{f(x)}$ 为无穷大.

习题 1-3

1. 在下列各题中,指出哪些函数是无穷小,哪些函数是无穷大:

    (1) $y = \ln x, x \to 1$; (2) $y = e^x, x \to +\infty$;

    (3) $y = 2^x - 1, x \to 0$; (4) $y = x\cos\dfrac{1}{x}, x \to 0$.

2. 下列函数在自变量怎样变化时是无穷小?在自变量怎样变化时是无穷大?

    (1) $y = \tan x$; (2) $y = \log_2 x$;

(3) $y = \dfrac{x+1}{x+2}$; (4) $y = e^{\frac{1}{x}}$.

3. 利用无穷小的性质,计算下列极限:

(1) $\lim\limits_{x \to -\infty}\left(\dfrac{1}{x} + 2^x\right)$; (2) $\lim\limits_{x \to 0} x \arcsin x$;

(3) $\lim\limits_{x \to \infty} \dfrac{\arctan x}{x}$; (4) $\lim\limits_{x \to 0} x^2 \sin \dfrac{1}{x^3}$.

4. 求下列极限:

(1) $\lim\limits_{x \to \infty}(2x^2 - 8x + 1)$; (2) $\lim\limits_{x \to \infty} \dfrac{\cos x}{\sqrt{1 + x^2}}$.

1.4 极限的运算

1.4.1 极限的四则运算

利用极限的定义可以验证和计算一些简单函数的极限. 本节将介绍极限的四则运算法则,可以计算一些较复杂函数的极限.

定理 1.5 如果 $\lim f(x) = A, \lim g(x) = B(A, B$ 均为常数$)$,则

(1) $\lim[f(x) \pm g(x)] = \lim f(x) \pm \lim g(x) = A \pm B$;

(2) $\lim[f(x) \cdot g(x)] = \lim f(x) \cdot \lim g(x) = A \cdot B$;

(3) 若 $B \neq 0, \lim \dfrac{f(x)}{g(x)} = \dfrac{\lim f(x)}{\lim g(x)} = \dfrac{A}{B}$.

推论 (1) $\lim[cf(x)] = c \lim f(x) = cA$ (c 为常数);

(2) $\lim[f(x)]^n = [\lim f(x)]^n = A^n$ (n 为正整数).

在使用这些运算法则时,注意以下三点:

(1) 定理 1.5 中的 (1) 和 (2) 均可以推广到有限个函数的情形;

(2) 法则要求参与运算的函数的极限都存在,且商的极限运算法则中分母的极限不能为零. 否则不能直接使用法则.

(3) 对于数列,极限法则也成立,因为数列是特殊的函数.

例 1-22 求 $\lim\limits_{x \to x_0}(a_0 x^n + a_1 x^{n-1} + \cdots + a_{n-1} x + a_n)$.

解 $\lim\limits_{x \to x_0}(a_0 x^n + a_1 x^{n-1} + \cdots + a_{n-1} x + a_n)$

$= \lim\limits_{x \to x_0} a_0 x^n + \lim\limits_{x \to x_0} a_1 x^{n-1} + \cdots + \lim\limits_{x \to x_0} a_{n-1} x + \lim\limits_{x \to x_0} a_n$

$= a_0 (\lim\limits_{x \to x_0} x)^n + a_1 (\lim\limits_{x \to x_0} x)^{n-1} + \cdots + a_{n-1} \lim\limits_{x \to x_0} x + a_n$

$= a_0 x_0^n + a_1 x_0^{n-1} + \cdots + a_{n-1} x_0 + a_n.$

可见,多项式 $p(x) = a_0 x^n + a_1 x^{n-1} + \cdots + a_{n-1} x + a_n$ 当 $x \to x_0$ 时的极限值,等于多项式 $p(x)$ 在 x_0 处的函数值,即

$$\lim\limits_{x \to x_0} p(x) = p(x_0).$$

例 1-23 $\lim\limits_{x \to 2}(x^3 - 3x^2 + 2)$.

解 $\lim_{x\to 2}(x^3-3x^2+2) = (x^3-3x^2+2)|_{x=2} = 2^3-3\cdot 2^2+2 = -2.$

例 1-24 求 $\lim\limits_{x\to-1}\dfrac{2x^3+3}{x^2-3x+1}$.

解 分母的极限 $\lim\limits_{x\to-1}(x^2-3x+1) = (-1)^2-3\times(-1)+1 = 5 \neq 0$, 所以有

$$\lim_{x\to-1}\frac{2x^3+3}{x^2-3x+1} = \frac{\lim\limits_{x\to-1}(2x^3+3)}{\lim\limits_{x\to-1}(x^2-3x+1)} = \frac{1}{5}.$$

例 1-25 求 $\lim\limits_{x\to 1}\dfrac{4x-3}{x^2-3x+2}$.

解 本例中,分母的极限 $\lim\limits_{x\to 1}(x^2-3x+2)=0$,故不能用商的极限运算法则. 分子的极限 $\lim\limits_{x\to 1}(4x-3)=1\neq 0$,考虑函数倒数的极限

$$\lim_{x\to 1}\frac{x^2-3x+2}{4x-3} = \frac{\lim\limits_{x\to 1}(x^2-3x+2)}{\lim\limits_{x\to 1}(4x-3)} = 0.$$

由无穷小与无穷大的关系可得

$$\lim_{x\to 1}\frac{4x-3}{x^2-3x+2} = \infty.$$

例 1-26 求 $\lim\limits_{x\to 3}\dfrac{x^2-3x}{x^2-9}$.

解 当 $x\to 3$ 时,分子和分母的极限都为0,其公因子 $x-3\neq 0$,故可消去公因子后再求解,即

$$\lim_{x\to 3}\frac{x^2-3x}{x^2-9} = \lim_{x\to 3}\frac{x}{x+3} = \frac{1}{2}.$$

例 1-24 至例 1-26,都是求有理分式(分子、分母都是多项式的分式)在 $x\to x_0$ 时的极限,即 $\lim\limits_{x\to x_0}\dfrac{p(x)}{q(x)}$. 一般地,

当 $\lim\limits_{x\to x_0}q(x)\neq 0$ 时, $\lim\limits_{x\to x_0}\dfrac{p(x)}{q(x)} = \dfrac{p(x_0)}{q(x_0)}$;

当 $\lim\limits_{x\to x_0}q(x)=0$,但 $\lim\limits_{x\to x_0}p(x)\neq 0$ 时, $\lim\limits_{x\to x_0}\dfrac{p(x)}{q(x)} = \infty$;

当 $\lim\limits_{x\to x_0}q(x) = \lim\limits_{x\to x_0}p(x) = 0$ 时,消去公因子后再求解.

例 1-27 求 $\lim\limits_{x\to\infty}\dfrac{2x^2+1}{3x^2+4x+2}$.

解 $x\to\infty$ 时,分子与分母的极限都是无穷大,故不能用商的极限法则,此题,可将分子、分母同除以 x^2,再求解.

$$\lim_{x\to\infty}\frac{2x^2+1}{3x^2+4x+2} = \lim_{x\to\infty}\frac{2+\dfrac{1}{x^2}}{3+\dfrac{4}{x}+\dfrac{2}{x^2}} = \frac{\lim\limits_{x\to\infty}\left(2+\dfrac{1}{x^2}\right)}{\lim\limits_{x\to\infty}\left(3+\dfrac{4}{x}+\dfrac{2}{x^2}\right)} = \frac{2}{3}.$$

注意,上面计算中用到 $\lim\limits_{x\to\infty}\dfrac{a}{x^n} = a\lim\limits_{x\to\infty}\dfrac{1}{x^n} = a\left(\lim\limits_{x\to\infty}\dfrac{1}{x}\right)^n = 0$($a$ 为常数,n 为正整数).

例 1-28 求 $\lim\limits_{x\to\infty}\dfrac{2x^2+3x-1}{x^3-4x+3}$.

解 将分子、分母同除以 x^3，再求解.

$$\lim_{x\to\infty}\frac{2x^2+3x-1}{x^3-4x^2+3}=\lim_{x\to\infty}\frac{\dfrac{2}{x}+\dfrac{3}{x^2}-\dfrac{1}{x^3}}{1-\dfrac{4}{x}+\dfrac{3}{x^3}}=\frac{\lim\limits_{x\to\infty}\left(\dfrac{2}{x}+\dfrac{3}{x^2}-\dfrac{1}{x^3}\right)}{\lim\limits_{x\to\infty}\left(1-\dfrac{4}{x}+\dfrac{3}{x^3}\right)}=\frac{0}{1}=0.$$

例 1-29 求 $\lim\limits_{x\to\infty}\dfrac{x^3-4x+3}{2x^2+3x-1}$.

解 应用例 1-28 的结果及无穷小和无穷大的关系，可得

$$\lim_{x\to\infty}\frac{x^3-4x+3}{2x^2+3x-1}=\infty.$$

例 1-27 至例 1-29，都是求有理分式在 $x\to\infty$ 时的极限，即 $\lim\limits_{x\to\infty}\dfrac{p(x)}{q(x)}$. 通过分析例 1-27 至例 1-29 可知，极限 $\lim\limits_{x\to\infty}\dfrac{p(x)}{q(x)}$ 和分子、分母的最高次幂有关. 一般地，

$$\lim_{x\to\infty}\frac{p(x)}{q(x)}=\lim_{x\to\infty}\frac{a_0x^m+a_1x^{m-1}+\cdots+a_m}{b_0x^n+b_1x^{n-1}+\cdots+b_n}=\begin{cases}\dfrac{a_0}{b_0},&n=m,\\0,&n>m,\\\infty,&n<m.\end{cases}$$

利用这个结果，可以很方便地求解有理分式当 $x\to\infty$ 时的极限.

例 1-30 求 $\lim\limits_{x\to\infty}\dfrac{(x^2-3)(2x+1)}{5-7x^3}$.

解 观察可知，分子、分母的最高次幂均为 3，因此，

$$\lim_{x\to\infty}\frac{(x^2-3)(2x+1)}{5-7x^3}=\frac{2}{-7}=-\frac{2}{7}.$$

例 1-31 求 $\lim\limits_{x\to 1}\left(\dfrac{2}{x^2-1}-\dfrac{x}{x-1}\right)$.

解 $x\to 1$ 时，上式两项的极限都不存在，所以不能用差的极限法则，可先通分化简再求极限.

$$\lim_{x\to 1}\left(\frac{2}{x^2-1}-\frac{x}{x-1}\right)=\lim_{x\to 1}\frac{2-x^2-x}{x^2-1}=\lim_{x\to 1}\frac{-(2+x)(x-1)}{(x+1)(x-1)}=\lim_{x\to 1}\frac{-(2+x)}{(x+1)}=-\frac{3}{2}.$$

1.4.2 两个重要的极限

1. $\lim\limits_{x\to 0}\dfrac{\sin x}{x}=1$

函数 $\dfrac{\sin x}{x}$ 的定义域为 $x\neq 0$. 当 $x\to 0$ 时，可以列出数值表（表 1-1），观察函数的变化趋势.

表 1-1

x	± 1.000	± 0.100	± 0.010	± 0.001	…
$\dfrac{\sin x}{x}$	0.841 470 98	0.998 334 17	0.999 983 34	0.999 999 84	…

观察表 1-1 可知,当 $x \to 0$ 时,$\frac{\sin x}{x} \to 1$.根据极限的定义,$\lim\limits_{x \to 0} \frac{\sin x}{x} = 1$.

对于这个重要极限,作以下两点说明:

(1) 可得另一个常用的极限: $\lim\limits_{x \to 0} \frac{x}{\sin x} = \lim\limits_{x \to 0} \frac{1}{\frac{\sin x}{x}} = 1$;

(2) 由这个重要极限,可以得出更一般的结论:若 $\lim f(x) = 0$,则 $\lim \frac{\sin f(x)}{f(x)} = 1$.

例 1-32 求下列极限:

(1) $\lim\limits_{x \to 0} \frac{\tan x}{x}$; (2) $\lim\limits_{x \to 0} \frac{\sin 2x}{x}$.

解 (1) $\lim\limits_{x \to 0} \frac{\tan x}{x} = \lim\limits_{x \to 0} \frac{\sin x}{x} \cdot \frac{1}{\cos x} = \lim\limits_{x \to 0} \frac{\sin x}{x} \cdot \lim\limits_{x \to 0} \frac{1}{\cos x} = 1$.

(2) $\lim\limits_{x \to 0} \frac{\sin 2x}{x} = \lim\limits_{x \to 0} 2 \cdot \frac{\sin 2x}{2x} = 2 \lim\limits_{x \to 0} \frac{\sin 2x}{2x} = 2 \times 1 = 2$.

上式中,注意到,$x \to 0$ 时,$2x \to 0$.一般可得:

$$\lim\limits_{x \to 0} \frac{\sin kx}{x} = k \quad (k \neq 0).$$

例 1-33 求下列极限:

(1) $\lim\limits_{x \to 0} \frac{1-\cos x}{x^2}$; (2) $\lim\limits_{x \to \infty} x \sin \frac{1}{x}$; (3) $\lim\limits_{x \to 1} \frac{\sin(x-1)}{x-1}$.

解 (1) $\lim\limits_{x \to 0} \frac{1-\cos x}{x^2} = \lim\limits_{x \to 0} \frac{2\sin^2 \frac{x}{2}}{x^2} = \lim\limits_{x \to 0} \frac{2\sin^2 \frac{x}{2}}{4\left(\frac{x}{2}\right)^2} = \frac{1}{2} \lim\limits_{x \to 0} \left(\frac{\sin \frac{x}{2}}{\frac{x}{2}}\right)^2 = \frac{1}{2} \times 1^2 = \frac{1}{2}$.

(2) $\lim\limits_{x \to \infty} x \sin \frac{1}{x} = \lim\limits_{x \to \infty} \frac{\sin \frac{1}{x}}{\frac{1}{x}} = 1$.

(3) $\lim\limits_{x \to 1} \frac{\sin(x-1)}{x-1} = 1$.

2. $\lim\limits_{x \to \infty} \left(1 + \frac{1}{x}\right)^x = e$

当 $x \to \infty$ 时,可以列出函数 $\left(1 + \frac{1}{x}\right)^x$ 的数值表,如表 1-2 所示,观察变化趋势.

表 1-2

x	1	10	100	1 000	10 000	100 000	…
$\left(1+\frac{1}{x}\right)^x$	2	2.593 74	2.704 81	2.716 92	2.718 15	2.718 27	…
x	−10	−100	−1 000	−10 000	−100 000		…
$\left(1+\frac{1}{x}\right)^x$	2.867 97	2.732 00	2.719 64	2.718 41	2.718 30		…

观察表 1-2 可知,当 $x \to \infty$ 时,$\left(1+\dfrac{1}{x}\right)^x \to e$. 根据极限的定义,$\lim\limits_{x \to \infty}\left(1+\dfrac{1}{x}\right)^x = e$.

若令 $t = \dfrac{1}{x}$,则 $x \to \infty$ 时,$t \to 0$,于是公式可以写成 $\lim\limits_{x \to \infty}\left(1+\dfrac{1}{x}\right)^x = \lim\limits_{t \to 0}(1+t)^{\frac{1}{t}} = e$,即有

$$\lim_{x \to 0}(1+x)^{\frac{1}{x}} = e.$$

由这个重要极限可得如下更一般的结论:

(1) 若 $\lim f(x) = \infty$,则 $\lim\left[1+\dfrac{1}{f(x)}\right]^{f(x)} = e$;

(2) 若 $\lim f(x) = 0$,则 $\lim[1+f(x)]^{\frac{1}{f(x)}} = e$.

例 1-34 求下列极限:

(1) $\lim\limits_{x \to \infty}\left(1-\dfrac{2}{x}\right)^x$; (2) $\lim\limits_{x \to 0}(1+3x)^{\frac{2}{x}}$.

解 (1) $\lim\limits_{x \to \infty}\left(1-\dfrac{2}{x}\right)^x = \lim\limits_{x \to \infty}\left[\left(1-\dfrac{2}{x}\right)^{-\frac{x}{2}}\right]^{-2} = \left[\lim\limits_{x \to \infty}\left(1-\dfrac{2}{x}\right)^{-\frac{x}{2}}\right]^{-2} = e^{-2}$.

(2) $\lim\limits_{x \to 0}(1+3x)^{\frac{2}{x}} = \lim\limits_{x \to 0}\left[(1+3x)^{\frac{1}{3x}}\right]^6 = e^6$.

例 1-35 求下列极限:

(1) $\lim\limits_{x \to \infty}\left(1+\dfrac{1}{x}\right)^{2x+5}$; (2) $\lim\limits_{x \to \infty}\left(\dfrac{2x+3}{2x+1}\right)^x$.

解 (1)

$\lim\limits_{x \to \infty}\left(1+\dfrac{1}{x}\right)^{2x+5} = \lim\limits_{x \to \infty}\left(1+\dfrac{1}{x}\right)^{2x}\left(1+\dfrac{1}{x}\right)^5 = \lim\limits_{x \to \infty}\left[\left(1+\dfrac{1}{x}\right)^x\right]^2 \cdot \lim\limits_{x \to \infty}\left(1+\dfrac{1}{x}\right)^5 = e^2$.

一般地,有:

$$\lim_{x \to \infty}\left(1+\dfrac{a}{x}\right)^{bx+c} = e^{ab}.$$

(2) $\lim\limits_{x \to \infty}\left(\dfrac{2x+3}{2x+1}\right)^x = \lim\limits_{x \to \infty}\left(\dfrac{1+\dfrac{3}{2x}}{1+\dfrac{1}{2x}}\right)^x = \dfrac{\lim\limits_{x \to \infty}\left(1+\dfrac{3}{2x}\right)^x}{\lim\limits_{x \to \infty}\left(1+\dfrac{1}{2x}\right)^x} = \dfrac{e^{\frac{3}{2}}}{e^{\frac{1}{2}}} = e$.

小结:两个重要极限在求极限过程中有着重要的作用,特别要注意其形式.掌握这两个重要极限,需要我们把握它们的特点.

习题 1-4

1. 求下列极限:

(1) $\lim\limits_{x \to 2}(2x^3 + 4x - 5)$; (2) $\lim\limits_{x \to -1}\dfrac{x^2+3}{x^2+3x-2}$;

(3) $\lim\limits_{x \to 3}\dfrac{x^2+2x-5}{x^2-9}$; (4) $\lim\limits_{x \to 1}\dfrac{x^2+2x-3}{x^2-5x+4}$;

(5) $\lim\limits_{x \to \infty}\dfrac{1-2x-3x^3}{x^3+8x^2}$; (6) $\lim\limits_{x \to \infty}\dfrac{2x^5-3x+4}{x^2-6}$;

(7) $\lim\limits_{n\to\infty}\dfrac{n^2+n-1}{3n^3+1}$;

(8) $\lim\limits_{x\to -1}\left(\dfrac{1}{x+1}-\dfrac{3}{x^3+1}\right)$;

(9) $\lim\limits_{x\to 0}\dfrac{\sqrt{1+x}-\sqrt{1-x}}{x}$;

(10) $\lim\limits_{x\to\infty}\dfrac{(2x-1)^{10}(3x+2)^{20}}{(2x+5)^{30}}$;

(11) $\lim\limits_{x\to\infty}\left(1+\dfrac{1}{x}\right)\left(3-\dfrac{2}{x^3}\right)$;

(12) $\lim\limits_{x\to +\infty}\left(\sqrt{x^2+x+1}-x\right)$.

2. 求下列极限:

(1) $\lim\limits_{x\to 0}\dfrac{\tan 3x}{x}$;

(2) $\lim\limits_{x\to\infty}x^2\sin^2\dfrac{3}{x}$;

(3) $\lim\limits_{x\to 0}\dfrac{2x-\sin x}{x+\sin x}$;

(4) $\lim\limits_{x\to 0}\dfrac{\arcsin x}{x}$;

(5) $\lim\limits_{x\to 0}\dfrac{\tan x-\sin x}{x^3}$;

(6) $\lim\limits_{x\to 0}\left(x\sin\dfrac{1}{x}+\dfrac{1}{x}\sin x\right)$.

3. 求下列极限:

(1) $\lim\limits_{x\to\infty}\left(1+\dfrac{2}{x}\right)^{2x}$;

(2) $\lim\limits_{x\to\infty}\left(1-\dfrac{3}{x}\right)^{2x}$;

(3) $\lim\limits_{x\to 0}\left(\dfrac{3-x}{3}\right)^{\frac{1}{x}}$;

(4) $\lim\limits_{n\to\infty}\left(\dfrac{2n+1}{2n-3}\right)^{n}$;

(5) $\lim\limits_{x\to 1}(1+\ln x)^{\frac{5}{\ln x}}$;

(6) $\lim\limits_{x\to\frac{\pi}{2}}(1+3\cos x)^{\sec x}$.

1.5 无穷小的比较

在前面 1.3 节,我们学习了无穷小的性质,知道两个无穷小的和、差、乘积仍然是无穷小,那么两个无穷小的商呢?请看下面的例子. 设

$$f(x)=x^2, g(x)=3x, h(x)=x, s(x)=\sin x$$

当 $x\to 0$ 时,这四个函数都是无穷小. 但是,

$$\lim_{x\to 0}\dfrac{f(x)}{g(x)}=0, \lim_{x\to 0}\dfrac{h(x)}{f(x)}=\infty, \lim_{x\to 0}\dfrac{h(x)}{g(x)}=\dfrac{1}{3}, \lim_{x\to 0}\dfrac{s(x)}{h(x)}=1.$$

上面四个式子说明,两个无穷小的商不一定是无穷小,其极限会出现不同的情况,这反映了无穷小趋于零的速度有快有慢. 我们看到,当 $x\to 0$ 时, $f(x)=x^2$ 比 $g(x)=3x$ 趋于零的速度要来得快. 例如,当 $x=0.01$ 时, $f(0.01)=0.0001, g(0.01)=0.03$, 而当 $x=0.001$ 时, $f(0.001)$ 已取值 0.000001, 但 $g(0.001)$ 只取值 0.003. 当 $x\to 0$ 时, $g(x)$ 与 $h(x)$ 趋于零的速度相当, $h(x)$ 与 $s(x)$ 趋于零的速度几乎一致. 为了描述这种差异,引入下面概念:

定义 1.15　设 α、β 是同一变化过程中的两个无穷小,

(1) 如果 $\lim\dfrac{\alpha}{\beta}=0$, 则称 α 是比 β **高阶的无穷小**, 记为 $\alpha=o(\beta)$;

(2) 如果 $\lim\dfrac{\alpha}{\beta}=\infty$, 则称 α 是比 β **低阶的无穷小**;

(3) 如果 $\lim\dfrac{\alpha}{\beta}=c$ (c 为常数,且 $c\neq 0$), 则称 α 与 β 是**同阶无穷小**. 特别地,若 $c=1$, 则称 α 与 β 是**等价无穷小**, 记为 $\alpha\sim\beta$.

由定义 1.15 可知,前面的例子中,当 $x \to 0$ 时,x^2 是比 $3x$ 高阶的无穷小(x^2 比 $3x$ 更快趋于零),即 $x^2 = o(3x)$;x 与 $3x$ 是同阶无穷小;$\sin x$ 与 x 是等价无穷小,即 $\sin x \sim x$.

例 1-36 当 $x \to 0$ 时,$\sin x^2$ 与 x 都是无穷小,且

$$\lim_{x \to 0} \frac{\sin x^2}{x} = \lim_{x \to 0} x \cdot \frac{\sin x^2}{x^2} = 0,$$

所以,当 $x \to 0$ 时,$\sin x^2$ 是比 x 高阶的无穷小,即 $\sin x^2 = o(x)$.

在求极限的乘除运算中,无穷小作为因子可以用它的等价无穷小来替代,以简化求极限的运算.

例 1-37 求 $\lim\limits_{x \to 0} \dfrac{x^3 + 4x}{\sin x}$.

解 因为当 $x \to 0$ 时,$\sin x \sim x$,所以

$$\lim_{x \to 0} \frac{x^3 + 4x}{\sin x} = \lim_{x \to 0} \frac{x^3 + 4x}{x} = \lim_{x \to 0}(x^2 + 4) = 4.$$

在极限计算中,当 $x \to 0$ 时,常用的等价无穷小有:

$$\sin x \sim x, \qquad \tan x \sim x, \qquad 1 - \cos x \sim \frac{1}{2}x^2, \qquad e^x - 1 \sim x,$$

$$\ln(1+x) \sim x, \qquad \arctan x \sim x, \qquad \arcsin x \sim x, \qquad (1+x)^k - 1 \sim kx \ (k \in \mathbf{R}).$$

例 1-38 求下列极限:

(1) $\lim\limits_{x \to 0} \dfrac{\sin 2x}{\ln(1+x)}$;   (2) $\lim\limits_{x \to 0} \dfrac{e^{x^2} - 1}{1 - \cos x}$;   (3) $\lim\limits_{x \to 0} \dfrac{\arctan 3x}{\sqrt{1+x} - 1}$.

解 (1) 因为 $x \to 0$ 时,$\sin 2x \sim 2x$,$\ln(1+x) \sim x$,所以

$$\lim_{x \to 0} \frac{\sin 2x}{\ln(1+x)} = \lim_{x \to 0} \frac{2x}{x} = 2.$$

(2) 因为 $x \to 0$ 时,$e^{x^2} - 1 \sim x^2$,$1 - \cos x \sim \dfrac{1}{2}x^2$,所以

$$\lim_{x \to 0} \frac{e^{x^2} - 1}{1 - \cos x} = \lim_{x \to 0} \frac{x^2}{\frac{1}{2}x^2} = 2.$$

(3) 因为 $x \to 0$ 时,$\arctan 3x \sim 3x$,$\sqrt{1+x} - 1 \sim \dfrac{1}{2}x$,所以

$$\lim_{x \to 0} \frac{\arctan 3x}{\sqrt{1+x} - 1} = \lim_{x \to 0} \frac{3x}{\frac{1}{2}x} = 6.$$

习题 1-5

1. 当 $x \to 0$ 时,$\sin^3 x$ 与 $2x^2$ 哪个函数为高阶无穷小?

2. 证明:当 $x \to 0$ 时,

(1) $1 - \cos x \sim \dfrac{1}{2}x^2$;   (2) $\tan 2x \sim 2x$.

3. 用等价无穷小代换求下列极限:

(1) $\lim\limits_{x \to 0} \dfrac{\arctan 2x}{\arcsin x}$;   (2) $\lim\limits_{x \to 0} \dfrac{\ln(1+x)}{\tan 2x}$;

(3) $\lim\limits_{x\to 0}\dfrac{e^{2x}-1}{\ln(1+3x)}$;   (4) $\lim\limits_{x\to 0}\dfrac{x\sin x}{\sqrt{1+x^2}-1}$.

1.6 函数的连续性

现实生活中有许多现象,如气温的变化、植物的生长、物体的运动等,都是连续变化着的.这种现象在函数关系上的反映,就是函数的连续性.函数的连续性是与函数极限密切相关的另一个基本概念.本节首先介绍连续函数的概念、间断点,然后讨论连续函数的运算性质及初等函数的连续性,最后从几何直观上介绍闭区间上连续函数的几个重要性质.

1.6.1 连续函数的概念

1. 变量的增量

定义 1.16 设变量 u 从它的初值 u_0 变到终值 u_1,终值与初值之差 u_1-u_0 称为变量 u 的**增量**,或称为 u 的**改变量**,记为 Δu,即 $\Delta u=u_1-u_0$.

说明:(1) Δu 可以是正的,可以是负的,也可以是零.

(2) 变量 u 可以是自变量 x,也可以是函数 y.如果是 x,则称 $\Delta x=x_1-x_0$ 为自变量的增量;如果是 y,则称 $\Delta y=y_1-y_0$ 为函数的增量.

设函数 $y=f(x)$ 在 x_0 的某个邻域 $U(x_0)$ 内有定义,当自变量 x 由 x_0 变到 $x_0+\Delta x$ 时,函数 y 相应地由 $f(x_0)$ 变到 $f(x_0+\Delta x)$,因此函数 y 的对应增量为:

$$\Delta y=f(x_0+\Delta x)-f(x_0).$$

其几何意义如图 1-22 所示.

2. 函数在一点处的连续

观察图 1-22,图中所示函数 $f(x)$ 的图形是一条不间断的曲线,因而说 $f(x)$ 是连续的;再观察图 1-23,图中所示函数 $g(x)$ 的图形在点 x_0 处断开了,因而说 $g(x)$ 在点 x_0 处不连续.进一步观察发现,$f(x)$ 在 x_0 处连续,当 $\Delta x\to 0$ 时有 $\Delta y\to 0$;$g(x)$ 在 x_0 处不连续,当自变量 x 由 x_0 变到 $x_0+\Delta x$ 时,函数值有一个突然改变,显然 $\Delta x\to 0$ 时,Δy 不能趋于 0.

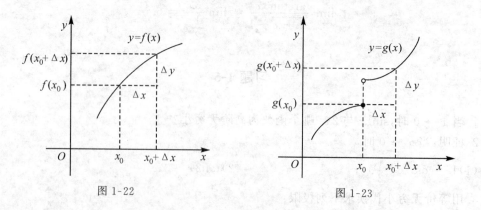

图 1-22   图 1-23

定义 1.17 设函数 $y=f(x)$ 在 x_0 的某个邻域 $U(x_0)$ 内有定义,如果当自变量在 x_0 处

的增量 Δx 趋于 0 时,相应地函数的增量 Δy 也趋于 0,即 $\lim\limits_{\Delta x \to 0}\Delta y = 0$,则称函数 $y = f(x)$ 在点 x_0 处连续.

例 1-39 用定义证明:函数 $y = 5x^2 - 3$ 在点 $x_0 = 2$ 处连续.

证 当自变量 x 在点 $x_0 = 2$ 处有增量 Δx 时,对应的函数的增量为
$$\Delta y = f(x_0 + \Delta x) - f(x_0) = [5(2+\Delta x)^2 - 3] - (5 \times 2^2 - 3) = 20\Delta x + 5(\Delta x)^2,$$
故
$$\lim_{\Delta x \to 0}\Delta y = \lim_{\Delta x \to 0}[20\Delta x + 5(\Delta x)^2] = 0.$$
所以,由连续的定义知,$y = 5x^2 - 3$ 在点 $x_0 = 2$ 处是连续的.

在定义 1.17 中,因为 $\Delta y = f(x_0 + \Delta x) - f(x_0)$,若令 $x = x_0 + \Delta x$,则当 $\Delta x \to 0$ 时,$x \to x_0$,于是 $\lim\limits_{\Delta x \to 0}\Delta y = 0$ 可写成 $\lim\limits_{x \to x_0}[f(x) - f(x_0)] = 0$,即 $\lim\limits_{x \to x_0}f(x) = f(x_0)$. 因此,函数在点 x_0 处连续又有以下定义:

定义 1.18 设函数 $y = f(x)$ 在 x_0 的某个邻域 $U(x_0)$ 内有定义,若 $\lim\limits_{x \to x_0}f(x) = f(x_0)$,则称函数 $y = f(x)$ **在点 x_0 处连续**.

连续的定义表明,函数 $f(x)$ 在点 x_0 连续,需同时满足三个条件:

(1) $f(x)$ 在点 x_0 处有定义,即 $f(x_0)$ 存在;

(2) 极限 $\lim\limits_{x \to x_0}f(x)$ 存在;

(3) $\lim\limits_{x \to x_0}f(x) = f(x_0)$.

例 1-40 讨论函数 $f(x) = \begin{cases} x\sin\dfrac{1}{x}, & x \neq 0, \\ 0, & x = 0. \end{cases}$ 在 $x = 0$ 处的连续性.

解 由题意知 $f(0) = 0$,而
$$\lim_{x \to 0}f(x) = \lim_{x \to 0}x\sin\frac{1}{x} = 0,$$
由此可知,$\lim\limits_{x \to 0}f(x) = f(0)$,即 $f(x)$ 在 $x = 0$ 处连续.

有时(例如在区间 $[a,b]$ 的端点处)需要考虑函数的"单侧连续性". 如果函数 $y = f(x)$ 在点 x_0 处有:
$$\lim_{x \to x_0^-}f(x) = f(x_0) \text{ 或 } \lim_{x \to x_0^+}f(x) = f(x_0),$$
则分别称函数 $y = f(x)$ 在点 x_0 处**左连续**或**右连续**.

显然,函数 $f(x)$ 在点 x_0 处连续的充要条件是 $f(x)$ 在点 x_0 处同时左连续和右连续,即
$$\lim_{x \to x_0}f(x) = f(x_0) \Leftrightarrow \lim_{x \to x_0^-}f(x) = \lim_{x \to x_0^+}f(x) = f(x_0).$$

例 1-41 讨论函数 $f(x) = |x|$ 在 $x = 0$ 处的连续性.

解 因为
$$f(0) = 0, \lim_{x \to 0^-}f(x) = \lim_{x \to 0^-}(-x) = 0, \lim_{x \to 0^+}f(x) = \lim_{x \to 0^+}x = 0,$$
即函数在 $x = 0$ 处左连续、右连续. 所以,$f(x)$ 在 $x = 0$ 处连续.

1.6.2 函数的间断点

定义 1.19 函数 $f(x)$ 的不连续点 x_0 称为函数 $f(x)$ 的间断点.

由定义 1.18 知,如果函数 $f(x)$ 在点 x_0 处有下列三种情况之一:

(1) 在点 x_0 处没有定义;

(2) 在点 x_0 处有定义,但 $\lim\limits_{x \to x_0} f(x)$ 不存在;

(3) 在点 x_0 处有定义,且 $\lim\limits_{x \to x_0} f(x)$ 存在,但 $\lim\limits_{x \to x_0} f(x) \neq f(x_0)$.

则点 x_0 就为函数 $f(x)$ 的间断点.

考察图 1-24 中所示的四个函数及其图形:

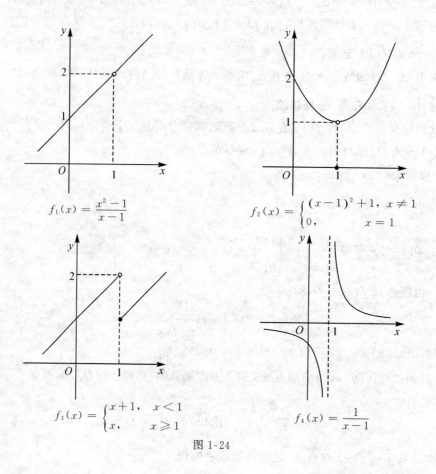

$$f_1(x) = \frac{x^2-1}{x-1}$$

$$f_2(x) = \begin{cases} (x-1)^2 + 1, & x \neq 1 \\ 0, & x = 1 \end{cases}$$

$$f_3(x) = \begin{cases} x+1, & x < 1 \\ x, & x \geq 1 \end{cases}$$

$$f_4(x) = \frac{1}{x-1}$$

图 1-24

这四个函数的图形在点 $x_0 = 1$ 处都是断开的,即 $x_0 = 1$ 是函数的间断点. 不难看出,其断开的原因有三种情况:一是函数在 $x_0 = 1$ 没有定义,例如 $f_1(x)$ 和 $f_4(x)$;二是当 $x \to 1$ 时函数极限不存在,例如 $f_3(x)$ 和 $f_4(x)$;三是虽然在 $x_0 = 1$ 有定义且 $\lim\limits_{x \to 1} f(x)$ 存在,但二者不相等,例如 $f_2(x)$.

通常按照函数 $f(x)$ 在间断点 x_0 处的左、右极限是否存在,把间断点分为两类:如果 x_0 是函数 $f(x)$ 的间断点,若左极限 $\lim\limits_{x \to x_0^-} f(x)$ 和右极限 $\lim\limits_{x \to x_0^+} f(x)$ 都存在,则称 x_0 为**第一类间断**

点;其余间断点都称为**第二类间断点**.

从图 1-24 中可以看出,$x_0=1$ 是函数 $f_1(x),f_2(x),f_3(x)$ 的第一类间断点. 此外,注意到 $\lim\limits_{x\to 1^-}f_1(x)=\lim\limits_{x\to 1^+}f_1(x)=2$,即 $\lim\limits_{x\to 1}f_1(x)=2$,称 $x_0=1$ 为 $f_1(x)$ 的**可去间断点**;同理,$x_0=1$ 也为函数 $f_2(x)$ 的可去间断点;函数 $f_3(x)$ 在间断点 $x_0=1$ 处有一个跳跃,其左右极限存在但不相等,所以称 $x_0=1$ 为函数 $f_3(x)$ 的**跳跃间断点**;$x_0=1$ 是函数 $f_4(x)$ 的第二类间断点,由于 $f_4(x)$ 在 $x\to 1$ 时的极限为无穷大,所以称 $x_0=1$ 为函数 $f_4(x)$ 的**无穷间断点**.

1.6.3 初等函数的连续性

如果函数 $f(x)$ 在开区间 (a,b) 内的每一点都连续,则称函数 $f(x)$ 在**开区间 (a,b) 内连续**;如果函数 $f(x)$ 在开区间 (a,b) 内连续,且在左端点 $x=a$ 处右连续,在右端点 $x=b$ 处左连续,则称函数 $f(x)$ 在**闭区间 $[a,b]$ 上连续**.

函数 $f(x)$ 在点 x_0 处连续的几何意义是,曲线 $f(x)$ 在 $(x_0,f(x_0))$ 处不断开;函数 $f(x)$ 在区间 (a,b) 内连续的几何意义是,曲线 $f(x)$ 在 (a,b) 内连续不断.

由基本初等函数的图形可知:**六类基本初等函数在其定义域内都是连续的**. 例如反比函数 $y=\dfrac{1}{x}$ 在其定义域 $(-\infty,0)\cup(0,+\infty)$ 内是连续的;对数函数 $y=\log_a x$ 在其定义域 $(0,+\infty)$ 内是连续的,等等.

我们知道,初等函数可以由基本初等函数经过有限次四则运算和复合运算得到. 所以,在说明初等函数的连续性前,先给出以下两个定理:

定理 1.6 设函数 $f(x)$ 和 $g(x)$ 都在 x_0 处连续,则函数 $f(x)+g(x),f(x)-g(x),f(x)\cdot g(x),\dfrac{f(x)}{g(x)}\ (g(x_0)\neq 0)$ 在 x_0 处也连续.

此定理由连续的定义 1.18 及极限的四则运算法则即证得.

定理 1.7 设函数 $y=f(u)$ 在点 u_0 处连续,函数 $u=\varphi(x)$ 在点 x_0 处连续,且 $u_0=\varphi(x_0)$,则复合函数 $y=f[\varphi(x)]$ 在点 x_0 处连续.

由连续函数的定义和定理 1.7,可写出式子:

$$\lim_{x\to x_0}f[\varphi(x)]=f[\varphi(x_0)]=f[\lim_{x\to x_0}\varphi(x)]. \tag{1-1}$$

在定理 1.7 中,若 $y=f(u)$ 在点 u_0 处连续,$u=\varphi(x)$ 在点 x_0 处不连续但极限存在,即 $\lim\limits_{x\to x_0}\varphi(x)=u_0\ (u_0\neq\varphi(x_0))$,则有

$$\lim_{x\to x_0}f[\varphi(x)]=f[\lim_{x\to x_0}\varphi(x)]=f(u_0). \tag{1-2}$$

由初等函数的定义及基本初等函数的连续性,根据定理 1.6 和定理 1.7,可得到重要结论:**一切初等函数在其定义区间内都是连续的**. 所谓定义区间是指包含在定义域内的区间.

根据这个结论,如果 $f(x)$ 是初等函数,x_0 是其定义区间内的一点,则有:

$$\lim_{x\to x_0}f(x)=f(x_0). \tag{1-3}$$

即求初等函数在其定义区间内某点 x_0 处的极限时,只需求函数在 x_0 处的函数值 $f(x_0)$ 即可.

同时,式(1-1)、式(1-2)表明:连续函数的极限符号"lim"可以与函数符号"f"交换次序,这给求连续的复合函数的极限带来方便.

例 1-42 求下列极限:

(1) $\lim\limits_{x \to e}(x\ln x + 2x)$; (2) $\lim\limits_{x \to 0}\dfrac{\ln(1+x)}{x}$.

解 (1) $x\ln x + 2x$ 是初等函数, $x = e$ 是其定义域内一点,所以有
$$\lim_{x \to e}(x\ln x + 2x) = (x\ln x + 2x)\big|_{x=e} = 3e.$$

(2) 注意到初等函数 $\dfrac{\ln(1+x)}{x}$ 在 $x = 0$ 处无定义,但由式(1-2)可用下述方法求解:
$$\lim_{x \to 0}\dfrac{\ln(1+x)}{x} = \lim_{x \to 0}\ln(1+x)^{\frac{1}{x}} = \ln[\lim_{x \to 0}(1+x)^{\frac{1}{x}}] = \ln e = 1.$$

1.6.4 闭区间上连续函数的性质

闭区间上的连续函数具有许多重要性质.下面介绍其中的最值定理和零点定理.

定理 1.8(最值定理) 若函数 $f(x)$ 在闭区间 $[a,b]$ 上连续,则函数 $f(x)$ 在 $[a,b]$ 上必有最大值和最小值.

定理 1.8 表明,若函数 $f(x)$ 在闭区间 $[a,b]$ 上连续,则至少存在一点 $\xi_1 \in [a,b]$ 及一点 $\xi_2 \in [a,b]$,使得对任意 $x \in [a,b]$ 都有:
$$f(\xi_1) \leqslant f(x) \leqslant f(\xi_2),$$
即 $f(\xi_1)$ 和 $f(\xi_2)$ 分别是连续函数 $f(x)$ 在闭区间 $[a,b]$ 上的最小值与最大值.其几何意义如图 1-25 所示.

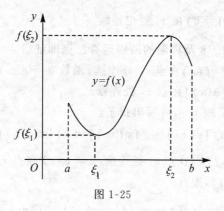

图 1-25

注意,定理 1.8 中的两个条件"闭区间"和"连续"必须同时满足,否则定理的结论不一定成立.例如,函数 $y = x^2$ 在开区间 $(1,2)$ 内是连续的,但函数在 $(1,2)$ 内既无最大值也无最小值;又如,函数
$$f(x) = \begin{cases} -x+1, & 0 \leqslant x < 1, \\ 1, & x = 1, \\ -x+3, & 1 < x \leqslant 2. \end{cases}$$
在闭区间 $[0,2]$ 上有间断点 $x = 1$,该函数在 $[0,2]$ 上既无最大值也无最小值,如图 1-26 所示.

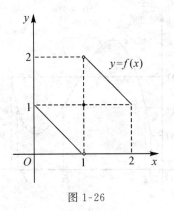

图 1-26

定理 1.9(零点定理) 若函数 $f(x)$ 在闭区间 $[a,b]$ 上连续,且 $f(a)$ 与 $f(b)$ 异号,则至少存在一点 $\xi \in (a,b)$,使得
$$f(\xi) = 0.$$

这个定理的几何意义如图 1-27 所示,点 $A(a,f(a))$ 及点 $B(b,f(b))$ 分别在 x 轴的两侧,则连续曲线 $y = f(x)$ 一定与 x 轴有交点.

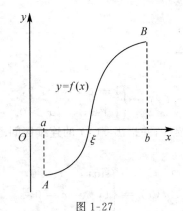

图 1-27

这个定理可以用来判断方程根的存在性.

例 1-43 证明方程 $x^5 + 2x - 2 = 0$ 在区间 $(0,1)$ 内至少有一个实根.

证 设 $f(x) = x^5 + 2x - 2$. 显然函数 $f(x)$ 在闭区间 $[0,1]$ 内连续,又 $f(0) = -2 < 0$, $f(1) = 1 > 0$. 于是由定理 1.9 知,至少存在一点 $\xi \in (0,1)$,使得
$$f(\xi) = 0,$$
即方程 $x^5 + 2x - 2 = 0$ 在区间 $(0,1)$ 内至少有一个实根.

由定理 1.9 可推得下面较一般性的定理.

定理 1.10(介值定理) 若函数 $f(x)$ 在闭区间 $[a,b]$ 上连续,则对于任一介于 $f(a)$ 与 $f(b)$ 之间的常数 C,至少存在一点 $\xi \in (a,b)$,使得
$$f(\xi) = C.$$

定理 1.10 的几何意义如图 1-28 所示.

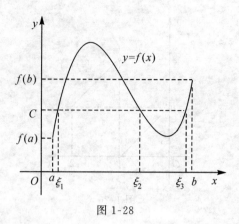

图 1-28

推论 在闭区间上连续的函数必取得介于最大值 M 与最小值 m 之间的任何值.

习题 1-6

1. 设 $f(x)=x^2$,求下列条件下函数相应的增量:

(1) 当 x 由 2 变到 1;

(2) 当 x 由 2 变到 $2+\Delta x$;

(3) 当 x 由 x_0 变到 $x_0+\Delta x$.

2. 设函数

$$f(x)=\begin{cases}1-x^2, & x\leqslant 0,\\ 1+x, & x>0.\end{cases}$$

试讨论 $f(x)$ 在 $x=0$ 处的连续性,并指出 $f(x)$ 的连续区间.

3. 设函数

$$f(x)=\begin{cases}\sin x, & x<0,\\ 1, & x=0,\\ x^2, & x>0.\end{cases}$$

问:(1) $\lim\limits_{x\to 0}f(x)$ 存在吗?(2) $f(x)$ 在 $x=0$ 处是否连续?(3) 作出函数图形.

4. 指出下列函数的间断点,并指明间断点的类型:

(1) $y=\dfrac{1}{(x-2)^2}$; (2) $y=x\cos\dfrac{1}{x}$;

(3) $y=(1+x)^{\frac{1}{x}}$; (4) $y=\arctan\dfrac{1}{x}$;

(5) $y=\dfrac{x^2-1}{x^2-3x+2}$; (6) $y=\begin{cases}2x-1, & x\leqslant 1,\\ 4-5x, & x>1.\end{cases}$

5. 求下列极限:

(1) $\lim\limits_{x\to 0}2e^x(\cos x+1)$; (2) $\lim\limits_{x\to\frac{\pi}{4}}(\sin 2x)^3$;

(3) $\lim\limits_{x\to 1}\sin(\ln x)$; (4) $\lim\limits_{x\to\infty}\ln\left(1+\dfrac{1}{x}\right)^x$;

(5) $\lim\limits_{x\to 0}\ln\dfrac{\sin x}{x}$;

(6) $\lim\limits_{x\to 1}\sin\dfrac{x^2-1}{x-1}$;

(7) $\lim\limits_{x\to +\infty}\sin(\sqrt{x+2}-\sqrt{x})$;

(8) $\lim\limits_{x\to 0}\dfrac{\sqrt{1+x^2}-1}{x}$.

6. 证明:方程 $x^4+2x^2-6=0$ 在区间 $(1,2)$ 内至少有一个根.

7. 证明:方程 $x-2\sin x=1$ 至少有一个正根小于 3.

复习题 1

1. 单项选择题:

(1) 下列各函数中,是基本初等函数的是( ).

A. $f(x)=x^2+1$; B. $f(x)=3x^2$;

C. $f(x)=x^{\sqrt{2}}$; D. $f(x)=e^x+2$.

(2) 设 $f(x)=\dfrac{1}{1-x}$,则 $f[f(-1)]=$( ).

A. 2; B. -1; C. 1; D. ∞.

(3) 若 $\lim\limits_{x\to x_0}f(x)=A$(常数),则 $f(x)$ 在点 x_0 处( ).

A. 有定义,且 $f(x_0)=A$; B. 不能有定义;

C. 有定义,且 $f(x_0)$ 可为任意值; D. 可以有定义,也可以没有定义.

(4) 当 $x\to +\infty$ 时,下列变量中为无穷小量的是( ).

A. x^3; B. $\ln(1+x)$; C. $\sin x$; D. e^{-x}.

(5) 当 $x\to 0$ 时,x^2 的同阶无穷小是( ).

A. $1-\cos x$; B. $x^2\sin x$; C. $\sqrt{1+x}-1$; D. $\ln(1+x)$.

(6) 下列极限中,正确的是( ).

A. $\lim\limits_{x\to 0}\left(1+\dfrac{1}{x}\right)^x=e$; B. $\lim\limits_{x\to \infty}\left(1+\dfrac{1}{x}\right)^{x+2}=e$;

C. $\lim\limits_{x\to \infty}\dfrac{\sin x}{x}=1$; D. $\lim\limits_{x\to 0}x\sin\dfrac{1}{x}=1$.

(7) 为使函数 $f(x)=\begin{cases}2x,&x<1,\\a,&x\geq 1.\end{cases}$ 在 $x=1$ 处连续,应取 $a=$( ).

A. 2; B. 1; C. 0; D. -1.

(8) 函数 $f(x)=\dfrac{x^2-4}{x-1}$ 的间断点为( ).

A. -1; B. 2; C. -2; D. 1.

2. 填空题:

(1) 函数 $y=\dfrac{\sqrt{9-x^2}}{\ln(x+2)}$ 的定义域是_____.

(2) 设函数 $f(x)=\sin x, g(x)=x^2, h(x)=\ln x$,则复合函数 $f\{g[h(x)]\}=$_____.

(3) 当 $x \to$ _____ 时,$y = \dfrac{x^2-1}{x(x-1)}$ 为无穷大量.

(4) 设 $f(x) = \dfrac{\sin x}{x^3 - x}$,则 $f(x)$ 第二类间断点的个数为 _____.

3. 计算下列极限:

(1) $\lim\limits_{x \to 1} \dfrac{x^3+1}{x^2-7x+4}$;

(2) $\lim\limits_{n \to \infty} \dfrac{n^5 - 3n^2 + 1}{n^2 + 4n + 3}$;

(3) $\lim\limits_{x \to 2} \left(\dfrac{1}{x-2} - \dfrac{4}{x^2-4} \right)$;

(4) $\lim\limits_{x \to 0} \dfrac{x + \sin 2x}{x - \sin 2x}$;

(5) $\lim\limits_{x \to \infty} \left(\dfrac{2x-3}{2x+1} \right)^{x+1}$;

(6) $\lim\limits_{x \to 0} \dfrac{\sqrt{1+x^2} - 1}{\sin x}$.

4. 证明题:

(1) 用连续函数的定义证明函数 $f(x) = x^2$ 在其定义域内的每一点处均连续.

(2) 证明方程 $e^x = 3x$ 至少存在一个小于 1 的正根.

第 2 章 导数与微分

前面讨论了变量之间的函数关系,但在解决实际问题时,有时还需要知道变量变化快慢的程度(即变化率).另外,我们经常遇到求函数的改变量和近似值的问题.研究第一类问题得到导数的概念,研究第二类问题得到微分的概念.微分学是微积分的重要组成部分,而导数与微分是微分学的基本概念.

本章主要讨论导数和微分的概念及其计算方法.至于导数的应用,将在第 3 章中讨论.

2.1 导数的概念

2.1.1 引例

1. 引例 1(变速直线运动的瞬时速度)

设质点作变速直线运动,其所走路程 s 是时间 t 的函数 $s=s(t)$.讨论质点在 t_0 时刻的瞬时速度.

当时间从 t_0 改变到 $t_0+\Delta t$ 时,质点在 Δt 这段时间内所走过的路程为:

$$\Delta s = s(t_0+\Delta t) - s(t_0).$$

如果该质点在 Δt 这段时间内做匀速运动,则在 t_0 时刻的瞬时速度为 $v(t_0)=\dfrac{\Delta s}{\Delta t}$.如果不是做匀速运动,则 $\dfrac{\Delta s}{\Delta t}$ 只表示该质点 Δt 这段时间内的平均速度,它不能表征瞬时速度 $v(t_0)$.但如果时间间隔 Δt 很短,则

$$v(t_0) \approx \dfrac{\Delta s}{\Delta t}.$$

显然若 Δt 越小,则近似程度越高,即 $\dfrac{\Delta s}{\Delta t}$ 越能表征 $v(t_0)$.因此,当 $\Delta t \to 0$ 时,若 $\dfrac{\Delta s}{\Delta t}$ 有极限,则称此极限为质点在 t_0 时刻的**瞬时速度**,即

$$v(t_0) = \lim_{\Delta t \to 0} \dfrac{\Delta s}{\Delta t} = \lim_{\Delta t \to 0} \dfrac{s(t_0+\Delta t)-s(t_0)}{\Delta t}.$$

2. 引例 2(曲线上一点处切线的斜率)

首先我们给出曲线上一点处切线的定义.设点 P_0 是曲线 $y=f(x)$ 上的一个定点,P 是动点.连 P_0 和 P 得曲线的割线 P_0P.当动点 P 沿曲线趋近于 P_0 时,若割线 P_0P 的极限位置 P_0T 存在,则称直线 P_0T 为曲线 $y=f(x)$ 在点 P_0 处的**切线**(图 2-1).

设曲线 $y=f(x)$,在点 $P_0(x_0,y_0)$ 附近处取一点 $P(x_0+\Delta x, y_0+\Delta y)$,那么割线 P_0P 的斜率为

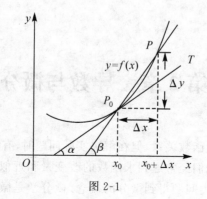

图 2-1

$$\tan\beta = \frac{\Delta y}{\Delta x} = \frac{f(x_0 + \Delta x) - f(x_0)}{\Delta x}.$$

其中，β 是割线 P_0P 的倾斜角. 显然, 当 $\Delta x \to 0$ 时, 点 P 沿曲线趋近于点 P_0, 这时割线 P_0P 趋近于点 P_0 处的切线 P_0T, 相应地, 割线 P_0P 的斜率 $\tan\beta$ 趋近于切线 P_0T 的斜率 $\tan\alpha$（α 为切线的倾斜角）, 即

$$\tan\alpha = \lim_{\Delta x \to 0}\tan\beta = \lim_{\Delta x \to 0}\frac{\Delta y}{\Delta x} = \lim_{\Delta x \to 0}\frac{f(x_0 + \Delta x) - f(x_0)}{\Delta x}.$$

2.1.2 导数的定义

上述两个引例的实际背景不同,但就其抽象的数学关系来看却是一致的,都是求函数的增量与自变量增量的比值在自变量的增量趋近于零时的极限. 这类极限在其他许多实际问题中也会遇到, 在数学中将这类极限称为函数的导数.

定义 2.1 设函数 $y=f(x)$ 在 x_0 的某邻域 $U(x_0)$ 内有定义,当自变量 x 在 x_0 处取得增量 Δx（点 $(x_0 + \Delta x) \in U(x_0)$）时,相应地函数有增量 $\Delta y = f(x_0 + \Delta x) - f(x_0)$, 如果极限

$$\lim_{\Delta x \to 0}\frac{\Delta y}{\Delta x} = \lim_{\Delta x \to 0}\frac{f(x_0 + \Delta x) - f(x_0)}{\Delta x}$$

存在,则称函数 $y=f(x)$ 在点 x_0 处**可导**,并称上述极限值为函数 $y=f(x)$ 在点 x_0 处的**导数**,记作

$$f'(x_0) \text{ 或 } y'|_{x=x_0},\ \frac{dy}{dx}\Big|_{x=x_0},\ \frac{df(x)}{dx}\Big|_{x=x_0},$$

即

$$f'(x_0) = \lim_{\Delta x \to 0}\frac{f(x_0 + \Delta x) - f(x_0)}{\Delta x} \tag{2-1}$$

如果式(2-1)极限不存在,则说函数 $y=f(x)$ 在点 x_0 处不可导,或称函数 $y=f(x)$ 在点 x_0 处的导数不存在.

按照导数的定义,变速直线运动在 t_0 时刻的瞬时速度 $v(t_0)$ 就是路程函数 $s(t)$ 在 t_0 处的导数 $s'(t_0)$；曲线 $y=f(x)$ 在点 $P_0(x_0, y_0)$ 处的切线斜率就是函数 $y=f(x)$ 在点 x_0 处的导数 $f'(x_0)$.

若记 $\Delta x = x - x_0$,则当 $\Delta x \to 0$ 时,$x \to x_0$,故式(2-1)等价于以下形式:

$$f'(x_0) = \lim_{x \to x_0} \frac{f(x) - f(x_0)}{x - x_0} \tag{2-2}$$

例 2-1 已知函数 $f(x) = x^3$,求 $f'(2)$.

解 设 $f(x)$ 在 $x_0 = 2$ 处有增量 Δx,相应函数增量为:

$$\Delta y = (2 + \Delta x)^3 - 2^3 = \Delta x^3 + 6\Delta x^2 + 12\Delta x,$$

作比值 $\dfrac{\Delta y}{\Delta x} = \Delta x^2 + 6\Delta x + 12$,于是根据导数定义,有

$$f'(2) = \lim_{\Delta x \to 0} \frac{\Delta y}{\Delta x} = \lim_{\Delta x \to 0} (\Delta x^2 + 6\Delta x + 12) = 12.$$

或者,利用式(2-2)得

$$f'(2) = \lim_{x \to 2} \frac{x^3 - 2^3}{x - 2} = \lim_{x \to 2} (x^2 + 2x + 4) = 12.$$

如果极限

$$\lim_{\Delta x \to 0^-} \frac{f(x_0 + \Delta x) - f(x_0)}{\Delta x}$$

存在,则称上述极限值为函数 $y = f(x)$ 在点 x_0 处的**左导数**,记作 $f'_-(x_0)$,即

$$f'_-(x_0) = \lim_{\Delta x \to 0^-} \frac{f(x_0 + \Delta x) - f(x_0)}{\Delta x}.$$

类似地,如果极限

$$\lim_{\Delta x \to 0^+} \frac{f(x_0 + \Delta x) - f(x_0)}{\Delta x}$$

存在,则称上述极限值为函数 $y = f(x)$ 在点 x_0 处的**右导数**,记作 $f'_+(x_0)$,即

$$f'_+(x_0) = \lim_{\Delta x \to 0^+} \frac{f(x_0 + \Delta x) - f(x_0)}{\Delta x}.$$

显然,函数 $f(x)$ 在点 x_0 处可导的充要条件是其左导数 $f'_-(x_0)$ 和右导数 $f'_+(x_0)$ 都存在并相等,即

$$f'(x_0) = A \Leftrightarrow f'_-(x_0) = f'_+(x_0) = A$$

上式常用来判断分段函数在分段点处的可导性.

如果函数 $y = f(x)$ 在开区间 (a,b) 内的每一点处都可导,则称 $f(x)$ 在 (a,b) 内可导.此时对于 (a,b) 内的任一点 x,函数 $y = f(x)$ 都存在对应的导数值,从而确立了一个关于 x 的新函数,称为 $f(x)$ 的**导函数**,简称导数,记为

$$f'(x) \text{ 或 } y', \frac{\mathrm{d}y}{\mathrm{d}x}, \frac{\mathrm{d}f(x)}{\mathrm{d}x}.$$

由导函数的定义知:

$$f'(x) = \lim_{\Delta x \to 0} \frac{f(x + \Delta x) - f(x)}{\Delta x}.$$

显然,函数 $f(x)$ 在点 x_0 处的导数 $f'(x_0)$ 就是其导函数 $f'(x)$ 在点 x_0 处的函数值,即

$$f'(x_0) = f'(x)\big|_{x = x_0}.$$

因此求函数 $y = f(x)$ 的导数与求函数 $y = f(x)$ 点 x_0 处的导数是不同的,前者求导函

数 $f'(x)$，后者求一个确定的函数值 $f'(x_0)$. 如果不特别说明，一般情况下求函数的导数都是指求函数的导函数.

函数 $f(x)$ 在闭区间 $[a,b]$ 内可导，意指 $f(x)$ 在开区间 (a,b) 内可导，且 $f'_+(a)$ 和 $f'_-(b)$ 都存在.

利用导数的定义求函数的导数，可分为以下三步：

(1) 求函数的增量
$$\Delta y = f(x+\Delta x) - f(x) ;$$

(2) 算比值
$$\frac{\Delta y}{\Delta x} = \frac{f(x+\Delta x) - f(x)}{\Delta x} ;$$

(3) 求极限
$$y' = \lim_{\Delta x \to 0} \frac{\Delta y}{\Delta x} = \lim_{\Delta x \to 0} \frac{f(x+\Delta x) - f(x)}{\Delta x} .$$

下面用导数的定义求几个基本初等函数的导数.

例 2-2 求 $y = C$（C 是常数）的导数.

解 (1) 求增量
$$\Delta y = C - C = 0 ;$$

(2) 算比值
$$\frac{\Delta y}{\Delta x} = \frac{0}{\Delta x} = 0 ;$$

(3) 求极限
$$y' = \lim_{\Delta x \to 0} \frac{\Delta y}{\Delta x} = 0 .$$

从而
$$(C)' = 0.$$

例 2-3 求函数 $y = \sqrt{x}$ 的导数.

解 (1) 求增量
$$\Delta y = \sqrt{x+\Delta x} - \sqrt{x} ;$$

(2) 算比值
$$\frac{\Delta y}{\Delta x} = \frac{\sqrt{x+\Delta x} - \sqrt{x}}{\Delta x} ;$$

(3) 求极限
$$y' = \lim_{\Delta x \to 0} \frac{\Delta y}{\Delta x} = \lim_{\Delta x \to 0} \frac{\sqrt{x+\Delta x} - \sqrt{x}}{\Delta x}$$
$$= \lim_{\Delta x \to 0} \frac{\Delta x}{\Delta x(\sqrt{x+\Delta x} + \sqrt{x})} = \frac{1}{2\sqrt{x}}.$$

从而
$$(\sqrt{x})' = \frac{1}{2\sqrt{x}}.$$

一般地，对于幂函数 $y = x^\mu$（μ 为常数），有

$$(x^\mu)' = \mu x^{\mu-1}.$$

这就是幂函数的求导公式. 如利用此公式算得：$(x^6)' = 6x^5$，$(x^{-\frac{1}{3}})' = -\frac{1}{3}x^{-\frac{4}{3}}$，等等.

例 2-4　求 $y = \sin x$ 的导数.

解　(1) 求增量
$$\Delta y = \sin(x + \Delta x) - \sin x = 2\cos\left(x + \frac{\Delta x}{2}\right)\sin\frac{\Delta x}{2} ;$$

(2) 算比值
$$\frac{\Delta y}{\Delta x} = \frac{2\cos\left(x + \frac{\Delta x}{2}\right)\sin\frac{\Delta x}{2}}{\Delta x} ;$$

(3) 求极限
$$y' = \lim_{\Delta x \to 0}\frac{\Delta y}{\Delta x} = \lim_{\Delta x \to 0}\frac{\sin\frac{\Delta x}{2}}{\frac{\Delta x}{2}} \cdot \lim_{\Delta x \to 0}\cos\left(x + \frac{\Delta x}{2}\right) = \cos x,$$

即
$$(\sin x)' = \cos x.$$

类似地，可得
$$(\cos x)' = -\sin x.$$

例 2-5　求 $y = \log_a x$（$a > 0, a \neq 1$）的导数.

解　(1) 求增量
$$\Delta y = \log_a(x + \Delta x) - \log_a x = \log_a \frac{x + \Delta x}{x} = \log_a\left(1 + \frac{\Delta x}{x}\right) ;$$

(2) 算比值
$$\frac{\Delta y}{\Delta x} = \frac{\log_a\left(1 + \frac{\Delta x}{x}\right)}{\Delta x} = \log_a\left(1 + \frac{\Delta x}{x}\right)^{\frac{1}{\Delta x}} = \log_a\left[\left(1 + \frac{\Delta x}{x}\right)^{\frac{x}{\Delta x}}\right]^{\frac{1}{x}} = \frac{1}{x}\log_a\left[\left(1 + \frac{\Delta x}{x}\right)^{\frac{x}{\Delta x}}\right] ;$$

(3) 求极限
$$y' = \lim_{\Delta x \to 0}\frac{\Delta y}{\Delta x} = \lim_{\Delta x \to 0}\frac{1}{x}\log_a\left[\left(1 + \frac{\Delta x}{x}\right)^{\frac{x}{\Delta x}}\right] = \frac{1}{x}\log_a e = \frac{1}{x\ln a},$$

即
$$(\log_a x)' = \frac{1}{x\ln a}.$$

特别地，当 $a = e$ 时，有
$$(\ln x)' = \frac{1}{x}.$$

例 2-6　设 $f(x) = \begin{cases} 2x - 1, & x \leq 1 \\ \sqrt{x}, & x > 1 \end{cases}$，求函数在 $x = 1$ 处的导数.

解　因为 $f'_-(1) = \lim\limits_{x \to 1^-}\frac{f(x) - f(1)}{x - 1} = \lim\limits_{x \to 1^-}\frac{(2x - 1) - 1}{x - 1} = 2$，

$$f'_+(1) = \lim_{x \to 1^+} \frac{f(x)-f(1)}{x-1} = \lim_{x \to 1^+} \frac{\sqrt{x}-1}{x-1} = \lim_{x \to 1^+} \frac{(x-1)}{(x-1)(\sqrt{x}+1)} = \frac{1}{2},$$

所以，$f'_-(1) \neq f'_+(1)$，即 $f(x)$ 在 $x=1$ 处不可导.

2.1.3 导数的几何意义

由引例 2 中对于曲线切线斜率的讨论及导数的定义知：函数 $y=f(x)$ 在点 x_0 处的导数 $f'(x_0)$ 表示曲线 $y=f(x)$ 在点 $P_0(x_0,y_0)$ 处的切线的斜率，即

$$f'(x_0) = \tan\alpha,$$

其中 α 是切线的倾斜角（如图 2-2 所示）. 这就是导数的几何意义.

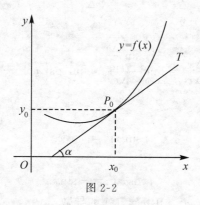

图 2-2

注意：若 $f'(x_0)=0$，则曲线在点 $P_0(x_0,y_0)$ 处有平行于 x 轴的切线；若 $f'(x_0)=\infty$，则曲线在点 $P_0(x_0,y_0)$ 处有垂直于 x 轴的切线.

根据导数的几何意义以及直线的点斜式方程，可知曲线 $y=f(x)$ 在点 $P_0(x_0,y_0)$ 处的切线方程为：

$$y-y_0 = f'(x_0)(x-x_0).$$

若 $f'(x_0) \neq 0$，则曲线 $y=f(x)$ 在点 $P_0(x_0,y_0)$ 处的法线方程为：

$$y-y_0 = -\frac{1}{f'(x_0)}(x-x_0).$$

例 2-7 求曲线 $y=\sqrt{x}$ 在点 $P_0(4,2)$ 处的切线方程和法线方程.

解 所求切线的斜率：

$$k = y'|_{x=4} = \frac{1}{2\sqrt{x}}\Big|_{x=4} = \frac{1}{4}.$$

故所求切线方程为：

$$y-2 = \frac{1}{4}(x-4).$$

法线方程为：

$$y-2 = -4(x-4).$$

2.1.4 函数的可导性与连续性的关系

函数在任一点的可导性与连续性是函数的两个重要概念，而函数的可导性与连续性之

间也有着内在的关系.

定理 2.1 若函数 $y = f(x)$ 在点 x_0 处可导,则函数在点 x_0 处必连续.

证 由 $y = f(x)$ 在点 x_0 处可导知,

$$f'(x_0) = \lim_{\Delta x \to 0} \frac{\Delta y}{\Delta x}$$

存在,所以

$$\lim_{\Delta x \to 0} \Delta y = \lim_{\Delta x \to 0} \left(\frac{\Delta y}{\Delta x} \cdot \Delta x \right) = \lim_{\Delta x \to 0} \frac{\Delta y}{\Delta x} \cdot \lim_{\Delta x \to 0} \Delta x = f'(x_0) \cdot 0 = 0.$$

由 $\lim_{\Delta x \to 0} \Delta y = 0$ 知,函数 $y = f(x)$ 在点 x_0 处连续.

注意:此命题的逆命题不一定成立,函数在某点连续时,不一定在该点可导.例如,函数 $y = \sqrt[3]{x}$ 在 $(-\infty, +\infty)$ 内连续,但在 $x = 0$ 处

$$\lim_{\Delta x \to 0} \frac{\Delta y}{\Delta x} = \lim_{\Delta x \to 0} \frac{\sqrt[3]{\Delta x}}{\Delta x} = \lim_{\Delta x \to 0} \frac{1}{\sqrt[3]{(\Delta x)^2}} = \infty,$$

即极限不存在,所以 $y = \sqrt[3]{x}$ 在 $x = 0$ 处不可导.

由以上讨论可知,函数连续是函数可导的必要条件而不是充分条件.

习题 2-1

1.质点做变速直线运动,设经过时间 t 后,质点所经过的路程为 $s = 8t^2 + 3$. 试求:
(1) 质点从 $t = 1$ 到 $t = 1 + \Delta t$ 内的平均速度;
(2) 质点在 $t = 1$ 时的瞬时速度;
(3) 质点在 $t = t_0$ 时的瞬时速度.

2.根据导数定义,求下列函数的导数或导函数:
(1) $f(x) = x^2 - 3$,求 $f'(2)$; (2) $f(x) = \frac{2}{x}$,试求 $f'(x)$.

3.求下列函数的导数:
(1) $y = \sqrt[4]{x^3}$; (2) $y = x^{1.6}$;
(3) $y = \frac{\sqrt{x}}{x^2}$; (4) $y = \log_2 x$.

4.求曲线 $y = x^3$ 在点 $(1, 1)$ 处的切线方程和法线方程.

5.求曲线 $y = \ln x$ 在 $x = e$ 处的切线方程和法线方程.

6.讨论下列函数在指定点的连续性与可导性:
(1) $f(x) = \begin{cases} \sin x, & x \geq 0, \\ x - 1, & x < 0, \end{cases}$ 在 $x = 0$ 处;

(2) $f(x) = \begin{cases} x^2, & x \leq 2, \\ 3x - 2, & x > 2, \end{cases}$ 在 $x = 2$ 处.

2.2 求导法则

根据定义求导数实际上就是求极限,前面求出了一些简单函数的导数.但若对每一个给

定的函数都按定义求导,就显得较为繁琐.为此给出一些基本法则与基本公式,以简化求导过程.

2.2.1 导数的四则运算法则

定理 2.2(四则运算法则) 设函数 $u(x)$、$v(x)$(以下简写为 u、v)在点 x 处可导,则函数 $u \pm v$、uv、$\dfrac{u}{v}(v \neq 0)$ 都在点 x 处可导,且

(1) $(u \pm v)' = u' \pm v'$;

(2) $(uv)' = u'v + uv'$;

(3) $\left(\dfrac{u}{v}\right)' = \dfrac{u'v - uv'}{v^2}$.

下面仅给出导数的加法运算法则的证明,其他法则的证明从略.

证 (1) 令 $y = u(x) + v(x)$,则

$$\Delta y = [u(x+\Delta x) + v(x+\Delta x)] - [u(x) + v(x)]$$
$$= [u(x+\Delta x) - u(x)] + [v(x+\Delta x) - v(x)]$$
$$= \Delta u + \Delta v.$$

因 $u(x)$、$v(x)$ 在点 x 处可导,可得 $u'(x) = \lim\limits_{\Delta x \to 0} \dfrac{\Delta u}{\Delta x}$,$v'(x) = \lim\limits_{\Delta x \to 0} \dfrac{\Delta v}{\Delta x}$,所以,

$$y' = \lim_{\Delta x \to 0} \dfrac{\Delta y}{\Delta x} = \lim_{\Delta x \to 0} \dfrac{\Delta u + \Delta v}{\Delta x} = \lim_{\Delta x \to 0} \dfrac{\Delta u}{\Delta x} + \lim_{\Delta x \to 0} \dfrac{\Delta v}{\Delta x} = u'(x) + v'(x),$$

即

$$(u+v)' = u' + v'.$$

对于导数的四则运算法则,作以下两点说明:

(1) 定理 2.2 中的加减法和乘法法则可以推广到任意有限个可导函数的情形,即有

$$(u_1 \pm u_2 \pm \cdots \pm u_n)' = u'_1 \pm u'_2 \pm \cdots \pm u'_n,$$
$$(u_1 u_2 \cdots u_n)' = u'_1 u_2 \cdots u_n + u_1 u'_2 \cdots u_n + \cdots + u_1 u_2 \cdots u'_n.$$

(2) 在乘法法则(2)中,当 $v(x) = C$(C 为常数)时,有

$$(Cu)' = Cu'.$$

例 2-8 设 $y = \ln x + 2x^4 - \cos \dfrac{\pi}{5}$,求 y'.

解 $y' = \left(\ln x + 2x^4 - \cos \dfrac{\pi}{5}\right)' = (\ln x)' + (2x^4)' - \left(\cos \dfrac{\pi}{5}\right)'$

$= \dfrac{1}{x} + 2(x^4)' - 0 = \dfrac{1}{x} + 8x^3.$

例 2-9 设 $f(x) = 3x^2 \sin x$,求 $f'(x)$.

解 $f'(x) = (3x^2 \sin x)' = 3(x^2 \sin x)' = 3[(x^2)' \sin x + x^2 (\sin x)']$

$= 3(2x \sin x + x^2 \cos x).$

例 2-10 设 $f(x) = \dfrac{3x^2 + 2}{x+1}$,求 $f'(x)$.

解 $f'(x) = \left(\dfrac{3x^2 + 2}{x+1}\right)' = \dfrac{(3x^2+2)'(x+1) - (3x^2+2)(x+1)'}{(x+1)^2}$

$$= \frac{6x(x+1)-(3x^2+2)}{(x+1)^2} = \frac{3x^2+6x-2}{(x+1)^2}.$$

例 2-11 设 $y = \tan x$,求 y'.

解 $y' = (\tan x)' = \left(\frac{\sin x}{\cos x}\right)' = \frac{(\sin x)' \cos x - \sin x (\cos x)'}{\cos^2 x}$

$$= \frac{\cos x \cos x - \sin x (-\sin x)}{\cos^2 x} = \frac{\cos^2 x + \sin^2 x}{\cos^2 x} = \frac{1}{\cos^2 x} = \sec^2 x.$$

即
$$(\tan x)' = \sec^2 x.$$

类似地,可得
$$(\cot x)' = -\csc^2 x.$$

例 2-12 设 $y = \sec x$,求 y'.

解 $y' = (\sec x)' = \left(\frac{1}{\cos x}\right)' = \frac{(1)' \cdot \cos x - 1 \cdot (\cos x)'}{\cos^2 x} = \frac{\sin x}{\cos^2 x} = \sec x \tan x,$

即
$$(\sec x)' = \sec x \tan x.$$

类似得,可得
$$(\csc x)' = -\csc x \cot x.$$

2.2.2 复合函数求导法则

定理 2.3(链式法则) 设函数 $y = f(u)$,$u = \varphi(x)$,$\varphi(x)$ 在点 x 处可导,而 $f(u)$ 在相应的点 u 处可导,则复合函数 $y = f[\varphi(x)]$ 在点 x 处可导,且

$$\frac{\mathrm{d}y}{\mathrm{d}x} = f'(u) \cdot \varphi'(x) \text{ 或 } \frac{\mathrm{d}y}{\mathrm{d}x} = \frac{\mathrm{d}y}{\mathrm{d}u} \cdot \frac{\mathrm{d}u}{\mathrm{d}x}.$$

证 设自变量 x 取得增量 Δx,则中间变量 u 取得相应的增量 Δu,函数 y 取得相应的增量 Δy,则有

$$\Delta u = \varphi(x + \Delta x) - \varphi(x),$$
$$\Delta y = f(u + \Delta u) - f(u).$$

因为 $u = \varphi(x)$ 可导,故必连续,所以当 $\Delta x \to 0$ 时,$\Delta u \to 0$.

当 $\Delta u \neq 0$ 时,由

$$\frac{\Delta y}{\Delta x} = \frac{\Delta y}{\Delta u} \cdot \frac{\Delta u}{\Delta x}, \lim_{\Delta u \to 0} \frac{\Delta y}{\Delta u} = f'(u), \lim_{\Delta x \to 0} \frac{\Delta u}{\Delta x} = \varphi'(x),$$

得
$$\lim_{\Delta x \to 0} \frac{\Delta y}{\Delta x} = \lim_{\Delta x \to 0} \left(\frac{\Delta y}{\Delta u} \cdot \frac{\Delta u}{\Delta x}\right) = \lim_{\Delta u \to 0} \frac{\Delta y}{\Delta u} \cdot \lim_{\Delta x \to 0} \frac{\Delta u}{\Delta x} = f'(u) \cdot \varphi'(x),$$

即
$$\frac{\mathrm{d}y}{\mathrm{d}x} = f'(u) \cdot \varphi'(x).$$

当 $\Delta u = 0$ 时,可证上式仍然成立.

由复合函数的求导法知,复合函数的导数等于函数对中间变量的导数与中间变量对自变量的导数之积.因此,求复合函数的导数关键是要正确分析复合函数的结构.

此法则可推广到含多个中间变量的情形.例如,设 $y=f(u)$, $u=\varphi(v)$, $v=\psi(x)$,其中 f,φ,ψ 均可导,则复合函数 $y=f\{\varphi[\psi(x)]\}$ 的导数为

$$\frac{dy}{dx}=\frac{dy}{du}\cdot\frac{du}{dv}\cdot\frac{dv}{dx}.$$

例 2-13 设 $y=(x^3+x)^{10}$,求 y'.

解 函数 $y=(x^3+x)^{10}$ 可看成由 $y=u^{10}$, $u=x^3+x$ 复合而成,则

$$y'=(u^{10})'(x^3+x)'=10u^9(3x^2+1)=10(x^3+x)^9(3x^2+1).$$

例 2-14 设 $y=\cos x^2$,求 y'.

解 函数 $y=\cos x^2$ 可看成由 $y=\cos u$, $u=x^2$ 复合而成,则

$$y'=(\cos u)'(x^2)'=(-\sin u)(2x)=-2x\sin x^2.$$

例 2-15 设 $y=\tan^3 x$,求 y'.

解 函数 $y=\tan^3 x$ 可看成由 $y=u^3$, $u=\tan x$ 复合而成,则

$$y'=(u^3)'(\tan x)'=3u^2\sec^2 x=3\tan^2 x\sec^2 x.$$

对复合函数的求导熟练以后,可以不必写出中间变量,而可以采取下列例题的方式计算.

例 2-16 设 $y=\ln\sqrt{x}$,求 y'.

解 $y'=\dfrac{1}{\sqrt{x}}(\sqrt{x})'=\dfrac{1}{\sqrt{x}}\cdot\dfrac{1}{2\sqrt{x}}=\dfrac{1}{2x}.$

例 2-17 设 $y=\ln(\sin 2x)$,求 y'.

解 $y'=\dfrac{1}{\sin 2x}\cdot(\sin 2x)'=\dfrac{1}{\sin 2x}\cdot(\cos 2x)(2x)'=2\cot 2x.$

计算导数时,有时需要同时运用导数的四则运算法则和复合函数的求导法则.

例 2-18 设 $y=x\sin x^2$,求 y'.

解 $y'=(x)'\sin x^2+x(\sin x^2)'=\sin x^2+x(\cos x^2)(2x)=\sin x^2+2x^2\cos x^2.$

2.2.3 反函数求导法则

前面用定义和四则运算法则已经求得对数函数和三角函数的导数,为求它们的反函数(指数函数和反三角函数)的导数,下面讨论反函数的求导法则.

定理 2.4 若函数 $x=\varphi(y)$ 在区间 I 内单调、可导,且 $\varphi'(y)\neq 0$,则其反函数 $y=f(x)$ 在对应的区间内可导,且

$$f'(x)=\frac{1}{\varphi'(y)} \quad \text{或} \quad \frac{dy}{dx}=\frac{1}{\dfrac{dx}{dy}}.$$

证 因为 $x=\varphi(y)$ 在区间 I 内单调、可导(从而连续),故其反函数 $y=f(x)$ 在相应的区间内也单调、连续.当自变量在点 x 处取得增量 Δx 时,函数 $y=f(x)$ 有相应的增量 Δy,由于函数是单调的,当 $\Delta x\neq 0$ 时,$\Delta y\neq 0$,于是有

$$\frac{\Delta y}{\Delta x}=\frac{1}{\dfrac{\Delta x}{\Delta y}}.$$

又因为 $y=f(x)$ 连续,当 $\Delta x\to 0$ 时,$\Delta y\to 0$,故上式两边取极限得

$$y' = \lim_{\Delta x \to 0} \frac{\Delta y}{\Delta x} = \lim_{\Delta x \to 0} \frac{1}{\frac{\Delta x}{\Delta y}} = \frac{1}{\lim_{\Delta y \to 0} \frac{\Delta x}{\Delta y}} = \frac{1}{\varphi'(y)},$$

所以

$$f'(x) = \frac{1}{\varphi'(y)} \text{ 或 } \frac{\mathrm{d}y}{\mathrm{d}x} = \frac{1}{\frac{\mathrm{d}x}{\mathrm{d}y}}.$$

例 2-19 设 $y = a^x$ ($a > 0, a \neq 1$)，求 y'.

解 函数 $y = a^x$ 是 $x = \log_a y$ 的反函数，$x = \log_a y$ 在 $y > 0$ 时单调、可导，且

$$\frac{\mathrm{d}x}{\mathrm{d}y} = (\log_a y)' = \frac{1}{y \ln a} \neq 0,$$

所以，由反函数求导法则得

$$y' = \frac{\mathrm{d}y}{\mathrm{d}x} = \frac{1}{\frac{\mathrm{d}x}{\mathrm{d}y}} = \frac{1}{\frac{1}{y \ln a}} = y \ln a = a^x \ln a.$$

即

$$(a^x)' = a^x \ln a.$$

特别地，当 $a = \mathrm{e}$ 时，有

$$(\mathrm{e}^x)' = \mathrm{e}^x.$$

例 2-20 设 $y = \arcsin x$，求 y'.

解 函数 $y = \arcsin x$ 是 $x = \sin y$ 在 $y \in \left[-\frac{\pi}{2}, \frac{\pi}{2}\right]$ 上的反函数，$x = \sin y$ 在 $\left(-\frac{\pi}{2}, \frac{\pi}{2}\right)$ 内单调、可导，且

$$\frac{\mathrm{d}x}{\mathrm{d}y} = (\sin y)' = \cos y \neq 0.$$

由反函数求导法则，得

$$y' = \frac{\mathrm{d}y}{\mathrm{d}x} = \frac{1}{\frac{\mathrm{d}x}{\mathrm{d}y}} = \frac{1}{\cos y} = \frac{1}{\sqrt{1 - \sin^2 y}} = \frac{1}{\sqrt{1 - x^2}},$$

即

$$(\arcsin x)' = \frac{1}{\sqrt{1 - x^2}}.$$

类似地，可得

$$(\arccos x)' = -\frac{1}{\sqrt{1 - x^2}},$$

$$(\arctan x)' = \frac{1}{1 + x^2},$$

$$(\operatorname{arccot} x)' = -\frac{1}{1 + x^2}.$$

2.2.4 基本求导公式总结

利用前面介绍的基本初等函数的导数公式、导数的四则运算法则、复合函数的求导法

则,就可以解决初等函数的求导问题.下面把前面的导数公式和求导法则归纳如下:

1. 基本初等函数的导数公式

(1) $(C)' = 0$;

(2) $(x^\mu)' = \mu x^{\mu-1}$;

(3) $(a^x)' = a^x \ln a$;

(4) $(e^x)' = e^x$;

(5) $(\log_a x)' = \dfrac{1}{x \ln a}$;

(6) $(\ln x)' = \dfrac{1}{x}$;

(7) $(\sin x)' = \cos x$;

(8) $(\cos x)' = -\sin x$;

(9) $(\tan x)' = \sec^2 x$;

(10) $(\cot x)' = -\csc^2 x$;

(11) $(\sec x)' = \sec x \tan x$;

(12) $(\csc x)' = -\csc x \cot x$;

(13) $(\arcsin x)' = \dfrac{1}{\sqrt{1-x^2}}$;

(14) $(\arccos x)' = -\dfrac{1}{\sqrt{1-x^2}}$;

(15) $(\arctan x)' = \dfrac{1}{1+x^2}$;

(16) $(\text{arccot } x)' = -\dfrac{1}{1+x^2}$.

2. 导数的四则运算法则

(1) $(u \pm v)' = u' \pm v'$;

(2) $(Cu)' = Cu'$;

(3) $(uv)' = u'v + uv'$;

(4) $\left(\dfrac{u}{v}\right)' = \dfrac{u'v - uv'}{v^2}$ $(v \neq 0)$.

3. 复合函数的求导法则

设 $y = f(u), u = \varphi(x)$,则复合函数 $y = f[\varphi(x)]$ 的导数为

$$y' = \{f[\varphi(x)]\}' = f'(u)\varphi'(x) \text{ 或 } \dfrac{\mathrm{d}y}{\mathrm{d}x} = \dfrac{\mathrm{d}y}{\mathrm{d}u} \cdot \dfrac{\mathrm{d}u}{\mathrm{d}x}.$$

4. 反函数的求导法则

设 $y = f(x)$ 与 $x = \varphi(y)$ 互为反函数,则

$$y' = f'(x) = \dfrac{1}{\varphi'(y)} \ (\varphi'(y) \neq 0).$$

习题 2-2

1. 求下列函数的导数:

(1) $y = x^6 + 3x^4 + 2$;

(2) $y = \dfrac{\pi}{x^5} - \lg x + \tan \dfrac{\pi}{3}$;

(3) $y = 3x^{\frac{2}{3}} - 3^x + 3e^x$;

(4) $y = \sin x \cdot \cos x$;

(5) $y = x^4 \ln x$;

(6) $y = (1 + x^2) \arctan x$;

(7) $y = \dfrac{\sqrt{x}}{x+1}$;

(8) $y = \dfrac{1 + \sin x}{1 + \cos x}$;

(9) $y = \cot x \arctan x$;

(10) $y = xe^x \tan x$.

2. 求下列复合函数的导数:

(1) $y = (2x + 5)^6$;

(2) $y = \sqrt{1 + x^2}$;

(3) $y = \cos(4 - 3x)$;

(4) $y = e^{-2x}$;

(5) $y = \ln 3^x$;

(6) $y = \arctan(1 + x^2)$;

(7) $y = \left(\arcsin \dfrac{x}{2}\right)^2$; (8) $y = e^{\sqrt{1-x^2}}$;

(9) $y = \arccos \dfrac{1}{x}$; (10) $y = \sqrt{x + \sqrt{x + \sqrt{x}}}$.

3. 求下列函数的导数：

(1) $y = e^{-\frac{x}{2}} \cos 3x$; (2) $y = \dfrac{x}{\sqrt{1-x^2}}$;

(3) $y = \arctan \dfrac{x+1}{x-1}$; (4) $y = \ln\left(x + \sqrt{1+x^2}\right)$;

(5) $y = \ln(\sin 3x)$; (6) $y = e^{\frac{x}{\ln x}}$;

(7) $y = 2^{\sin x} + \cos \sqrt{x}$; (8) $y = \sqrt[3]{1 + \ln^2 x}$.

4. 求下列函数在指定点处的导数：

(1) $f(x) = \dfrac{3}{5-x} + \dfrac{x^3}{5}$, 求 $f'(2)$;

(2) $f(x) = \arccos \dfrac{x-3}{3} - 2\sqrt{\dfrac{6-x}{x}}$, 求 $f'(3)$.

5. 设 $f(u)$ 可导，求下列函数的导数：

(1) $y = \ln f(x)$；   (2) $y = f(\sin^2 x)$；   (3) $y = \sin^2 f(x)$.

2.3 隐函数的导数

前面讨论的求导方法，适用于因变量 y 已写成自变量 x 的明显表达式
$$y = f(x)$$
这种函数称为**显函数**. 但有时还会遇到这样的情形：变量 y 和 x 之间的函数关系由一个方程所确定，且因变量 y 没有明显地单独写在等号一边，例如上半圆的方程：
$$x^2 + y^2 = R^2 \text{（其中 } y \geqslant 0\text{）}, \tag{2-3}$$
确定了 y 和 x 之间的一个函数关系；方程
$$xy - e^x + e^y = 0, \tag{2-4}$$
也确定了 y 和 x 之间的一个函数关系. 这种由方程所确定的函数关系称为**隐函数**.

若能从方程中解出 y（例如由式(2-3)得 $y = \sqrt{R^2 - x^2}$），就得到显函数的表示形式，则用前面的求导方法就可以求出 y'. 但并非所有的隐函数都可以表示成显函数，例如由式(2-4)所确定的隐函数就无法用显函数的形式表示出来. 那么如何求此类函数的导数呢？

设 $y = y(x)$ 是由二元方程 $F(x,y) = 0$ 所确定的隐函数，为求隐函数 $y = y(x)$ 的导数 $\dfrac{dy}{dx}$, 在方程 $F(x,y) = 0$ 的两边分别对 x 求导，即
$$\dfrac{d}{dx}[F(x,y)] = 0, \tag{2-5}$$
然后解出 $\dfrac{dy}{dx}$.

式(2-5)左边对 x 求导数 $\dfrac{d}{dx}[F(x,y)]$ 时，应将 y 看成 x 的函数，必然会碰到一些项

对 x 求导要利用复合函数的链式法则.下面通过具体的例子来对这一方法进行阐述.

例 2-21 求由方程 $x^2+y^2=R^2$($y \geqslant 0$)所确定的函数 $y=y(x)$ 的导数.

解法一 将隐函数化成显函数的形式,得
$$y=\sqrt{R^2-x^2},$$
于是
$$y'=\frac{1}{2\sqrt{R^2-x^2}}(-2x)=\frac{-x}{\sqrt{R^2-x^2}}=-\frac{x}{y}.$$

解法二 不具体解出 y,而仅将 y 看成 x 的函数:$y=y(x)$,这个函数由方程
$$x^2+y^2=R^2$$
所确定,故若将此 $y=y(x)$ 代入该方程,方程便成为恒等式:
$$x^2+[y(x)]^2 \equiv R^2.$$
此恒等式两端同时对自变量 x 求导,利用复合函数的求导法则得到
$$2x+2y(x) \cdot \frac{\mathrm{d}y}{\mathrm{d}x}=0,$$
由此得
$$y'=\frac{\mathrm{d}y}{\mathrm{d}x}=-\frac{x}{y}.$$

例 2-22 求由方程 $xy-\mathrm{e}^x+\mathrm{e}^y=0$ 所确定的隐函数 $y=y(x)$ 的导数 y' 和 $y'|_{x=0}$.

解 将方程两边分别对 x 求导,得
$$(y+xy')-\mathrm{e}^x+\mathrm{e}^y y'=0,$$
解出 y',得
$$y'=\frac{\mathrm{e}^x-y}{\mathrm{e}^y+x}.$$
因为当 $x=0$ 时,从原方程解得 $y=0$,所以
$$y'|_{x=0}=\left.\frac{\mathrm{e}^x-y}{\mathrm{e}^y+x}\right|_{\substack{x=0\\y=0}}=1.$$

注意:由于隐函数常常解不出 $y=y(x)$ 的显函数形式,因此在导数 y' 的表达式中往往同时含有 x 和 y.

例 2-23 求由方程 $y=\cos(x-y)$ 所确定的隐函数 $y=y(x)$ 的导数 y'.

解 将方程两边分别对 x 求导,得
$$y'=-\sin(x-y)(x-y)'=-\sin(x-y)(1-y'),$$
从而
$$y'=\frac{\sin(x-y)}{\sin(x-y)-1}.$$

例 2-24 求曲线 $x^2+\frac{1}{3}y^3=25$ 在点 $x=4$ 处对应曲线上的点的切线方程.

解 将方程两边分别对 x 求导,得
$$2x+y^2 y'=0,$$
从而
$$y'=-\frac{2x}{y^2}.$$

当 $x=4$ 时，相应地解得 $y=3$，由导数的几何意义知，所求切线的斜率为

$$k = y'\bigg|_{\substack{x=4\\y=3}} = -\frac{2x}{y^2}\bigg|_{\substack{x=4\\y=3}} = -\frac{8}{9},$$

于是，所求的切线方程为：

$$y - 3 = -\frac{8}{9}(x - 4),$$

即

$$8x + 9y - 59 = 0.$$

习题 2-3

1. 求下列方程所确定的隐函数的导数 y'：
   (1) $x^3 + 2x^2y - 3xy + 9 = 0$；
   (2) $xy = e^{x+y}$；
   (3) $y^3 = 3y - 2x$；
   (4) $xy + \ln y = 1$；
   (5) $x = \ln(x + y)$；
   (6) $x + y = \sin y$.
2. 求由下列方程所确定的隐函数在 $x = 0$ 处的导数 $y'|_{x=0}$：
   (1) $xe^y + ye^{-y} = x^2$；
   (2) $e^{xy} + y^3 - 5x = 0$.
3. 求曲线 $y^2 + 2\ln y = x^4$ 在点 $(-1, 1)$ 处的切线方程.

2.4 高阶导数

一般来说，函数 $y = f(x)$ 的导数 $f'(x)$ 仍是关于 x 的函数. 如果函数 $f'(x)$ 在点 x 处仍然可导，则将 $f'(x)$ 在点 x 处的导数称为函数 $y = f(x)$ 在点 x 处的**二阶导数**，记为 $f''(x)$，y'' 或 $\dfrac{d^2 y}{dx^2}$，即

$$f''(x) = [f'(x)]',\ y'' = (y')',\ \text{或}\ \frac{d^2 y}{dx^2} = \frac{d}{dx}\left(\frac{dy}{dx}\right).$$

类似地，$y = f(x)$ 的二阶导数的导数称为 $y = f(x)$ 的**三阶导数**，三阶导数的导数称为 $y = f(x)$ 的**四阶导数**，等等. 一般地，$y = f(x)$ 的 $(n-1)$ 阶导数的导数称为 $y = f(x)$ 的 n **阶导数**. 三阶导数至 n 阶导数分别记为：

$$y''',\ y^{(4)},\ \cdots,\ y^{(n)},\ \text{或}\ \frac{d^3 y}{dx^3},\ \frac{d^4 y}{dx^4},\ \cdots,\ \frac{d^n y}{dx^n}.$$

相应地，把 $y = f(x)$ 的导数 $f'(x)$ 称为函数 $y = f(x)$ 的**一阶导数**. 二阶及二阶以上的导数统称为**高阶导数**. 由高阶导数的定义可知：函数 $f(x)$ 的 n 阶导数是对 $f(x)$ 连续求 n 次导数得到的，所以仍然可用前面的求导方法来计算 n 阶导数.

例 2-25 求 $y = 4x^3 + \ln x$ 的二阶导数 y''.

解 $y' = 12x^2 + \dfrac{1}{x}$；

$$y'' = (y')' = \left(12x^2 + \frac{1}{x}\right)' = 24x - \frac{1}{x^2}.$$

例 2-26 已知 $y = \sin 3x$，求 y''.

解 $y' = 3\cos 3x$,

$y'' = (3\cos 3x)' = -9\sin 3x$.

例 2-27 求由方程 $x^2 + y^2 = 16$ 所确定的隐函数 $y = y(x)$ 的二阶导数 y''.

解 应用隐函数求导方法，得：

$$2x + 2yy' = 0,$$

于是

$$y' = -\frac{x}{y},$$

两边再对 x 求导，得

$$y'' = -\frac{y - xy'}{y^2} = -\frac{y + x \cdot \frac{x}{y}}{y^2} = -\frac{y^2 + x^2}{y^3} = -\frac{16}{y^3}.$$

在 $2x + 2yy' = 0$ 两边对 x 再次求导，也可以得出相同的结论.

下面再求几个简单的、常见的函数的 n 阶导数.

例 2-28 求 $y = a^x (a > 0, a \neq 1)$ 的 n 阶导数.

解 $y' = (a^x)' = a^x \ln a$,

$y'' = (y')' = (a^x \ln a)' = a^x (\ln a)^2$,

$y''' = (y'')' = [a^x (\ln a)^2]' = a^x (\ln a)^3$,

一般地，可得

$$y^{(n)} = (a^x)^{(n)} = a^x (\ln a)^n.$$

特别地，当 $a = e$ 时，有

$$(e^x)^{(n)} = e^x.$$

例 2-29 设 $y = x^n$（n 为正整数），求 $y^{(n)}$，$y^{(n+1)}$.

解 $y' = nx^{n-1}$,

$y'' = n(n-1)x^{n-2}$,

$y''' = n(n-1)(n-2)x^{n-3}$,

从而推得

$$y^{(n)} = n!, \quad y^{(n+1)} = 0.$$

例 2-30 设 $y = \sin x$，求 $y^{(n)}$.

解 $y' = \cos x = \sin\left(x + \frac{\pi}{2}\right)$,

$y'' = \cos\left(x + \frac{\pi}{2}\right) = \sin\left(x + \frac{\pi}{2} + \frac{\pi}{2}\right) = \sin\left(x + 2 \cdot \frac{\pi}{2}\right)$,

$y''' = \cos\left(x + 2 \cdot \frac{\pi}{2}\right) = \sin\left(x + 3 \cdot \frac{\pi}{2}\right)$,

从而可得

$$y^{(n)} = (\sin x)^{(n)} = \sin\left(x + n \cdot \frac{\pi}{2}\right).$$

类似地，可得

$$(\cos x)^{(n)} = \cos\left(x + n \cdot \frac{\pi}{2}\right).$$

习题 2-4

1. 求下列函数的二阶导数：
   (1) $y = (3+x)^5$；
   (2) $y = xe^x$；
   (3) $y = 2x^2 - \cos 3x$；
   (4) $y = e^{1-2x}$；
   (5) $y = \ln(1-x^2)$；
   (6) $y = (\arcsin x)^2$.

2. 设 $f(x) = 2x^3 + 3x^2 - 4x + 5$，求 $f''(1)$，$f'''(1)$，$f^{(4)}(1)$.

3. 已知物体的运动规律为 $s = A\sin\omega t$（A、ω 是常数），求物体运动的加速度，并验证：
$$\frac{d^2 s}{dt^2} + \omega^2 s = 0.$$

4. 求下列函数的 n 阶导数：
   (1) $y = e^{-x}$；
   (2) $y = \ln(1+x)$.

2.5 函数的微分

函数的导数 $f'(x)$ 表示函数 $f(x)$ 在点 x 处的变化快慢程度．有时可能还需要计算当自变量取得一个微小增量 Δx 时，函数取得相应增量 Δy 的大小．由此引入微分的概念．

2.5.1 微分的概念

在引入微分概念之前，我们先看一个具体例子．

如图 2-3 所示，一正方形金属薄片受温度变化影响，边长由 x_0 变到 $x_0 + \Delta x$．试问：此时该金属薄片的面积改变了多少？

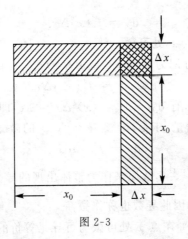

图 2-3

设此薄片的边长为 x，面积为 y，则 $y = f(x) = x^2$．当边长从 x_0 取得增量 Δx 时，相应地函数的增量为：

$$\Delta y = (x_0 + \Delta x)^2 - x_0^2 = 2x_0 \Delta x + (\Delta x)^2.$$

上式 Δy 由两部分组成,第一部分 $2x_0 \Delta x$(即图 2-3 中带斜线的两部分面积之和)是 Δx 的线性函数;第二部分为 $(\Delta x)^2$(即图 2-3 中带交叉斜线的小正方形面积).

当 $\Delta x \to 0$ 时,$(\Delta x)^2$ 是比 Δx 高阶的无穷小,即 $(\Delta x)^2 = o(\Delta x)$. 此意为:如果 Δx 很小,则 $(\Delta x)^2$ 更小. 因此,面积的改变量 Δy 可以近似地用第一部分代替,即

$$\Delta y \approx 2x_0 \Delta x.$$

且 Δx 越小,近似程度越高. 我们注意到,本例中 $f'(x_0) = 2x_0$,所以

$$\Delta y \approx f'(x_0) \Delta x.$$

本例中,得到函数增量的近似值,这一结论可以推广到更一般的情况. 一般地,若函数 $y = f(x)$ 在点 x 处可导,即

$$\lim_{\Delta x \to 0} \frac{\Delta y}{\Delta x} = f'(x),$$

由具有极限的函数与无穷小的关系可知:

$$\frac{\Delta y}{\Delta x} = f'(x) + \alpha.$$

其中,α 是当 $\Delta x \to 0$ 时的无穷小,于是

$$\Delta y = f'(x)\Delta x + \alpha \Delta x.$$

上式中,当 $f'(x) \neq 0$ 时,$f'(x)\Delta x$ 与 Δx 是同阶无穷小,$\alpha \Delta x$ 是比 Δx 高阶的无穷小. 也就是说,$f'(x)\Delta x$ 是 Δy 的主要部分,又因为 $f'(x)\Delta x$ 是 Δx 的线性函数,所以称 $f'(x)\Delta x$ 是 Δy 的**线性主部**.

当 Δx 很小时,函数的增量可以近似地用其线性主部来表示,即

$$\Delta y \approx f'(x)\Delta x.$$

将此线性主部 $f'(x)\Delta x$ 称为函数 $y = f(x)$ 的微分.

定义 2.2 如果函数 $y = f(x)$ 在点 x 处可导,则把 $y = f(x)$ 在点 x 处的导数 $f'(x)$ 与自变量在 x 处的增量 Δx 之积 $f'(x)\Delta x$,称为函数 $y = f(x)$ 在点 x 处的**微分**,记作 $\mathrm{d}y$ 或 $\mathrm{d}f(x)$,即

$$\mathrm{d}y = f'(x)\Delta x.$$

此时也称函数 $y = f(x)$ 在点 x 处**可微**.

当 $x = x_0$ 时,函数的微分记为 $\mathrm{d}y|_{x=x_0}$ 或 $\mathrm{d}f(x)|_{x=x_0}$,显然

$$\mathrm{d}y|_{x=x_0} = f'(x_0)\Delta x.$$

特别地,对于函数 $y = x$,有 $\mathrm{d}y = \mathrm{d}x = (x)'\Delta x = \Delta x$,即 $\mathrm{d}x = \Delta x$. 将 $\mathrm{d}x$ 称为自变量的微分,它等于自变量 x 的增量. 于是,函数 $y = f(x)$ 的微分,又可记为

$$\mathrm{d}y = f'(x)\mathrm{d}x.$$

将上式变形得到 $f'(x) = \dfrac{\mathrm{d}y}{\mathrm{d}x}$,故原来作为整体出现的导数符号 $\dfrac{\mathrm{d}y}{\mathrm{d}x}$ 可看成函数的微分 $\mathrm{d}y$ 与自变量的微分 $\mathrm{d}x$ 之商,因此导数也称作**微商**.

由此可见,函数 $y = f(x)$ 在点 x 处可微与可导是等价的,即

$$\mathrm{d}y = f'(x)\mathrm{d}x \Leftrightarrow \frac{\mathrm{d}y}{\mathrm{d}x} = f'(x).$$

因此,求函数的微分,可以归结为求该函数导数的问题.

例 2-31 设函数 $y = x^2 + 3x + 1$,求

(1) 函数的微分;

(2) 函数在 $x = 1$ 处的微分;

(3) 函数在 $x = 1$ 处,当 $\Delta x = 0.01$ 时的微分和增量.

解 (1) $dy = (x^2 + 3x + 1)' dx = (2x + 3) dx$;

(2) $dy \vert_{x=1} = (2x + 3) \vert_{x=1} dx = 5 dx$;

(3) $dy \vert_{\substack{x=1 \\ \Delta x=0.01}} = (2x + 3) dx \vert_{\substack{x=1 \\ \Delta x=0.01}} = (2x + 3) \Delta x \vert_{\substack{x=1 \\ \Delta x=0.01}} = 0.05$,

$\Delta y = (1.01^2 + 3 \times 1.01 + 1) - (1^2 + 3 \times 1 + 1) = 0.0501$.

从例 2-31 可以看出,函数的微分 dy 与 x 和 Δx 有关;函数的增量 Δy 可由函数在该点的微分 dy 来近似代替,$0.0501 \approx 0.05$.

2.5.2 微分的几何意义

设函数 $y = f(x)$ 在点 x_0 可导,则 $f'(x_0)$ 是曲线 $f(x)$ 在点 $P_0(x_0, y_0)$ 处切线 P_0T 的斜率. 设 P_0T 的倾角为 α,则 $f'(x_0) = \tan\alpha$(如图 2-4 所示).

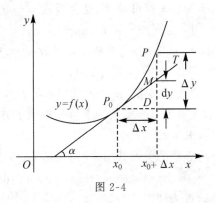

图 2-4

当自变量 x 在 x_0 处有增量 Δx 时,得到曲线上另一点 $P(x_0 + \Delta x, f(x_0 + \Delta x))$. 可以看出,$P_0D = \Delta x$,$PD = \Delta y$. 于是

$$dy = f'(x_0)\Delta x = \tan\alpha \cdot \Delta x = MD.$$

由此可知,函数微分的几何意义是:当 Δy 是曲线 $y = f(x)$ 上的点的纵坐标的增量时,dy 是曲线在该点处切线上的点的纵坐标的相应增量. 同时可以看出,当 $\Delta x \to 0$ 时,Δy 与 dy 之差 PM 趋近于 0,故 Δy 可用 dy 近似表示.

2.5.3 微分公式与微分法则

从微分的表达式 $dy = f'(x) dx$ 知,微分可以通过导数来计算,也就是说计算函数的微分,只要求出函数的导数,再乘以自变量的微分即可. 因此,由基本初等函数的导数公式和导数的运算法则,我们得到下面基本初等函数的微分公式和微分运算法则.

1. 基本初等函数的微分公式

(1) $d(C) = 0$; (2) $d(x^\mu) = \mu x^{\mu-1} dx$;

(3) $d(a^x) = a^x \ln a \, dx$; (4) $d(e^x) = e^x dx$;

(5) $d(\log_a x) = \dfrac{1}{x\ln a}dx$; (6) $d(\ln x) = \dfrac{1}{x}dx$;

(7) $d(\sin x) = \cos x dx$; (8) $d(\cos x) = -\sin x dx$;

(9) $d(\tan x) = \sec^2 x dx$; (10) $d(\cot x) = -\csc^2 x dx$;

(11) $d(\sec x) = \sec x \tan x dx$; (12) $d(\csc x) = -\csc x \cot x dx$;

(13) $d(\arcsin x) = \dfrac{1}{\sqrt{1-x^2}}dx$; (14) $d(\arccos x) = -\dfrac{1}{\sqrt{1-x^2}}dx$;

(15) $d(\arctan x) = \dfrac{1}{1+x^2}dx$; (16) $d(\operatorname{arccot} x) = -\dfrac{1}{1+x^2}dx$.

2. 微分的四则运算法则

设函数 $u = u(x)$，$v = v(x)$ 均为可微函数，则

(1) $d(u \pm v) = du \pm dv$; (2) $d(Cu) = Cdu$;

(3) $d(uv) = vdu + udv$; (4) $d\left(\dfrac{u}{v}\right) = \dfrac{vdu - udv}{v^2}$ $(v \neq 0)$.

3. 复合函数的微分法则

设函数 $y = f(u)$ 和 $u = \varphi(x)$ 都可导，则复合函数 $y = f[\varphi(x)]$ 的微分为

$$dy = y'_x dx = f'(u)\varphi'(x)dx.$$

又因为 $u = \varphi(x)$ 可导，则 $du = \varphi'(x)dx$. 于是复合函数 $y = f[\varphi(x)]$ 的微分可以写成：

$$dy = f'(u)du.$$

由此可知，不论 u 是中间变量还是自变量，微分形式 $dy = f'(u)du$ 均不变. 这一性质称为**一阶微分形式的不变性**. 这个性质为复合函数的求微分提供了方便.

例 2-32 设 $y = x\cos x$，求 dy.

解法一 由函数的微分与导数的关系式 $dy = f'(x)dx$ 得

$$dy = (x\cos x)'dx = (\cos x - x\sin x)dx.$$

解法二 由微分的四则运算法则得

$$dy = d(x\cos x) = \cos x d(x) + x d(\cos x) = \cos x dx - x\sin x dx = (\cos x - x\sin x)dx.$$

例 2-33 设 $y = \ln\sin 3x$，求 dy.

解法一 利用关系式 $dy = f'(x)dx$ 得

$$dy = (\ln\sin 3x)'dx = \dfrac{1}{\sin 3x} \cdot \cos 3x \cdot 3dx = 3\cot 3x dx.$$

解法二 由一阶微分形式的不变性得

$$dy = d(\ln\sin 3x) = \dfrac{1}{\sin 3x}d(\sin 3x) = \dfrac{1}{\sin 3x} \cdot \cos 3x d(3x) = \cot 3x \cdot 3dx = 3\cot 3x dx.$$

2.5.4 微分在近似计算中的应用

由前面的讨论知，函数 $y = f(x)$ 的微分 dy 可以作为函数改变量 Δy 的近似值. 在此，我们介绍微分在近似计算中的应用.

设函数 $y = f(x)$ 在 x_0 处可导，且 $f'(x_0) \neq 0$. 当 x 在 x_0 处的增量 Δx 很小时，有 $\Delta y \approx dy$，即

$$f(x_0 + \Delta x) - f(x_0) \approx f'(x_0)\Delta x, \tag{2-6}$$

或
$$f(x_0 + \Delta x) \approx f(x_0) + f'(x_0)\Delta x. \tag{2-7}$$

在式(2-7)中,令 $x = x_0 + \Delta x$,即 $\Delta x = x - x_0$,于是式(2-7)可改写为
$$f(x) \approx f(x_0) + f'(x_0)(x - x_0). \tag{2-8}$$

运用式(2-7)或式(2-8),可以求得函数在点 x_0 附近的近似值.特别地,当 $x_0 = 0$ 时,如果 $|x|$ 很小,则有
$$f(x) \approx f(0) + f'(0)x. \tag{2-9}$$

应用式(2-9),可以得到如下几个在工程上常用的近似值公式(下面都假定 $|x|$ 是较小的数值):

(1) $\sqrt[n]{1+x} \approx 1 + \dfrac{1}{n}x$;　　　(2) $e^x \approx 1 + x$;　　　(3) $\ln(1+x) \approx x$;

(4) $\sin x \approx x$ (x 的单位为弧度);　　(5) $\tan x \approx x$ (x 的单位为弧度).

例 2-34　计算 $\sin 46°$ 的近似值.

解　设 $f(x) = \sin x$,则 $f'(x) = \cos x$.取 $x_0 = 45° = \dfrac{\pi}{4}$,$\Delta x = 1° = \dfrac{\pi}{180}$,则由式 (2-7),

$$\sin 46° = \sin(45° + 1°) \approx \sin 45° + f'(45°) \cdot \dfrac{\pi}{180} = \dfrac{\sqrt{2}}{2} + \dfrac{\sqrt{2}}{2} \cdot \dfrac{\pi}{180} \approx 0.7194.$$

例 2-35　求 $\sqrt{1.01}$ 的近似值.

解　因为 $\sqrt{1.01} = \sqrt{1+0.01}$,取 $x = 0.01$,$n = 2$,利用公式 $\sqrt[n]{1+x} \approx 1 + \dfrac{1}{n}x$ 有
$$\sqrt{1.01} \approx 1 + \dfrac{1}{2}x = 1 + \dfrac{1}{2} \times 0.01 = 1.005.$$

例 2-36　半径为 10cm 的金属圆片加热后,半径伸长了 0.05cm,问圆片的面积大约增加了多少?

解　设圆面积为 S,半径为 r,则 $S = \pi r^2$.取 $r_0 = 10$,$\Delta r = 0.05$,得
$$\Delta S \approx S'(r_0)dr = 2\pi r_0 \Delta r = \pi \text{ (cm}^2\text{)}$$

所以,金属圆片的面积大约增大了 $\pi \text{ cm}^2$.

习题 2-5

1. 设函数 $y = x^2 + 5x$,计算在 $x = 2$ 处,Δx 分别等于 0.01 和 0.001 时候的 Δy 和 dy.

2. 求函数 $y = \cos 4x$ 在点 $x = \dfrac{\pi}{8}$ 处的微分.

3. 求下列函数的微分:

(1) $y = x^2 \sin 2x$;　　　　　　(2) $y = x\ln x - x$;

(3) $y = e^x \cos(1-x)$;　　　　(4) $y = \dfrac{\sin x}{1-x^2}$;

(5) $y = \tan^2(1+2x^2)$;　　　(6) $y = \ln(1-e^x)$.

4. 填空：

(1) $d(\quad) = 2x^2 dx$ ；

(2) $d(\quad) = \dfrac{4}{1+x^2} dx$ ；

(3) $d(\quad) = \dfrac{1}{\sqrt{1-x^2}} dx$ ；

(4) $d(\quad) = \sin 3t\, dt$ ；

(5) $d(\quad) = e^{-2x} dx$ ；

(6) $d(\quad) = (1+e^x)^2 d(1+e^x)$ ．

5. 计算下列各式的近似值：

(1) $\sqrt[5]{0.95}$ ；
(2) $e^{0.05}$ ；
(3) $\sin 59°$．

复习题 2

1. 单选选择题：

(1) 设 $y = \cos^2 2x$，则 $y' = (\quad)$．

A. $2\sin 2x$ ；
B. $4\cos 2x$ ；
C. $2\sin 4x$ ；
D. $-2\sin 4x$．

(2) 设 $y = e^x + e^{-x}$，则 $y' = (\quad)$．

A. $e^x + e^{-x}$ ；
B. $e^x - e^{-x}$ ；
C. $-e^x + e^{-x}$ ；
D. $-e^x - e^{-x}$．

(3) 下列选项中，正确的是（ ）．

A. $f(x)$ 在点 x_0 有极限，则 $f(x)$ 在点 x_0 可导；
B. $f(x)$ 在点 x_0 连续，则 $f(x)$ 在点 x_0 可导；
C. $f(x)$ 在点 x_0 可导，则 $f(x)$ 在点 x_0 有极限；
D. $f(x)$ 在点 x_0 不可导，则 $f(x)$ 在点 x_0 不连续但有极限．

(4) 已知 $f(x)$ 可导，且 $y = f(e^x)$，则有（ ）．

A. $dy = f'(e^x) dx$ ；
B. $dy = f'(e^x) e^x$ ；
C. $dy = [f(e^x)]' de^x$ ；
D. $dy = f'(e^x) e^x dx$．

(5) 若 $y = x\ln x$，则 $dy = (\quad)$．

A. dx ；
B. $\ln dx$ ；
C. $(\ln x + 1) dx$ ；
D. $x\ln x\, dx$．

2. 填空题：

(1) 函数 $y = \ln(\ln x)$ 的导数 $y = $ ＿＿＿＿＿．

(2) 设 $f(e^x) = e^{2x} + 5e^x$，则 $\dfrac{df(\ln x)}{dx} = $ ＿＿＿＿＿．

(3) 设 $y = e^{2x}$，则 $y'' = $ ＿＿＿＿＿．

(4) 函数 $y = e^{2x-1}$ 在 $x = 1$ 处的微分 $dy = $ ＿＿＿＿＿．

(5) 由方程 $2y - x = \sin y$ 确定了 y 是 x 的隐函数，则 $dy = $ ＿＿＿＿＿．

(6) 设 $y = 1 + xe^y$，则 $\dfrac{dy}{dx} = $ ＿＿＿＿＿，$\dfrac{dx}{dy} = $ ＿＿＿＿＿．

3. 设 $y = 5x^4 + \cos x + \sin\dfrac{\pi}{4}$，求 y'．

4. 设 $y = e^{2x}\arcsin x$,求 y'.

5. 函数 $y = y(x)$ 由方程 $xy + e^x y = e$ 所确定,求 $y'|_{x=0}$.

6. 设 $y = (1+x^2)\arctan x$,求二阶导数 y''.

7. 设 $y = \cot^2(3x+5)$,求 dy.

8. 求曲线 $y = x^3 - x + 2$ 在点 $(1,2)$ 处的切线方程与法线方程.

9. 用微分方法计算 $\sqrt[3]{996}$ 的近似值.

第3章　导数的应用

在前一章介绍了导数的概念,并讨论了导数的计算方法.本章先介绍微分中值定理与洛必达法则,然后介绍导数在研究函数单调性与极值、最大值、最小值以及曲线的凸凹性与拐点等方面的应用,此外还要介绍函数作图、导数在经济学中的应用等问题.

3.1　中值定理与洛必达法则

3.1.1　中值定理

定理 3.1(罗尔(Rolle)定理)　如果函数 $f(x)$ 满足条件：
(1) 在闭区间 $[a,b]$ 上连续；
(2) 在开区间 (a,b) 内可导；
(3) 在区间 $[a,b]$ 上两个端点处的函数值相等,即 $f(a)=f(b)$,
则在 (a,b) 内至少有一点 ξ,使得 $f'(\xi)=0$ $(a<\xi<b)$.

注意:罗尔定理的条件有三个,如果缺少其中任何一个条件,定理将不成立.

例如 $f(x)=|x|$ 在 $[-1,1]$ 上连续,且 $f(-1)=f(1)=1$,但是 $|x|$ 在 $(-1,1)$ 内有不可导的点,本例不存在 $\xi\in(-1,1)$ 使 $f'(\xi)=0$.

又如 $f(x)=x$ 在 $[0,1]$ 上连续,在 $(0,1)$ 内可导,但是 $f(0)=0,f(1)=1$,本例不存在一点 ξ,使 $f'(\xi)=0$ $(0<\xi<1)$.

再如 $f(x)=\begin{cases}x, & 0\leqslant x<1,\\ 0, & x=1.\end{cases}$ $f(x)$ 在 $(0,1)$ 内可导,$f(0)=f(1)$,但是 $f(x)$ 在 $[0,1]$ 上不连续,本例不存在 $\xi\in(0,1)$ 使 $f'(\xi)=0$.

罗尔定理的几何意义：

如果 $[a,b]$ 上的连续曲线,除端点 A、B 外处处有不垂直于 x 轴的切线,且在 A、B 处的纵坐标相等,那么在曲线 AB 上至少有一点 $C(\xi,f(\xi))$,使得曲线在 C 点的切线平行于 x 轴,如图 3-1 所示：

例 3-1　设 $f(x)=x\sqrt{3-x},x\in[0,3]$,判断其是否满足罗尔定理的条件,若满足,试求出 ξ.

解　$f(x)=x\sqrt{3-x}$ 是初等函数,其定义域为 $(-\infty,3]$,所以 $f(x)=x\sqrt{3-x}$ 在 $[0,3]$ 上连

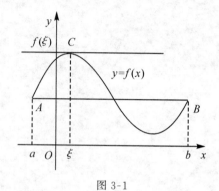

图 3-1

续. 由于
$$f'(x) = \sqrt{3-x} - \frac{x}{2\sqrt{3-x}} = \frac{6-3x}{2\sqrt{3-x}},$$
$f'(x)$ 的定义域为 $(-\infty, 3)$, 所以 $f'(x)$ 在 $(0,3)$ 内可导. 又 $f(0) = f(3) = 0$, 故 $f(x)$ 满足罗尔定理的三个条件. 由罗尔定理可知, 至少存在一点 $\xi \in (0,3)$, 使 $f'(\xi) = 0$, 即
$$\frac{6-3\xi}{2\sqrt{3-\xi}} = 0,$$
从而得 $\xi = 2$, 即 $\xi = 2$ 为满足条件的点.

定理 3.2(拉格朗日(Lagrange)中值定理) 如果函数 $f(x)$ 满足

(1) 在闭区间 $[a,b]$ 上连续;

(2) 在开区间 (a,b) 内可导,

则在 (a,b) 内至少有一点 ξ, 使得
$$f'(\xi) = \frac{f(b) - f(a)}{b-a}.$$

拉格朗日中值定理的几何意义:

如果在 $[a,b]$ 上的连续曲线, 除端点 A、B 外处处有不垂直于 x 轴的切线, 那么在曲线上至少有一点 $C(\xi, f(\xi))$, 使曲线在该点处的切线平行于曲线两端点的连线 AB(图3-2).

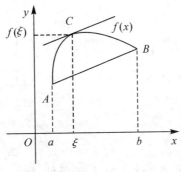

图 3-2

罗尔定理是拉格朗日中值定理的特例.

拉格朗日中值定理是微分学的重要定理之一, 它给出了函数在区间上的增量与某点处导数的关系, 为利用导数研究函数提供了理论依据.

推论 1 若函数 $f(x)$ 的导数 $f'(x)$ 在区间 (a,b) 内恒等于零, 则函数 $f(x)$ 在 (a,b) 内必为某常数.

事实上, 对于 (a,b) 内的任意两点 x_1、x_2, 由拉格朗日中值定理可得
$$f(x_2) - f(x_1) = f'(\xi)(x_2 - x_1) = 0,$$
ξ 位于 x_1、x_2 之间, 故有 $f(x_1) = f(x_2)$. 由于 x_1、x_2 的任意性可知, $f(x)$ 在 (a,b) 内恒为常数.

推论 2 若函数 $f(x)$, $g(x)$ 在区间 (a,b) 内任一点的导数 $f'(x)$ 与 $g'(x)$ 恒相等, 则这两个函数在区间 (a,b) 内至多相差一个常数, 即
$$f(x) = g(x) + C (\text{其中 } C \text{ 为某常数}).$$

事实上，由已知条件及导数运算法则可得
$$[f(x)-g(x)]' = f'(x)-g'(x) = 0,$$
由推论 1 可知 $f(x)-g(x) = C$，即
$$f(x) = g(x)+C.$$

3.1.2 洛必达(L'Hospital)法则

如果当 $x \to x_0$（或 $x \to \infty$）时，两个函数 $f(x)$ 与 $g(x)$ 都趋于 0 或趋于无穷大，那么 $\lim\limits_{\substack{x\to\infty\\(x\to x_0)}} \dfrac{f(x)}{g(x)}$ 可能存在，也可能不存在，通常把这种极限叫做**未定式**，进一步可叫做 $\dfrac{0}{0}$ 型或 $\dfrac{\infty}{\infty}$ 型未定式。对于这类极限，一般用下面介绍的洛必达法则求解。

1. $\dfrac{0}{0}$ 型未定式

定理 3.3(洛必达法则 I) 若函数 $f(x)$ 与 $g(x)$ 满足下列条件：

(1) $\lim\limits_{x\to x_0} f(x) = 0$, $\lim\limits_{x\to x_0} g(x) = 0$；

(2) $f(x)$ 与 $g(x)$ 在 x_0 的某邻域内（点 x_0 可除外）可导，且 $g'(x) \neq 0$；

(3) $\lim\limits_{x\to x_0} \dfrac{f'(x)}{g'(x)} = A$（$A$ 为有限数，也可是无穷大），

则
$$\lim_{x\to x_0} \frac{f(x)}{g(x)} = \lim_{x\to x_0} \frac{f'(x)}{g'(x)} = A.$$

注：定理 3.3 对 $x \to x_0^-$，$x \to x_0^+$，$x \to \infty$，$x \to +\infty$，$x \to -\infty$ 时的 $\dfrac{0}{0}$ 型未定式同样适用。

例 3-2 求 $\lim\limits_{x\to\pi} \dfrac{1+\cos x}{\tan x}$.

解 这是 $\dfrac{0}{0}$ 型未定式，满足洛必达法则 I 的条件，故
$$\lim_{x\to\pi} \frac{1+\cos x}{\tan x} = \lim_{x\to\pi} \frac{-\sin x}{\dfrac{1}{\cos^2 x}} = 0.$$

例 3-3 求 $\lim\limits_{x\to+\infty} \dfrac{\dfrac{\pi}{2}-\arctan x}{\dfrac{1}{x}}$.

解 这是 $\dfrac{0}{0}$ 型未定式，由洛必达法则 I 的注记，有
$$\lim_{x\to+\infty} \frac{\dfrac{\pi}{2}-\arctan x}{\dfrac{1}{x}} = \lim_{x\to+\infty} \frac{-\dfrac{1}{1+x^2}}{-\dfrac{1}{x^2}} = \lim_{x\to+\infty} \frac{x^2}{1+x^2} = \lim_{x\to+\infty} \frac{1}{\dfrac{1}{x^2}+1} = 1.$$

如果使用洛必达法则 I 后，$\lim \dfrac{f'(x)}{g'(x)}$ 仍是 $\dfrac{0}{0}$ 型未定式，则可再次使用洛必达法则 I。

例 3-4 求 $\lim\limits_{x \to 1} \dfrac{x^3 - 3x + 2}{x^3 - x^2 - x + 1}$.

解 这是 $\dfrac{0}{0}$ 型未定式,满足洛必达法则 I 的条件,故

$$\lim_{x \to 1} \frac{x^3 - 3x + 2}{x^3 - x^2 - x + 1} = \lim_{x \to 1} \frac{3x^2 - 3}{3x^2 - 2x - 1} = \lim_{x \to 1} \frac{6x}{6x - 2} = \frac{6}{4} = \frac{3}{2}.$$

例 3-5 求 $\lim\limits_{x \to 1} \dfrac{x\mathrm{e}^x - \mathrm{e}}{x - 1}$.

解 这是 $\dfrac{0}{0}$ 型未定式,满足洛必达法则 I 的条件,故

$$\lim_{x \to 1} \frac{x\mathrm{e}^x - \mathrm{e}}{x - 1} = \lim_{x \to 1} \frac{(x\mathrm{e}^x - \mathrm{e})'}{(x - 1)'} = \lim_{x \to 1} \frac{\mathrm{e}^x + x\mathrm{e}^x}{1} = 2\mathrm{e}$$

每次使用洛必达法则 I 时应检查所求的极限是不是 $\dfrac{0}{0}$ 型未定式,如果不是,则不能使用洛必达法则 I,否则会导致错误的结果.

2. $\dfrac{\infty}{\infty}$ 型未定式

定理 3.4(洛必达法则 II) 若函数 $f(x)$ 与 $g(x)$ 满足下列条件:

(1) $\lim\limits_{x \to x_0} f(x) = \infty, \lim\limits_{x \to x_0} g(x) = \infty$;

(2) $f(x)$ 与 $g(x)$ 在 x_0 的某邻域内(点 x_0 可除外)可导,且 $g'(x) \neq 0$;

(3) $\lim\limits_{x \to x_0} \dfrac{f'(x)}{g'(x)} = A$ (A 为有限数,也可为无穷大),

则

$$\lim_{x \to x_0} \frac{f(x)}{g(x)} = \lim_{x \to x_0} \frac{f'(x)}{g'(x)} = A.$$

注:定理 3.4 对 $x \to x_0^-, x \to x_0^+, x \to \infty, x \to +\infty, x \to -\infty$ 时的 $\dfrac{\infty}{\infty}$ 型未定式同样适用.

例 3-6 求 $\lim\limits_{x \to +\infty} \dfrac{\ln x}{\sqrt{x}}$.

解 这是 $\dfrac{\infty}{\infty}$ 型未定式,由洛必达法则 II 的注记,有

$$\lim_{x \to +\infty} \frac{\ln x}{\sqrt{x}} = \lim_{x \to +\infty} \frac{(\ln x)'}{(\sqrt{x})'} = \lim_{x \to +\infty} \frac{\dfrac{1}{x}}{\dfrac{1}{2\sqrt{x}}} = \lim_{x \to +\infty} \frac{2}{\sqrt{x}} = 0.$$

同样的,如果使用洛必达法则 II 后,$\lim \dfrac{f'(x)}{g'(x)}$ 仍是 $\dfrac{\infty}{\infty}$ 型未定式,则可再次使用洛必达法则 II.

例 3-7 求 $\lim\limits_{x \to +\infty} \dfrac{\mathrm{e}^x}{x^3}$.

解 这是 $\dfrac{\infty}{\infty}$ 型未定式，由洛必达法则 Ⅱ 的注记，有

$$\lim_{x\to+\infty}\frac{e^x}{x^3}=\lim_{x\to+\infty}\frac{e^x}{3x^2}=\lim_{x\to+\infty}\frac{e^x}{6x}=\lim_{x\to+\infty}\frac{e^x}{6}=+\infty.$$

例 3-8 求 $\lim\limits_{x\to 0^+}\dfrac{\ln\sin x}{\ln x}$.

解 这是 $\dfrac{\infty}{\infty}$ 型未定式，由洛必达法则 Ⅱ 的注记，有

$$\lim_{x\to 0^+}\frac{\ln\sin x}{\ln x}=\lim_{x\to 0^+}\frac{\dfrac{\cos x}{\sin x}}{\dfrac{1}{x}}=\lim_{x\to 0^+}\frac{x\cos x}{\sin x}=\left(\lim_{x\to 0^+}\frac{x}{\sin x}\right)\left(\lim_{x\to 0^+}\cos x\right)=1.$$

3. 其他类型的未定式

除 $\dfrac{0}{0}$ 与 $\dfrac{\infty}{\infty}$ 型未定式之外，还有 $0\cdot\infty,\infty-\infty,0^0,1^\infty,\infty^0$ 等型未定式，这些都可以化为 $\dfrac{0}{0}$ 或 $\dfrac{\infty}{\infty}$ 型未定式，进而用洛必达法则求解. 下面举几个这些类型未定式的例子.

例 3-9 求 $\lim\limits_{x\to 0^+}x\ln x$.

解 这是 $0\cdot\infty$ 型未定式，先化为 $\dfrac{\infty}{\infty}$ 型未定式，再使用洛必达法则.

$$\lim_{x\to 0^+}x\ln x=\lim_{x\to 0^+}\frac{\ln x}{\dfrac{1}{x}}=\lim_{x\to 0^+}\frac{\dfrac{1}{x}}{-\dfrac{1}{x^2}}=\lim_{x\to 0^+}(-x)=0.$$

例 3-10 求 $\lim\limits_{x\to 1}\left(\dfrac{x}{x-1}-\dfrac{1}{\ln x}\right)$.

解 这是 $\infty-\infty$ 型未定式，通过"通分"将其化为 $\dfrac{0}{0}$ 型未定式.

$$\lim_{x\to 1}\left(\frac{x}{x-1}-\frac{1}{\ln x}\right)=\lim_{x\to 1}\frac{x\ln x-(x-1)}{(x-1)\ln x}=\lim_{x\to 1}\frac{x\cdot\dfrac{1}{x}+\ln x-1}{\ln x+\dfrac{x-1}{x}}$$

$$=\lim_{x\to 1}\frac{\ln x}{1-\dfrac{1}{x}+\ln x}=\lim_{x\to 1}\frac{\dfrac{1}{x}}{\dfrac{1}{x^2}+\dfrac{1}{x}}=\frac{1}{2}.$$

例 3-11 求 $\lim\limits_{x\to 0^+}x^x$.

解 这是 0^0 型未定式，利用对数公式先化为 $0\cdot\infty$ 型，再化为 $\dfrac{\infty}{\infty}$ 型未定式求解.

$$\lim_{x\to 0^+}x^x=\lim_{x\to 0^+}e^{x\ln x}=e^{\lim\limits_{x\to 0^+}\frac{\ln x}{\frac{1}{x}}}=e^{\lim\limits_{x\to 0^+}\frac{\frac{1}{x}}{-\frac{1}{x^2}}}=e^{\lim\limits_{x\to 0^+}(-x)}=e^0=1.$$

有些函数的极限虽然是未定式，但使用洛必达法则无法求出极限值，这时应考虑用其他方法计算.

例 3-12 求 $\lim\limits_{x\to 0}\dfrac{x^2\sin\dfrac{1}{x}}{\sin x}$.

解 本题虽属 $\dfrac{0}{0}$ 型不定式,但使用洛必达法则后,

$$\lim_{x\to 0}\frac{x^2\sin\dfrac{1}{x}}{\sin x}=\lim_{x\to 0}\frac{\left(x^2\sin\dfrac{1}{x}\right)'}{(\sin x)'}=\lim_{x\to 0}\frac{2x\sin\dfrac{1}{x}-\cos\dfrac{1}{x}}{\cos x},$$

上式右端分子中的 $\cos\dfrac{1}{x}$,当 $x\to 0$ 时极限不存在,故不能用洛必达法则来求解,但可以用如下方法来解:

$$\lim_{x\to 0}\frac{x^2\sin\dfrac{1}{x}}{\sin x}=\lim_{x\to 0}\frac{x}{\sin x}\lim_{x\to 0}x\sin\frac{1}{x}=1\times 0=0.$$

习题 3-1

1. 验证下列函数是否满足罗尔定理的条件,若满足,求出定理中的 ξ:

(1) $f(x)=x^2-4x, x\in[1,3]$;   (2) $f(x)=|x|, x\in[-2,2]$.

2. 求出函数 $f(x)=x^3-4x, x\in[1,3]$ 满足拉格朗日中值定理中的 ξ.

3. 求下列极限:

(1) $\lim\limits_{x\to 0}\dfrac{e^x-1}{x}$;

(2) $\lim\limits_{x\to 1}\dfrac{x^3-3x+2}{x^3-2x^2+x}$;

(3) $\lim\limits_{x\to 0}\dfrac{e^x-e^{-x}}{x}$;

(4) $\lim\limits_{x\to 0}\dfrac{x^3\sin\dfrac{1}{x}}{\sin x}$;

(5) $\lim\limits_{x\to 0}\dfrac{\sin 9x}{\sin 3x}$;

(6) $\lim\limits_{x\to +\infty}\dfrac{\ln^2 x}{x^2}$;

(7) $\lim\limits_{x\to +\infty}x\left(\dfrac{\pi}{2}-\arctan x\right)$.

3.2 函数的单调性与极值

3.2.1 函数的单调性

在第 1 章中已经介绍过函数单调增加和单调减少的定义.一般来说根据定义来判断函数的单调性是比较麻烦的,下面介绍一种利用导数的符号来判断函数单调性的方法.

观察下面两个曲线的图形可以看出,当曲线上的切线与 x 轴正向夹角为锐角时,切线的斜率为正,曲线从左到右是上升的(图 3-3);当曲线上的切线与 x 轴正向夹角为钝角时,切线的斜率为负,曲线从左到右是下降的(图 3-4).而切线的斜率可以用导数来表示,这样就可以得到如下定理:

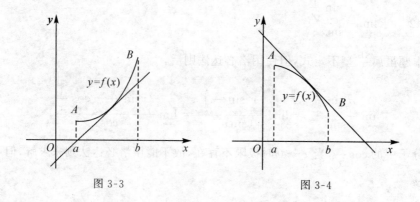

图 3-3　　　　　　　　　图 3-4

定理 3.5　设函数 $f(x)$ 在 $[a,b]$ 上连续,在 (a,b) 内可导,则有

（1）如果在 (a,b) 内 $f'(x)>0$,则函数 $f(x)$ 在 $[a,b]$ 上单调增加；

（2）如果在 (a,b) 内 $f'(x)<0$,则函数 $f(x)$ 在 $[a,b]$ 上单调减少.

证　设 x_1,x_2 是 $[a,b]$ 上任意两点,且 $x_1<x_2$,由拉格朗日中值定理有
$$f(x_2)-f(x_1)=f'(\xi)(x_2-x_1),(x_1<\xi<x_2),$$
如果 $f'(x)>0$,必有 $f'(\xi)>0$,又 $x_2-x_1>0$,于是有
$$f(x_2)-f(x_1)>0,\text{即}f(x_2)>f(x_1).$$
由于 $x_1,x_2(x_1<x_2)$ 是 $[a,b]$ 上任意两点,所以函数 $f(x)$ 在 $[a,b]$ 上单调增加.

同理可证,如果 $f'(x)<0$,则函数 $f(x)$ 在 $[a,b]$ 上单调减少.

从上面的证明过程可知,对于开区间 (a,b)、闭区间 $[a,b]$、半开半闭区间等,定理的结论都是成立的.

对定理 3.5 的条件还需作一些补充说明.先看函数 $f(x)=x^3$,在中学我们利用定义已经判断过这个函数在 $(-\infty,+\infty)$ 内是单调增函数,但它的导数 $f'(x)=3x^2\geqslant 0,x\in(-\infty,+\infty)$.而不过满足 $f'(x)=0$ 的点是个别的,只有 $x=0$,我们称其为**孤立点**.因此有：

注：若在区间 (a,b) 内,$f'(x)\geqslant 0$（或 $f'(x)\leqslant 0$）,但是使 $f'(x)=0$ 成立的点仅是孤立点,则仍有 $f(x)$ 在 (a,b) 内单调增加（或单调减少）.

例 3-13　判断函数 $f(x)=x-\ln x$ 在 $(1,+\infty)$ 内的单调性.

解　因为 x 在 $(1,+\infty)$ 内时,
$$f'(x)=1-\frac{1}{x}>0,$$
所以由定理 3.5 知,函数 $f(x)=x-\ln x$ 在 $(1,+\infty)$ 内是单调增加的.

如何确定函数的单调区间？步骤如下：

（1）确定函数的定义域；

（2）求出使 $f'(x)=0$ 的点和 $f'(x)$ 不存在的点；

（3）用这些点作为分界点,将 $f(x)$ 的定义域分成若干个子区间,再列表确定每个子区间内 $f'(x)$ 的符号,从而确定函数的单调增减区间.

例 3-14　讨论函数 $f(x)=3x^2-x^3$ 的单调性.

解　（1）$f(x)=3x^2-x^3$ 的定义域为 $(-\infty,+\infty)$.

(2) $f'(x) = 6x - 3x^2 = 3x(2-x)$. 令 $f'(x) = 0$ 得 $x_1 = 0, x_2 = 2$. 函数没有不可导的点.

(3) 用 $x_1 = 0, x_2 = 2$ 将 $f(x)$ 的定义域分成三个子区间：$(-\infty, 0), (0, 2), (2, +\infty)$，在各个子区间内 $f'(x)$ 的符号及函数 $f(x)$ 的单调性如表 3-1：

表 3-1

x	$(-\infty, 0)$	0	$(0, 2)$	2	$(2, +\infty)$
$f'(x)$	$-$	0	$+$	0	$-$
$f(x)$	单调减少		单调增加		单调减少

因此，函数 $f(x)$ 在区间 $(-\infty, 0]$ 与 $[2, +\infty)$ 内单调减少，在区间 $[0, 2]$ 上单调增加.

例 3-15 讨论函数 $f(x) = (x-1)\sqrt[3]{x^2}$ 的单调性.

解 (1) 函数 $f(x) = (x-1)\sqrt[3]{x^2}$ 的定义域为 $(-\infty, +\infty)$.

(2)
$$f'(x) = x^{\frac{2}{3}} + \frac{2}{3}(x-1) \cdot x^{-\frac{1}{3}} = \frac{5x-2}{3\sqrt[3]{x}},$$

令 $f'(x) = 0$ 得 $x = \frac{2}{5}$. $x = 0$ 为函数的不可导点.

(3) 以 $x = \frac{2}{5}$ 和 $x = 0$ 为分界点划分定义域，列表 3-2 分析.

表 3-2

x	$(-\infty, 0)$	0	$\left(0, \frac{2}{5}\right)$	$\frac{2}{5}$	$\left(\frac{2}{5}, +\infty\right)$
$f'(x)$	$+$	不存在	$-$	0	$+$
$f(x)$	单调增加		单调减少		单调增加

因此，函数在区间 $(-\infty, 0]$、$\left[\frac{2}{5}, +\infty\right)$ 内单调增加，在区间 $\left[0, \frac{2}{5}\right]$ 上单调减少.

利用函数的单调性还可以证明某些不等式.

例 3-16 当 $x > 0$ 时，证明 $\ln(1+x) < x$.

证 设 $f(x) = \ln(1+x) - x$，要证原不等式，只需证明当 $x > 0$ 时，$f(x) < 0$. 当 $x > 0$ 时，
$$f'(x) = \frac{1}{1+x} - 1 = -\frac{x}{1+x} < 0,$$

故 $f(x)$ 在 $[0, +\infty)$ 内是单调减少的. 因此，当 $x > 0$ 时，$f(x) < f(0) = 0$，即
$$\ln(1+x) < x.$$

3.2.2 函数的极值

定义 3.1 设函数 $f(x)$ 在 x_0 的某邻域内有定义,若对此邻域内任一点 $x(x\neq x_0)$,均有 $f(x)<f(x_0)$,则称 $f(x_0)$ 是函数 $f(x)$ 的一个**极大值**;若对此邻域内任一点 $x(x\neq x_0)$,均有 $f(x)>f(x_0)$,则称 $f(x_0)$ 是函数 $f(x)$ 的一个**极小值**.

函数的极大值与极小值统称为函数的**极值**.使函数取得极值的点 x_0,称为函数 $f(x)$ 的**极值点**.

函数的极值是一个局部概念,函数的极值只是与极值点附近的点的函数值相比较而言的,并不意味着它是函数在整个定义区间上函数的最大值或最小值.函数的最大值与最小值统称为函数的最值,函数的最大值与最小值是所考察区间上的全部函数值的最大者或最小者,是整体概念.在图 3-5 中,函数有两个极大值 $f(x_1)$ 和 $f(x_4)$,两个极小值 $f(x_3)$ 和 $f(x_5)$,其中极大值 $f(x_1)$ 比极小值 $f(x_5)$ 还小.在整个定义域内,只有极小值 $f(x_3)$ 同时也是最小值,而没有一个极大值是最大值.

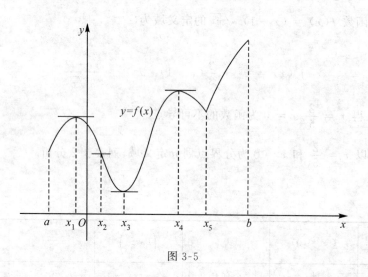

图 3-5

从图中还可以观察到,在函数取得极值处(如 $x=x_1$ 处),曲线的切线是水平的.反之,曲线上有水平切线的地方,函数不一定取得极值.如 $x=x_2$ 处,曲线有水平切线,但 $f(x_2)$ 不是极值.于是有下面的定理.

定理 3.6(极值的必要条件) 设 $f(x)$ 在点 x_0 处可导,且在点 x_0 取得极值,那么 $f'(x_0)=0$.

证 只证 $f(x_0)$ 是极大值的情形.由假设,$f'(x_0)$ 存在,所以

$$f'(x_0)=\lim_{x\to x_0^+}\frac{f(x)-f(x_0)}{x-x_0}=\lim_{x\to x_0^-}\frac{f(x)-f(x_0)}{x-x_0}.$$

因为 $f(x_0)$ 是 $f(x)$ 的一个极大值,所以对于 x_0 的某邻域内的一切 x,只要 $x\neq x_0$,恒有 $f(x)<f(x_0)$.因此,当 $x>x_0$ 时,有 $\dfrac{f(x)-f(x_0)}{x-x_0}<0$,于是有

$$f'(x_0)=\lim_{x\to x_0^+}\frac{f(x)-f(x_0)}{x-x_0}\leqslant 0; \tag{3-1}$$

当 $x < x_0$ 时,有 $\dfrac{f(x) - f(x_0)}{x - x_0} > 0$,所以

$$f'(x_0) = \lim_{x \to x_0^-} \frac{f(x) - f(x_0)}{x - x_0} \geqslant 0. \tag{3-2}$$

从而由式(3-1)及式(3-2)可得到 $f'(x_0) = 0$.

类似可证 $f(x_0)$ 为极小值的情形.

使导数 $f'(x_0) = 0$ 的点 x_0 称为函数 $f(x)$ 的**驻点**.

函数极值点的特征:由定理3.6知,可导函数 $f(x)$ 的极值点必是 $f(x)$ 的驻点.反过来,驻点却不一定是 $f(x)$ 的极值点.如 $x = 0$ 是函数 $f(x) = x^3$ 的驻点,但不是其极值点(图3-6).此外,函数在它的导数不存在的点处也可能取得极值.例如,$f(x) = |x|$,在 $x = 0$ 处导数不存在,但是,$x = 0$ 是它的极小值点(图3-7).

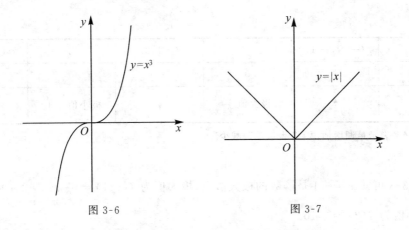

图 3-6　　　　　　　　　　　　　图 3-7

由此可见,极值点应该在驻点和不可导点中去寻找.如何判断驻点或不可导点是不是极值点?下面给出两个判定极值的充分条件.

定理 3.7(极值的第一充分条件)　设 $f(x)$ 在点 x_0 连续,在点 x_0 的某一邻域内可导($f'(x_0)$ 可以不存在).

(1) 当 $x < x_0$ 时,$f'(x) > 0$,而当 $x > x_0$ 时,$f'(x) < 0$,那么 $f(x_0)$ 是函数 $f(x)$ 的极大值;

(2) 当 $x < x_0$ 时,$f'(x) < 0$,而当 $x > x_0$ 时,$f'(x) > 0$,那么 $f(x_0)$ 是函数 $f(x)$ 的极小值;

(3) 当 $x < x_0$ 与 $x > x_0$ 时,$f'(x)$ 不变号,那么 $f(x_0)$ 不是函数 $f(x)$ 的极值.

证　(1) 由假设知,$f(x)$ 在 x_0 的左侧邻近单调增加,即当 $x < x_0$ 时,$f(x) < f(x_0)$;$f(x)$ 在 x_0 的右侧邻近单调减少,即当 $x > x_0$ 时,$f(x) < f(x_0)$.因此 x_0 是 $f(x)$ 的极大值点,$f(x_0)$ 是 $f(x)$ 的极大值.

(2) 类似可以证明.

(3) 由假设,当 x 在 x_0 的某个邻域($x \neq x_0$)内取值时,$f'(x) > 0 (< 0)$,所以,在这个邻域内 $f(x)$ 是单调增加(减少)的,因此 x_0 不是极值点.

由定理3.6和定理3.7可得,求函数 $f(x)$ 极值的一般步骤为:

(1) 求出 $f(x)$ 的定义域和导数 $f'(x)$;

(2) 求出可能的极值点,即求出 $f(x)$ 的所有驻点和不可导点;

(3) 判断每个驻点和不可导点左右两侧 $f'(x)$ 的符号,并由定理 3.7 判断是否为极值点. 如果是,进一步确定是极大值点还是极小值点,并求出极值.

例 3-17 求函数 $f(x) = x^3 - \dfrac{3}{2}x^2 - 6x$ 的极值点和极值.

解 函数的定义域为 $(-\infty, +\infty)$.
$$f'(x) = 3x^2 - 3x - 6 = 3(x+1)(x-2).$$
令 $f'(x) = 0$,得函数的两个驻点 $x_1 = -1, x_2 = 2$. 函数无不可导点.

驻点 $x_1 = -1, x_2 = 2$ 将定义域 $(-\infty, +\infty)$ 分为三个子区间 $(-\infty, -1)$, $(-1, 2)$, $(2, +\infty)$,列表 3-3.

表 3-3

x	$(-\infty, -1)$	-1	$(-1, 2)$	2	$(2, +\infty)$
$f'(x)$	$+$	0	$-$	0	$+$
$f(x)$	↗	极大值 $\dfrac{7}{2}$	↘	极小值 -10	↗

表中"↗"表示单调增加,"↘"表示单调减少.

从表 3-3 可知 $x = -1$ 是函数的极大值点,极大值为 $f(-1) = \dfrac{7}{2}$; $x = 2$ 是函数的极小值点,极小值为 $f(2) = -10$.

例 3-18 求函数 $f(x) = 3x^4 - 8x^3 + 6x^2$ 的极值点和极值.

解 函数的定义域为 $(-\infty, +\infty)$.
$$f'(x) = 12x^3 - 24x^2 + 12x = 12x(x-1)^2.$$
令 $f'(x) = 0$,得函数的两个驻点 $x_1 = 0, x_2 = 1$. 函数无不可导点.

驻点 $x_1 = 0, x_2 = 1$ 将定义域 $(-\infty, +\infty)$ 分为三个子区间 $(-\infty, 0)$, $(0, 1)$, $(1, +\infty)$,列表 3-4.

表 3-4

x	$(-\infty, 0)$	0	$(0, 1)$	1	$(1, +\infty)$
$f'(x)$	$-$	0	$+$	0	$+$
$f(x)$	↘	极小值 0	↗	非极值点	↗

因此 $x = 0$ 是函数的极小值点,极小值为 $f(0) = 0$.

例 3-19 求函数 $f(x) = \dfrac{3}{8}x^{\frac{8}{3}} - \dfrac{3}{2}x^{\frac{2}{3}}$ 的极值点和极值.

解 函数的定义域为 $(-\infty, +\infty)$.

$$f'(x) = x^{\frac{5}{3}} - x^{-\frac{1}{3}} = x^{-\frac{1}{3}}(x^2 - 1) = \frac{(x+1)(x-1)}{\sqrt[3]{x}}.$$

令 $f'(x) = 0$,得函数的两个驻点 $x_1 = -1, x_2 = 1$.函数不可导点为 $x = 0$.

函数的驻点 $x_1 = -1, x_2 = 1$ 和函数的不可导点 $x = 0$ 将函数定义域分为4个子区间,列表 3-5.

表 3-5

x	$(-\infty, -1)$	-1	$(-1, 0)$	0	$(0, 1)$	1	$(1, +\infty)$
$f'(x)$	$-$	0	$+$	不存在	$-$	0	$+$
$f(x)$	↓	极小值 $-\frac{9}{8}$	↑	极大值 0	↓	极小值 $-\frac{9}{8}$	↑

从表 3-5 可知 $x_1 = -1, x_2 = 1$ 是函数的极小值点,极小值为 $f(\pm 1) = -\frac{9}{8}$,$x = 0$ 是函数的极大值点,极大值为 $f(0) = 0$.

定理 3.8(极值的第二充分条件) 设 $f(x)$ 在点 x_0 处具有二阶导数,且 $f'(x_0) = 0$,$f''(x) \neq 0$.则

(1) 如果 $f''(x_0) < 0$,则 $f(x)$ 在点 x_0 取得极大值;

(2) 如果 $f''(x_0) > 0$,则 $f(x)$ 在点 x_0 取得极小值.

定理 3.8 表明,如果函数 $f(x)$ 在驻点 x_0 处的二阶导数 $f''(x_0) \neq 0$,那么该驻点 x_0 一定是极值点,并且可按 $f''(x_0)$ 的符号判定 x_0 是极大值点还是极小值点.但如果 $f''(x_0) = 0$,定理 3.8 就不能应用,还得用一阶导数在驻点左右邻近的符号来判定.

例 3-20 求函数 $f(x) = x^4 - \frac{8}{3}x^3 - 6x^2$ 的极值和极值点.

解 函数的定义域为 $(-\infty, +\infty)$.
$$f'(x) = 4x^3 - 8x^2 - 12x = 4x(x+1)(x-3).$$

令 $f'(x) = 0$,得函数的驻点 $x_1 = -1, x_2 = 0, x_3 = 3$.
$$f''(x) = 12x^2 - 16x - 12,$$
$$f''(x)|_{x=-1} = 12 + 16 - 12 = 16 > 0,$$
$$f''(x)|_{x=0} = -12 < 0,$$
$$f''(x)|_{x=3} = 48 > 0,$$

由定理 3.8 可知:$x_1 = -1$ 是函数的极小值点,极小值为 $f(-1) = -\frac{7}{3}$;$x_2 = 0$ 是函数的极大值点,极大值为 $f(0) = 0$;$x_3 = 3$ 是函数的极小值点,极小值为 $f(3) = -45$.

习题 3-2

1. 判断函数 $y = \arctan x - x$ 的单调性.

2. 判断函数 $y = \cos x + x (0 \leqslant x \leqslant 2\pi)$ 的单调性.

3. 确定下列函数的单调区间:

(1) $y = (x-1)^2$;

(2) $y = 2x^2 - \ln x$;

(3) $y = \ln(x + \sqrt{1+x^2})$;

(4) $y = (x-1)(x+1)^3$;

(5) $y = 2x + \dfrac{8}{x}, (x > 0)$;

(6) $y = \dfrac{10}{4x^3 - 9x^2 + 6x}$.

4. 求下列函数的极值:

(1) $y = x^2 - 2x + 3$;

(2) $y = 2x^3 - 3x^2$;

(3) $y = 2x^3 - 6x^2 - 18x + 7$;

(4) $y = x - \ln(1+x)$;

(5) $y = -x^4 + 2x^2$;

(6) $y = 2e^x + e^{-x}$;

(7) $y = e^x \cos x$;

(8) $y = x + \sqrt{1-x}$.

5. 试问 a 为何值时,函数 $f(x) = a\sin x + \dfrac{1}{3}\sin 3x$ 在 $x = \dfrac{\pi}{3}$ 处取得极值,它是极大值还是极小值?并求出此极值.

3.3 函数的最大值、最小值及其应用

3.3.1 函数的最大值与最小值

由闭区间上连续函数的最值定理可知,如果 $f(x)$ 在 $[a,b]$ 上连续,则 $f(x)$ 在 $[a,b]$ 上必定能取得最大值与最小值. 如何求出连续函数在闭区间上的最大值、最小值是本节要研究的问题.

显然,函数 $f(x)$ 在闭区间 $[a,b]$ 上的最大值和最小值只能在区间 (a,b) 内的极值点和区间端点处取得. 因此可得求闭区间 $[a,b]$ 上的连续函数 $f(x)$ 的最值步骤为:

(1) 求出函数 $f(x)$ 一切可能的极值点(包括驻点和不可导点);

(2) 分别求出这些驻点、不可导点及端点处的函数值;

(3) 比较这些函数值的大小,最大的值为函数的最大值,最小的值为函数的最小值.

例 3-21 求函数 $f(x) = 2x^3 + 3x^2 - 12x$ 在 $[-3,4]$ 上的最大值和最小值.

解 因为 $f(x) = 2x^3 + 3x^2 - 12x$ 在 $[-3,4]$ 内连续,所以在该区间上存在着最大值和最小值. 又因为

$$f'(x) = 6x^2 + 6x - 12 = 6(x+2)(x-1).$$

令 $f'(x) = 0$,得驻点 $x_1 = -2, x_2 = 1$. 由于

$$f(-2) = 20, f(1) = -7, f(-3) = 9, f(4) = 128,$$

比较各值可得函数 $f(x)$ 的最大值为 $f(4) = 128$,最小值为 $f(1) = -7$.

例 3-22 求函数 $f(x) = 1 - \dfrac{2}{3}(x-2)^{\frac{2}{3}}$ 在 $[0,3]$ 上的最大值和最小值.

解 因为函数 $f(x) = 1 - \dfrac{2}{3}(x-2)^{\frac{2}{3}}$ 在 $[0,3]$ 上连续,所以在该区间上存在着最大值和最小值. 又因为

$$f'(x) = -\dfrac{4}{9}(x-2)^{-\frac{1}{3}},$$

可见函数无驻点,但在 $x=2$ 处不可导.而
$$f(2)=1, f(0)=1-\frac{2}{3}\sqrt[3]{4}, f(3)=\frac{1}{3},$$
所以,函数 $f(x)$ 的最大值是 $f(2)=1$,最小值是 $f(0)=1-\frac{2}{3}\sqrt[3]{4}$.

例 3-23 设可导函数 $f(x)$ 满足:
$$3f(x)-f(\frac{1}{x})=\frac{1}{x} \ (x\neq 0).$$
求 $f(x)$ 在闭区间 $[1,6]$ 上的最大值和最小值.

解 根据题意有方程组
$$\begin{cases} 3f(x)-f(\frac{1}{x})=\frac{1}{x}, \\ 3f(\frac{1}{x})-f(x)=x, \end{cases} (x\neq 0).$$
可解出
$$f(x)=\frac{1}{8}(x+\frac{3}{x}),$$
则
$$f'(x)=\frac{1}{8}(1-\frac{3}{x^2}), x\in[1,6].$$
令 $f'(x)=0$,得在区间 $[1,6]$ 上唯一驻点 $x=\sqrt{3}$. 由于
$$f(\sqrt{3})=\frac{\sqrt{3}}{4}, f(1)=\frac{1}{2}, f(6)=\frac{13}{16},$$
所以 $f(x)$ 的最大值为 $f(6)=\frac{13}{16}$,最小值为 $f(\sqrt{3})=\frac{\sqrt{3}}{4}$.

以下两种情况可使求最值的问题更为简单:
(1) 若函数 $f(x)$ 在 $[a,b]$ 上是连续单调的,则函数的最值在端点处取得;
(2) 若实际问题断定连续函数 $f(x)$ 在其定义区间内部(不是端点处)存在最大值(或最小值),且 $f(x)$ 在定义区间内只有唯一驻点 x_0,那么,可断定 $f(x)$ 在点 x_0 取得最大值(或最小值). 若 $f(x_0)$ 是极小值,则 $f(x_0)$ 也是最小值;若 $f(x_0)$ 是极大值,则 $f(x_0)$ 也是最大值.

第(2)种情形在实际应用中经常遇到.

3.3.2 函数的最值应用举例

例 3-24 铁路线上 AB 的距离为 100km,工厂 C 距 A 处为 20km,AC 垂直于 AB,要在 AB 线上选定一点 D 向工厂修筑一条公路,已知铁路与公路每千米货运费之比为 3 : 5,问 D 选在何处,才能使从 B 到 C 的运费最少?

解 设 $AD=x$(km),则 $DB=100-x$, $CD=\sqrt{20^2+x^2}$. 由于铁路每千米货物运费与公路每千米货物运费之比为 3 : 5,因此,不妨设铁路上每千米运费为 $3k$,则公路上每千米运费为 $5k$,并设从 B 点到 C 点需要的总运费为 y,则

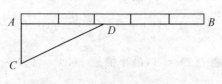

图 3-8

$$y = 5k\sqrt{20^2 + x^2} + 3k(100 - x)(0 \leqslant x \leqslant 100),$$

于是问题归结为:x 在 $[0, 100]$ 内取何值时目标函数 y 的值最小.对函数 y 求导得

$$y' = k\left(\frac{5x}{\sqrt{400 + x^2}} - 3\right).$$

令 $y' = 0$,即 $\frac{5x}{\sqrt{400 + x^2}} - 3 = 0$,得 $x = 15$ 为函数 y 在其定义域内的唯一驻点,故知 y 在 $x = 15$ 处取得最小值,即 D 点应选在距 A 为 15km 处,运费最少.

例 3-25 用钢板焊接一个容积为 $4m^3$ 的底为正方形的无盖水箱,已知钢板每平方米 10 元,焊接费 40 元,问水箱的尺寸如何选择,可使总费用最低?最低费用是多少?

解 水箱表面积最小时,费用最低.设水箱的底边长为 x,高为 h,表面积为 S,且有 $h = \frac{4}{x^2}$,所以

$$S(x) = x^2 + 4xh = x^2 + \frac{16}{x},$$

$$S'(x) = 2x - \frac{16}{x^2}.$$

令 $S'(x) = 0$,得 $x = 2(m)$. $h = 4/2^2 = 1(m)$.

因为本问题存在最小值,且函数的驻点唯一,所以,当 $x = 2m, h = 1m$ 时水箱的表面积最小,费用最低.此时的费用为 $S(2) \times 10 + 40 = 160$(元).

习题 3-3

1.求下列函数在给定区间上的最大值和最小值:

(1) $y = 2x^3 - 3x^2$, $[-1, 4]$; (2) $y = x^4 - 8x^2 + 2$, $[-1, 3]$;

(3) $y = x + \sqrt{1 - x}$, $[-5, 1]$; (4) $y = x\ln x$, $\left[\frac{1}{e^2}, e\right]$;

(5) $y = \sin 2x - x$, $\left[-\frac{\pi}{2}, \frac{\pi}{2}\right]$; (6) $y = x + 2\sqrt{x}$, $[0, 4]$.

2.设 $y = 2x - 5x^2$,问 x 等于多少时,y 的值最大?并求出它的最大值.

3.问函数 $y = 2x^3 - 6x^2 - 18x - 7$,$x \in [1, 4]$,在何处取得最大值?并求出最大值是多少?

4.函数 $y = x^2 - \frac{54}{x}$($x < 0$) 在何处取得最小值?最小值是多少?

5. 函数 $y = \dfrac{x}{x^2+1}$ $(x \geq 0)$ 在何处取得最大值?最大值是多少?

6. 某地区防空洞的截面拟建成矩形加半圆,截面的面积为 5m^2,问底宽为多少时才能使截面的周长最小,从而使建造时所用材料最省?

7. 要造一圆柱形油罐,体积为 V,问地面半径 r 和高 h 等于多少时才能使表面积最小?这时直径与高的比是多少?

3.4 曲线的凹凸性与拐点、渐近线

3.4.1 曲线的凹凸性

定义 3.2 若在区间 (a,b) 内曲线弧总位于其上任意一点处切线的上方,则称曲线弧在 (a,b) 内是**凹的**,区间 (a,b) 称为**凹区间**;若在区间 (a,b) 内曲线弧总位于其上任一点处切线的下方,则称该曲线弧在 (a,b) 内是**凸的**,区间 (a,b) 称为**凸区间**.

从图 3-9 可以看出曲线弧 $\overset{\frown}{AB}$ 是凸的;曲线弧 $\overset{\frown}{BC}$ 是凹的.

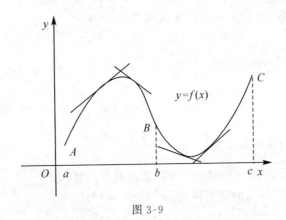

图 3-9

定理 3.9 设函数 $y = f(x)$ 在开区间 (a,b) 内具有二阶导数,那么
(1) 若在 (a,b) 内 $f''(x) > 0$,则曲线 $y = f(x)$ 在 (a,b) 内是凹的;
(2) 若在 (a,b) 内 $f''(x) < 0$,则曲线 $y = f(x)$ 在 (a,b) 内是凸的.
若把定理 3.9 中的区间改为无穷区间,结论仍然成立.

例 3-26 判定曲线 $y = \ln x$ 的凹凸性.

解 函数 $y = \ln x$ 的定义域为 $(0, +\infty)$,$y' = \dfrac{1}{x}$,$y'' = \dfrac{1}{-x^2}$. 当 $x > 0$ 时,$y'' < 0$,故曲线 $y = \ln x$ 在 $(0, +\infty)$ 内是凸的.

例 3-27 判定曲线 $y = x^3$ 的凹凸性.

解 函数 $y = x^3$ 的定义域为 $(-\infty, +\infty)$,$y' = 3x^2$,$y'' = 6x$. 当 $x > 0$ 时,$y'' > 0$,当 $x < 0$ 时,$y'' < 0$. 故曲线 $y = x^3$ 在 $(0, +\infty)$ 内是凹的,在 $(-\infty, 0)$ 是凸的. 点 $(0,0)$ 是曲线由凸变凹的分界点.

3.4.2 曲线的拐点

例 3-27 中的点 $(0,0)$ 是函数 $y=x^3$ 的曲线由凸变凹的分界点，这个点称为函数曲线的**拐点**.

定义 3.3 若连续曲线 $y=f(x)$ 上的点 P 是曲线凹弧与凸弧的分界点，则称 P 是曲线 $y=f(x)$ 的**拐点**.

由于拐点是曲线上凹弧与凸弧的分界点，所以拐点左右两侧近旁 $f''(x)$ 必然异号. 因此，曲线拐点的横坐标 x_0，只可能是使 $f''(x)=0$ 的点或 $f''(x)$ 不存在的点. 从而可得求 (a,b) 内连续曲线 $y=f(x)$ 拐点的步骤：

(1) 确定函数 $y=f(x)$ 的定义域；

(2) 求出 $f''(x)$，找出在定义域内使 $f''(x)=0$ 的点和 $f''(x)$ 不存在的点 x_0；

(3) 用上述各点按照从小到大依次将定义域分成小区间，再在每个小区间上考察 $f''(x)$ 的符号，如果 $f''(x)$ 在 x_0 附近两侧异号，则点 $(x_0,f(x_0))$ 就是函数曲线的拐点；如果 $f''(x)$ 在 x_0 附近两侧同号，则点 $(x_0,f(x_0))$ 就不是函数曲线的拐点.

例 3-28 求曲线 $y=2x^3+3x^2-12x+14$ 的拐点.

解 $y=2x^3+3x^2-12x+14$ 的定义域为 $(-\infty,+\infty)$. 且
$$y'=6x^2+6x-12, y''=12x+6,$$
令 $y''=0$，得 $x=-\frac{1}{2}$. 用 $x=-\frac{1}{2}$ 将 $(-\infty,+\infty)$ 分成两个小区间：$\left(-\infty,-\frac{1}{2}\right)$ 和 $\left(-\frac{1}{2},+\infty\right)$. 当 $x\in\left(-\infty,-\frac{1}{2}\right)$ 时，$y''<0$；当 $x\in\left(-\frac{1}{2},+\infty\right)$ 时，$y''>0$. 当 $x=-\frac{1}{2}$ 时，$y=20\frac{1}{2}$，所以，曲线的拐点为 $\left(-\frac{1}{2},20\frac{1}{2}\right)$.

例 3-29 求曲线 $y=3x^4-4x^3+1$ 的拐点及凹凸区间.

解 $y=3x^4-4x^3+1$ 的定义域为 $(-\infty,+\infty)$. 且
$$y'=12x^3-12x^2, y''=36x^2-24x,$$
令 $y''=0$，得 $x_1=0, x_2=\frac{2}{3}$. 用 $x_1=0, x_2=\frac{2}{3}$ 将 $(-\infty,+\infty)$ 分成三个小区间：$(-\infty,0)$、$\left(0,\frac{2}{3}\right)$ 和 $\left(\frac{2}{3},+\infty\right)$，列表 3-6 进行分析：

表 3-6

x	$(-\infty,0)$	0	$\left(0,\frac{2}{3}\right)$	$\frac{2}{3}$	$\left(\frac{2}{3},+\infty\right)$
y''	+	0	−	0	+
曲线 $y=f(x)$	凹的	拐点 $(0,1)$	凸的	拐点 $\left(\frac{2}{3},\frac{11}{27}\right)$	凹的

从表 3-6 看出曲线的拐点有两个：$(0,1)$ 和 $\left(\dfrac{2}{3},\dfrac{11}{27}\right)$. $(-\infty,0)$、$\left(\dfrac{2}{3},+\infty\right)$ 是凹区间，$\left(0,\dfrac{2}{3}\right)$ 是凸区间.

例 3-30 求曲线 $y=\sqrt[3]{x}$ 的拐点.

解 $y=\sqrt[3]{x}$ 的定义域为 $(-\infty,+\infty)$. 且

$$y'=\dfrac{1}{3\sqrt[3]{x^2}}, y''=-\dfrac{2}{9x\sqrt[3]{x^2}},$$

可见，二阶导数为零的点不存在，$x=0$ 是二阶导数不存在的点. 用 $x=0$ 将 $(-\infty,+\infty)$ 分成两个小区间：$(-\infty,0)$ 和 $(0,+\infty)$. 当 $x\in(-\infty,0)$ 时，$y''>0$，曲线是凹的；当 $x\in(0,+\infty)$ 时，$y''<0$，曲线是凸的. 当 $x=0$ 时，$y=0$，所以，曲线的拐点为 $(0,0)$.

3.4.3 曲线的渐近线

渐近线分为水平渐近线、铅直渐近线和斜渐近线三种.

1. 水平渐近线

定义 3.4 若当 $x\to\infty$ 时，$f(x)\to C$，则称 $y=C$ 为曲线 $y=f(x)$ 的一条**水平渐近线**.

例如：$y=\mathrm{e}^{-x^2}$，当 $x\to\infty$ 时，有 $\mathrm{e}^{-x^2}\to 0$，所以 $y=0$ 为曲线 $y=\mathrm{e}^{-x^2}$ 的水平渐近线，如图 3-10 所示.

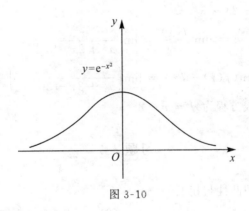

图 3-10

2. 铅直渐近线

定义 3.5 若当 $x\to C(x\to C^+$ 或 $x\to C^-)$ 时，$f(x)\to\infty$，则称直线 $x=C$ 为曲线 $y=f(x)$ 的一条**铅直渐近线**(也叫**垂直渐近线**)(其中 C 为常数).

例如：$y=\dfrac{1}{x^2-1}=\dfrac{1}{(x+1)(x-1)}$，当 $x\to -1$ 和 $x\to 1$ 时，有 $y\to\infty$，所以曲线 $y=\dfrac{1}{x^2-1}$ 有两条铅直渐近线 $x=-1$ 和 $x=1$.

3. 斜渐近线

定义 3.6 若曲线 C 上动点 P 沿着曲线无限地远离原点时，点 P 与某一固定直线 l 的距

离趋于零,则称直线 l 为曲线 C 的**渐近线**(图 3-11).

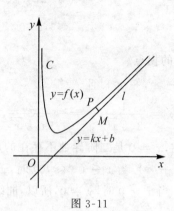

图 3-11

定理 3.10 若 $f(x)$ 满足:

(1) $\lim\limits_{x\to\infty}\dfrac{f(x)}{x}=k$;

(2) $\lim\limits_{x\to\infty}[f(x)-kx]=b$,

则曲线 $y=f(x)$ 有斜渐近线 $y=kx+b$.

例 3-31 求曲线 $y=\dfrac{x^3}{x^2+2x-3}$ 的斜渐近线.

解 令 $f(x)=\dfrac{x^3}{x^2+2x-3}$,因为

$$k=\lim_{x\to\infty}\frac{f(x)}{x}=\lim_{x\to\infty}\frac{x^2}{x^2+2x-3}=1,$$

$$b=\lim_{x\to\infty}(f(x)-kx)=\lim_{x\to\infty}\left(\frac{x^3}{x^2+2x-3}-x\right)=-2,$$

故得曲线的斜渐近线方程为 $y=x-2$.

习题 3-4

1. 判断下列函数的凹凸性与拐点:

(1) $y=xe^{-x}$;   (2) $y=\ln(x^2+1)$;

(3) $y=x\arctan x$;   (4) $y=x+\dfrac{1}{x}(x>0)$;

(5) $y=(x+1)^4+e^x$;   (6) $y=x^4(12\ln x-7)$.

2. 问 a、b 为何值时,点 $(1,3)$ 为曲线 $y=ax^3+bx^2$ 的拐点?

3. 试求出曲线 $y=ax^3+bx^2+cx+d$ 的 a、b、c、d,使得 $x=-2$ 处曲线有水平切线,$(1,-10)$ 为拐点,且点 $(-2,44)$ 在曲线上.

4. 求下列曲线的渐近线:

(1) $y=\dfrac{1}{x^2+3x-4}$;   (2) $y=e^{\frac{1}{x}}-1$;

(3) $y = \dfrac{e^x}{1+x}$; (4) $y = \dfrac{x}{1+x^2}$;

(5) $y = \arctan x$; (6) $y = x + \dfrac{1}{x}$.

3.5　函数的作图

借助于一阶导数的符号,可以确定函数图形在哪个区间上是上升的,在哪个区间上是下降的,在什么地方有极值点;借助于二阶导数的符号,可以确定函数图形在哪个区间上是凹的,在哪个区间上是凸的,在什么地方有拐点.知道了函数图形的升降、凹凸、极值点和拐点,再考虑函数图形的渐近线,就可以掌握函数的性态,结合描点法,就可以将函数的图形画得比较准。因此描绘函数图形的一般步骤为:

(1) 确定函数的定义域及值域;
(2) 考察函数的周期性与奇偶性;
(3) 确定函数的单调增加、单调减少区间及极值点、凹凸区间和其拐点;
(4) 考察渐近线;
(5) 考察与坐标轴的交点;
(6) 根据上面几方面的讨论画出函数的图形.

例 3-32　作函数 $y = x^3 - 3x$ 的图形.

解　(1) 函数 $y = x^3 - 3x$ 的定义域和值域都是实数集.
(2) 函数为奇函数,图形关于原点对称,因此只要考察函数在区间 $[0, +\infty)$ 的情形.
(3) $y' = 3x^2 - 3 = 3(x-1)(x+1)$, $y'' = 6x$.
令 $y' = 0$,得 $x_1 = -1, x_2 = 1$,令 $y'' = 6x = 0$,得 $x_3 = 0$.
$x_3 = 0$ 和 $x_2 = 1$ 把 $[0, +\infty)$ 分成两个区间 $[0, 1]$ 和 $[1, +\infty)$,列表 3-7 进行讨论:

表 3-7

x	0	(0,1)	1	$(1, +\infty)$
y'	$-$	$-$	0	$+$
y''	0	$+$	$+$	$+$
y 的图形	(0,0) 为拐点	下降、凹的	$y(1) = -2$ 为极小值	上升、凹的

(4) 曲线无渐近线.
(5) 令 $x = 0$,得 $y = 0$,令 $y = 0$,得 $x = \sqrt{3}$,所以曲线与坐标轴的交点为 $(0, 0)$, $(\sqrt{3}, 0)$.
(6) 综上所述,描绘出函数的图形如图 3-12 所示.

例 3-33　作函数 $y = \dfrac{e^x}{1+x}$ 的图形.

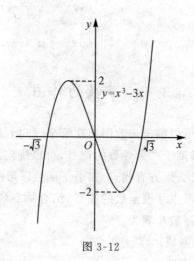

图 3-12

解 (1) 函数 $y = f(x) = \dfrac{e^x}{1+x}$ 的定义域为 $x \neq -1$ 的全体实数,且当 $x < -1$ 时,有 $f(x) < 0$,即 $x < -1$ 时,图形在 x 轴下方;当 $x > -1$ 时,有 $f(x) > 0$,即 $x > -1$ 时,图形在 x 轴上方.

(2) $y' = \dfrac{xe^x}{(1+x)^2}$,$y'' = \dfrac{e^x(x^2+1)}{(1+x)^3}$. 令 $y' = 0$ 得 $x = 0$.

用 $x = -1, x = 0$ 将定义区间分成子区间,并列表 3-8 讨论如下:

表 3-8

x	$(-\infty, -1)$	$(-1, 0)$	0	$(0, +\infty)$
y'	$-$	$-$	0	$+$
y''	$-$	$+$	$+$	$+$
y 的图形	下降、凸的	下降、凹的	$y(0) = 1$ 为极小值	上升、凹的

(3) 由于 $\lim\limits_{x \to -1} f(x) = \infty$,所以 $x = -1$ 为曲线 $y = f(x)$ 的铅直渐近线. 又因为 $\lim\limits_{x \to -\infty} \dfrac{e^x}{1+x} = 0$,所以,$y = 0$ 为该曲线的水平渐近线.

(4) 令 $x = 0$,得 $y = 1$,曲线与 y 轴交点为 $(0, 1)$.

(5) 根据上述讨论画出曲线图形如图 3-13 所示.

例 3-34 作函数 $y = x + \dfrac{1}{x}$ 的图形.

解 (1) 函数 $y = x + \dfrac{1}{x}$ 的定义域为 $x \neq 0$ 的全体实数.

(2) 函数为奇函数,图形关于原点对称,因此只要考察函数在区间 $(0, +\infty)$ 的情形.

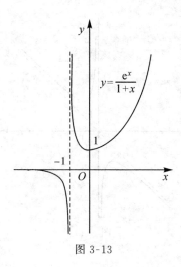

图 3-13

(3) $y' = 1 - \dfrac{1}{x^2}, y'' = \dfrac{2}{x^3}.$ 令 $y' = 0$, 得 $x_1 = -1, x_2 = 1.$

驻点 $x_2 = 1$ 将区间 $(0, +\infty)$ 分为两个区间 $(0,1]$ 和 $[1, +\infty)$,列表 3-9 进行讨论:

表 3-9

x	$(0,1)$	1	$(1, +\infty)$
y'	$-$	0	$+$
y''	$+$	$+$	$+$
y 的图形	下降、凹的	$y(1) = 2$ 为极小值	上升、凹的

(4) $\lim\limits_{x \to \infty}\left(x + \dfrac{1}{x}\right) = \infty$,所以曲线无水平渐近线. 因为

$$\lim_{x \to 0}\left(x + \dfrac{1}{x}\right) = \infty,$$

所以直线 $x = 0$ 是曲线的铅直渐近线.

又因为

$$a = \lim_{x \to \infty}\dfrac{f(x)}{x} = \lim_{x \to \infty}\dfrac{x + \dfrac{1}{x}}{x} = 1,$$

$$b = \lim_{x \to \infty}[f(x) - ax] = \lim_{x \to \infty}\left[\left(x + \dfrac{1}{x}\right) - 1 \cdot x\right] = \lim_{x \to \infty}\dfrac{1}{x} = 0,$$

所以直线 $y = x$ 为曲线的斜渐近线.

(5) 令 $y = 0$,得 x 无解,而函数的定义域为 $x \neq 0$,故曲线与坐标轴无交点.

(6) 根据上述讨论画出曲线图形如图 3-14 所示.

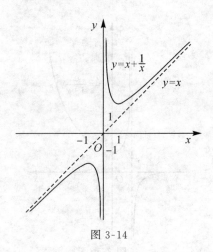

图 3-14

习题 3-5

作下列函数的图形：

(1) $y = \dfrac{x^3}{3} - x^2 + 2$;

(2) $y = \dfrac{x}{x^2+1}$;

(3) $y = x^2 + \dfrac{1}{x}$;

(4) $y = \dfrac{1}{x^2 - 4x + 5}$;

(5) $y = e^{\frac{1}{x}} - 1$;

3.6 导数在经济学中的应用

3.6.1 常见的经济函数

在考虑经济问题时,成本、收入、利润等经济量是必须考虑的因素,下面介绍成本函数、收益函数和利润函数.

1. 成本函数

成本是指生产者用于生产产品的费用.成本由**固定成本**和**可变成本**组成.在一定时间内不随产品产量变化而变化的成本称为固定成本,如厂房、设备等,常用 C_0 来表示.随产品产量变化而变化的成本称为可变成本,如原材料、能源等,常用 C_1 来表示.这两类成本的总和就是生产者投入的总成本,常用 C 来表示.设产品的产量为 Q,则**总成本函数**可表示为:

$$C = C_0 + C_1(Q).$$

为了分析生产者生产水平的高低,还要进一步考察单位产品的成本,即平均成本.用 $\overline{C}(Q)$ 表示**平均成本函数**,则

$$\overline{C}(Q) = \dfrac{C(Q)}{Q}.$$

例 3-35 设某厂生产某种产品的最大生产能力为 5000 个,固定费用为 1000 元,每生产

1 个产品,变动费用增加 9 元,试求:

(1) 总成本函数;

(2) 当生产 100 个该产品时的总成本函数和平均成本.

解 (1) 设 Q 表示产品产量,由题意,生产 Q 个产品的可变成本为 $9Q$,所以总成本函数为
$$C(Q) = 1000 + 9Q, Q \in [0, 5000].$$

(2) 产量为 100 个时的总成本为
$$C(100) = 1000 + 9 \times 100 = 1900(元),$$
产量为 100 个时的平均成本为
$$\overline{C}(100) = \frac{C(100)}{100} = \frac{1900}{100} = 19(元).$$

2. 收益函数

收益是指生产者生产的产品售出后的收入.生产者销售的某种产品的总收益取决于该产品的销量和价格.如果 P 为产品的单位售价,Q 为销售量,R 为总收益,则**收益函数**为
$$R = PQ.$$

P 与 Q 有关,P 可以看成是 Q 的函数,称为**价格函数**,反之,Q 也可以看成是 P 的函数,称为**需求函数**.设 $P = P(Q)$,故收益函数为
$$R = P(Q)Q.$$

销售单位产品的收益称为平均收益,如果用 $\overline{R}$ 表示**平均收益**,则
$$\overline{R} = \frac{R(Q)}{Q}.$$

3. 利润函数

利润是生产者销售产品的收益与成本之差,通常用 L 表示.当产量等于销售量时,**利润函数**可表示为产量 Q 的函数,即
$$L(Q) = R(Q) - C(Q).$$

销售单位产品所获得的利润称为平均利润,如果用 $\overline{L}$ 表示**平均利润**,则
$$\overline{L} = \frac{L(Q)}{Q}.$$

例 3-36 已知生产某种产品 Q 件时的总成本(单位:万元)为 $C(Q) = 10 + 5Q + 0.2Q^2$,如果每售出一件该产品的收益为 9 万元,求:

(1) 该产品的利润函数;

(2) 生产该产品 10 件时的总利润和平均利润;

(3) 生产该产品 20 件时的利润.

解 (1) 收益函数为 $R(Q) = 9Q$(万元),利润函数为
$$L(Q) = R(Q) - C(Q) = 9Q - (10 + 5Q + 0.2Q^2) = 4Q - 10 - 0.2Q^2(万元).$$

(2) 生产该产品 10 件时的总利润和平均利润分别为
$$L(10) = 40 - 10 - 0.2 \times 100 = 10(万元),$$
$$\overline{L}(10) = \frac{L(10)}{10} = \frac{10}{10} = 1(万元).$$

(3) 生产该产品 20 件时的利润为

$$L(20) = 80 - 10 - 0.2 \times 400 = -10(万元).$$

由此例可见,利润并非总是随着产量的增加而增加,有时产量增加,利润反而下降,甚至产生亏损.

3.6.2 边际分析

函数增量与自变量增量之比

$$\frac{\Delta y}{\Delta x} = \frac{f(x_0 + \Delta x) - f(x_0)}{\Delta x}$$

称为平均变化率,它表示函数 $y = f(x)$ 的平均变化速度.平均变化率的极限

$$\lim_{\Delta x \to 0} \frac{f(x_0 + \Delta x) - f(x_0)}{\Delta x}$$

称为瞬时变化率,由导数的定义可知,瞬时变化率就是函数 $f(x)$ 在 x_0 处的导数 $f'(x_0)$,它表示 $f(x)$ 在 x_0 处的变化速度,也可以理解为 $f(x)$ 关于 x 在 x_0"边际"处的变化率.

设函数 $y = f(x)$ 是可导的,那么导函数 $f'(x)$ 也称为**边际函数**.由函数增量和函数微分的关系可得

$$f(x_0 + \Delta x) - f(x_0) \approx f'(x_0)\Delta x,$$

当 $\Delta x = 1$ 时,有

$$f(x_0 + 1) - f(x_0) \approx f'(x_0).$$

上式说明 $f(x)$ 在 x_0 处改变一个单位时,y 近似地改变 $f'(x_0)$ 个单位.在实际应用中解释边际函数值的具体意义时,常常略去"近似"二字.

在经济学中有边际成本、边际收入、边际利润、边际需求等概念.成本函数 $C(Q)$ 的导数 $C'(Q)$ 称为**边际成本**.其经济意义为:当产量为 Q 个单位时,再生产一个单位产品,总成本增加 $C'(Q)$ 个单位.类似地,收入函数 $R(Q)$ 对产量的导数 $R'(Q)$ 称为**边际收入**,利润函数 $L(Q)$ 的导数 $L'(Q)$ 称为**边际利润**,需求函数 $Q = Q(P)$ 对价格的导数 $Q'(P)$ 称为**边际需求**,其经济意义都可以类似于边际成本的经济意义相应地给出.

例 3-37 设总成本函数 $C = 0.001Q^3 - 0.3Q^2 + 40Q + 1000$,求边际成本函数和 $Q = 50$ 单位时的边际成本并解释后者的经济意义.

解 边际成本函数为

$$C' = \frac{dC}{dQ} = 0.003Q^2 - 0.6Q + 40,$$

$Q = 50$ 单位时的边际成本为

$$C'|_{Q=50} = (0.003Q^2 - 0.6Q + 40)|_{Q=50} = 17.5.$$

它表示生产第 51 个单位产品时所花费的成本为 17.5.

例 3-38 某产品的需求函数和总成本函数分别为

$$Q = 800 - 10P,$$
$$C(Q) = 5000 + 20Q.$$

(1) 求边际收益函数和边际利润函数;

(2) 计算 $Q = 150、300、400$ 时的边际利润,并作出经济解释.

解 (1) 价格可由需求函数 $Q = 800 - 10P$ 反映出来,即 $P = \frac{1}{10}(800 - Q)$,故收益函数

为

$$R(Q) = PQ = \frac{1}{10}(800-Q)Q.$$

于是得利润函数为

$$L(Q) = R(Q) - C(Q) = \frac{1}{10}(800-Q)Q - (5000+20Q) = 60Q - \frac{1}{10}Q^2 - 5000.$$

所以边际收益函数和边际利润函数分别为

$$R'(Q) = 80 - 0.2Q, L'(Q) = 60 - 0.2Q.$$

(2) $L'(150) = 60 - 0.2 \times 150 = 30, L'(300) = 60 - 0.2 \times 300 = 0,$
$L'(400) = 60 - 0.2 \times 400 = -20.$

上述结果表明,当销售量为 150 个单位时,再增加 1 个单位,利润将增加 30 个单位;当销售量为 300 个单位时,再增加 1 个单位,利润不变;当销售量为 400 个单位时,再增加 1 个单位,利润将减少 20 个单位.

3.6.3 弹性分析

1. 函数的弹性及意义

对于函数 $y = f(x)$,自变量的改变量 $\Delta x = (x+\Delta x) - x$ 称为自变量的绝对改变量,函数的改变量 $\Delta y = f(x+\Delta x) - f(x)$ 称为函数的绝对改变量. 而函数的导数就是函数的绝对变化率.

在现实生活中,仅仅研究函数的绝对改变量和绝对变化率是不够的.例如,甲商品的单价为 10 元,涨价 1 元,乙商品的单价为 100 元,也涨价 1 元.虽然两种商品的绝对改变量相同,但各自与原价 10 元和 100 元相比,两者涨价的百分比大不相同.甲商品上涨了 10%,乙商品上涨了 1%,前者是后者的 10 倍.因此,有必要研究函数的相对改变量和相对变化率.

定义 3.7 设函数 $y = f(x)$ 在点 x 处可导,函数 $f(x)$ 在点 x 处的相对改变量 $\frac{\Delta y}{y}$ 与自变量在点 x 处的相对改变量 $\frac{\Delta x}{x}$ 之比为 $\frac{\Delta y/y}{\Delta x/x}$,当 $\Delta x \to 0$ 时的极限 $\lim\limits_{\Delta x \to 0} \frac{\Delta y/y}{\Delta x/x}$ 若存在,则称此极限为函数 $f(x)$ 在点 x 处的**相对变化率**,或**弹性**,记作 $\frac{Ey}{Ex}$. 即

$$\frac{Ey}{Ex} = \lim_{\Delta x \to 0} \frac{\Delta y/y}{\Delta x/x} = \lim_{\Delta x \to 0} \frac{\Delta y}{\Delta x} \cdot \frac{x}{y} = \frac{x}{y} \lim_{\Delta x \to 0} \frac{\Delta y}{\Delta x} = \frac{x}{y} f'(x),$$

或记为

$$\frac{Ey}{Ex} = \frac{x}{y} \frac{dy}{dx}.$$

一般地,若函数 $f(x)$ 在某区间内可导,则 $\frac{Ey}{Ex}$ 也为 x 的函数,称它为 $y = f(x)$ 的**弹性函数**.

函数 $f(x)$ 在点 x 的弹性反映了随 x 的变化,$f(x)$ 变化幅度的大小,也就是 $f(x)$ 对 x 变化反映的强烈程度或灵敏度.

$\frac{Ey}{Ex}$ 表示当自变量 x 改变 1% 时,$f(x)$ 近似地改变 $\frac{Ey}{Ex}$%(参考下面对式(3-3)所作的解

释).在应用问题中,解释弹性的具体意义时,常常略去"近似"二字.例如,当 $\frac{Ey}{Ex}=2$ 时,表明当 x 变化 1% 时,y 会变化 2%.

例 3-39 求函数 $y=50\mathrm{e}^{4x}$ 在 $x=3$ 处的弹性.

解 $y'=200\mathrm{e}^{4x}, \frac{Ey}{Ex}=\frac{x}{y}y'=200\mathrm{e}^{4x}\cdot\frac{x}{50\mathrm{e}^{4x}}=4x, \frac{Ey}{Ex}\Big|_{x=3}=4\times3=12.$

这表明,在 $x=3$ 处,当 x 改变 1% 时,y 会改变 12%.

例 3-40 求幂函数 $y=x^a$(a 为常数)的弹性函数.

解 $\frac{Ey}{Ex}=\frac{x}{y}y'=ax^{a-1}\frac{x}{x^a}=a.$

可以看出,幂函数的弹性函数为常数,即在任意点处弹性不变,所以称幂函数为不变弹性函数.

2.需求弹性及其经济意义

在经济函数模型中,"需求量"指在一定的条件下,消费者有支付能力并愿意购买的商品量.设需求函数为 $Q=Q(P)$,其中 Q 为需求量,P 为价格,由定义 3.7,可得**需求价格弹性**为

$$\frac{EQ}{EP}=\frac{P}{Q}\frac{\mathrm{d}Q}{\mathrm{d}P}.$$

需求弹性表示某种商品需求量 Q 对价格 P 的变化的敏感程度.由于需求函数一般是价格的递减函数,需求弹性一般为负值.由

$$\frac{\mathrm{d}Q}{Q}=\frac{\mathrm{d}P}{P}\frac{EQ}{EP}, \quad \frac{\Delta Q}{Q}\approx\frac{\Delta P}{P}\frac{EQ}{EP}, \tag{3-3}$$

可知,需求价格弹性的经济意义为:当商品的价格为 P 时,价格减少(增加)1% 时,需求量增加(减少)$\left|\frac{EQ}{EP}\right|\%$.

类似地,可以定义**收益弹性**和其他弹性.

下面讨论总收益 R 的变化和需求弹性的关系.总收益 R 是商品价格和销售量 Q 的乘积,即

$$R=P\cdot Q=P\cdot Q(P),$$

其中 $Q=Q(P)$ 是需求价格函数.

$$R'=Q(P)+PQ'(P)=Q(P)\left(1+Q'(P)\frac{P}{Q(P)}\right)=Q(P)\left(1+\frac{EQ}{EP}\right). \tag{3-4}$$

(1) 当 $\left|\frac{EQ}{EP}\right|<1$ 时,说明需求量变动的幅度小于价格变动的幅度,称为缺乏弹性.此时 $R'>0,R$ 递增.即价格上涨,则总收益增加;价格下跌,则总收益减少.

(2) 当 $\left|\frac{EQ}{EP}\right|>1$ 时,说明需求量变动的幅度大于价格变动的幅度,称为富有弹性.此时 $R'<0,R$ 递减.即价格上涨,则总收益减少;价格下跌,则总收益增加.

(3) 当 $\left|\frac{EQ}{EP}\right|=1$ 时,说明需求量变动的幅度等于价格变动的幅度,称为单位弹性.此时,$R'=0,R$ 取得最大值.

综上所述,总收益的变化受需求弹性的制约,随着商品需求弹性的变化而变化.

例 3-41 设某种商品的需求函数为
$$Q = 8P - 3P^2.$$

(1) 求需求弹性 $\dfrac{EQ}{EP}$;

(2) 求商品价格 $P = 2$ 时的需求弹性,并解释其经济意义.

解 (1) $\dfrac{EQ}{EP} = \dfrac{P}{Q} \dfrac{\mathrm{d}Q}{\mathrm{d}P} = \dfrac{P}{8P - 3P^2} \cdot (8 - 6P) = \dfrac{8 - 6P}{8 - 3P}.$

(2) $\dfrac{EQ}{EP}\bigg|_{P=2} = -2.$

其经济意义为:当价格 $P = 2$ 时,若价格提高(或降低)1%,则需求量减少(或增加)2%.

例 3-42 设某种商品的需求函数为
$$Q = 12 - \dfrac{P}{2}.$$

(1) 求需求弹性 $\dfrac{EQ}{EP}$;

(2) 求商品价格 $P = 6$ 时的需求弹性;

(3) 在 $P = 6$ 时,若价格上涨 1%,总收益是增加还是减少?将变化百分之几?

解 (1) $\dfrac{EQ}{EP} = \dfrac{P}{Q} \dfrac{\mathrm{d}Q}{\mathrm{d}P} = \dfrac{P}{12 - \dfrac{P}{2}} \cdot \left(-\dfrac{1}{2}\right) = \dfrac{P}{P - 24}.$

(2) $\dfrac{EQ}{EP}\bigg|_{P=6} = -\dfrac{1}{3}.$

(3) $P = 6$ 时,$\left|\dfrac{EQ}{EP}\right| = \dfrac{1}{3} < 1$,所以价格上涨 1%,总收益增加.

由式(3-4),
$$R' = Q(P)\left(1 + \dfrac{EQ}{EP}\right),$$
$$R'(6) = Q(6)\left(1 - \dfrac{1}{3}\right) = 9 \times \dfrac{2}{3} = 6, R(6) = 9 \times 6 = 54,$$
$$\dfrac{ER}{EP}\bigg|_{P=6} = R'(P) \dfrac{P}{R(P)}\bigg|_{P=6} = 6 \times \dfrac{6}{54} = \dfrac{2}{3} \approx 0.67.$$

所以当 $P = 6$ 时,价格上涨 1%,总收益约增加 0.67%.

3.6.4 优化分析

如何把握最佳产量或最佳销售量、最合适的价格,以便达到利润最大,成本最小、价格最合理,是企业最关心的问题. 我们通过例题来讨论经济分析中的收入最大、成本最小、利润最大等问题.

例 3-43 设某企业的总收入函数为
$$R(Q) = 20Q - Q^2,$$

其中 Q 为产品产量,试求收入最大时的产量以及与该产量相应的价格.

解 由 $R'(Q) = 20 - 2Q = 0$,得 $Q = 10$. $R''(Q) = -2 < 0$,故 $Q = 10$ 是 $R(Q)$ 的极大

值点,且是唯一极值点,所以收入最大时的产量为 10,最大收入为
$$R(10) = 20 \times 10 - 10^2 = 100.$$
因为 $R = PQ$,所以价格函数 $P = \dfrac{R}{Q} = \dfrac{20Q - Q^2}{Q} = 20 - Q$. 与最大收入相应的价格为
$$P\big|_{Q=10} = 20 - 10 = 10.$$

例 3-44 设某企业的总成本 C 与产量 Q 的关系式是
$$C(Q) = 27 + 9Q + 3Q^2.$$
试求最小平均成本.

解 平均成本函数为
$$\overline{C}(Q) = \dfrac{C(Q)}{Q} = \dfrac{27}{Q} + 9 + 3Q.$$
由
$$\overline{C}'(Q) = -\dfrac{27}{Q^2} + 3 = 0,$$
得
$$Q = \pm 3 \, (Q = -3 \text{ 舍去}),$$
且
$$\overline{C}''(Q) = \dfrac{54}{Q^3}, \overline{C}''(3) > 0,$$
故 $Q = 3$ 是使平均成本最小的产量. 其最小平均成本为
$$\overline{C}(3) = \dfrac{27}{3} + 9 + 3 \times 3 = 27.$$

例 3-45 设某企业某产品的成本函数和价格函数分别为 $C(Q) = 50 + 2Q$(单位:万元),$P(Q) = 10 - \dfrac{Q}{5}$(单位:万元),(这里的 Q 既是生产量又是销售量,单位:万只). 问生产量是多少时,利润最大?最大利润是多少?

解 总利润函数
$$L(Q) = QP(Q) - C(Q) = Q\left(10 - \dfrac{Q}{5}\right) - (50 + 2Q) = -\dfrac{Q^2}{5} + 8Q - 50.$$
令
$$L'(Q) = 8 - \dfrac{2}{5}Q = 0,$$
得
$$Q = 20 (\text{万只}).$$
而 $L''(Q) = -\dfrac{2}{5} < 0$,由极值的充分条件,$Q = 20$ 时函数取极大值,唯一极大值点也是最大值点,所以,当产量 $Q = 20$ 万只时,利润最大,最大利润为
$$L(20) = -\dfrac{20^2}{5} + 8 \times 20 - 50 = 30 (\text{万元}).$$

习题 3-6

1. 某批发商每次以 160 元/台的价格将 500 台电扇批发给零售商,在这个基础上零售商

每次多进 100 台电扇,则批发价格相应降低 2 元,批发商最大批发量为每次 1000 台,试将电扇批发价格表示为批发量的函数.

2. 生产某种产品的总成本(单位:元)是
$$C(Q) = 500 + 2Q.$$
求生产 50 件这种产品时的总成本和平均成本.

3. 设某商品的需求函数为
$$Q = Q(P) = 100 - 2P.$$
求当价格为 5 时的收入与需求量为 80 时的收入.

4. 某厂每周生产某产品 Q 个单位的总成本为
$$C(Q) = Q^2 + 12Q + 100.$$
(1) 求产量为 20 时的总成本;
(2) 求产量为 20 和 30 时的边际成本,并解释其经济意义.

5. 某企业每天生产某产品 Q(吨)的利润函数是
$$L(Q) = -5Q^2 + 250Q(单位:千元)$$
试求每天生产 20 吨、25 吨、30 吨时的边际利润,并解释经济意义.

6. 求函数 $y = 3 + 2x$ 在 $x = 3$ 处的弹性.

7. 一种商品的需求函数为 $Q = e^{-\frac{P}{5}}$,求:
(1) 需求弹性函数;
(2) $P = 3、5、6$ 时的需求弹性,并说明经济意义.

8. 设某商品的需求函数为 $Q(P) = 150 - 2P^2 (0 < P < 8)$.
(1) 求需求弹性;
(2) 讨论当价格为多少时,弹性分别为缺乏弹性、单位弹性、富有弹性?

9. 设生产某种产品 Q 单位的生产费用为 $C(Q) = 900 + 20Q + Q^2$. 问 Q 为多少时,能使平均费用最低?最低平均费用是多少?

10. 设某产品销售 Q 单位的收益为 $R(Q) = 400Q - Q^2 - 900$. 求使平均销售收益最大的销售量 Q,并求最大平均收益.

11. 有一个企业生产某种产品,每批生产 Q 单位的总成本为 $C(Q) = 3 + Q$(单位:百元),可得的总收益为 $R(Q) = 6Q - Q^2$(单位:百元). 问每批生产该产品多少单位时,能使利润最大?最大利润是多少?

复习题 3

1. 单项选择题:
(1) 要使 $y = x^2 + 4x + 3$ 在 $(x_0, f(x_0))$ 的切线与 x 轴平行,则 x_0 等于(　　).
A. 0;　　　　B. -2;　　　　C. 不存在;　　　　D. 1.

(2) 曲线 $y = 2e^{\frac{x}{2}}$ 在 $x = 0$ 处的切线的斜率为(　　).
A. $\frac{1}{2}$;　　　　B. $\frac{e}{2}$;　　　　C. 1;　　　　D. $e^{\frac{1}{2}}$.

(3) 对于函数 $y = x^3 - 3x^2 + 7$,下列叙述正确的是(　　).

A. 函数在$(0,2)$内单调递减；

B. 函数有极大值$f(2)=3$；

C. 函数在$(-\infty,0)$和$(2,+\infty)$内单调递减；

D. 函数有极小值$f(0)=7$.

(4) 对于函数$f(x)=(x+1)(x-3)$，满足罗尔定理全部条件的区间是（　　）.

A. $[-1,0]$；　　B. $[1,-3]$；　　C. $[-1,3]$；　　D. $(-1,3)$.

(5) 函数$y=x^2+4x+7$的极小值为（　　）.

A. 3；　　B. 4；　　C. 5；　　D. 6.

(6) 设函数$f(x)=(x+1)(x-2)(x+3)(x+4)$，则函数的驻点有（　　）.

A. 1个；　　B. 2个；　　C. 3个；　　D. 4个.

(7) 函数$y=|\ln x+4|+2$的极小值点为（　　）.

A. $x=e^4$；　　B. $x=e^{-4}$；　　C. $x=e$；　　D. $x=-e$.

(8) $f(x)=x+\dfrac{1}{x}$，则（　　）.

A. 函数图形只有水平渐近线；　　B. 函数图形只有垂直渐近线；

C. 函数图形只有斜渐近线；　　D. 函数图形有垂直渐近线和斜渐近线.

(9) 函数$y=(x+3)^5+1$的拐点为（　　）.

A. $(3,1)$；　　B. $(-3,1)$；　　C. $(3,-1)$；　　D. $(-3,-1)$.

(10) 若$f'(x_0)=0$，下列描述正确的是（　　）.

A. x_0是函数的驻点；　　B. $f(x)$一定在x_0处取得极值；

C. $(x_0,f(x_0))$是函数的拐点；　　D. 上述说法都不正确.

2. 填空题：

(1) 若函数$f(x)$在$[a,b]$上单调减少，则$f(x)$在$[a,b]$上的最大值为＿＿＿＿＿＿＿＿＿，最小值为＿＿＿＿＿＿＿＿＿.

(2) 过点$(1,3)$，且与曲线$y=x^2+2x$相切的直线方程为＿＿＿＿＿＿＿＿＿.

(3) $y=(x-1)^3+4$的拐点为＿＿＿＿＿＿＿＿＿.

(4) 函数$y=2-(x-1)^{\frac{2}{3}}$在$x=$＿＿＿＿＿＿＿＿＿时取得极大值，其极大值为＿＿＿＿＿＿＿＿＿.

(5) 函数$y=\dfrac{1}{3}x^3-\dfrac{5}{2}x^2+4x$在$[0,2]$上的最大值为＿＿＿＿＿＿＿＿＿，最小值为＿＿＿＿＿＿＿＿＿.

3. 求函数$f(x)=x^3-6x^2+9x$的极值.

4. 讨论函数$y=2x^3+3x^2-12x$的单调性.

5. 求下列函数的极限：

(1) $\lim\limits_{x\to 0}\dfrac{1-\cos^2 x}{x(1-e^x)}$；　　(2) $\lim\limits_{x\to\infty}\dfrac{x^2}{x-\sin x}$.

6. 要使内接于一个半径为R的球内的圆锥体的侧面积最大，问圆锥体的高应为多少？

第 4 章 不 定 积 分

在第 2 章中讨论了如何求一个函数的导函数或微分的问题,本章将讨论其相反的问题:已知一个函数的导函数或微分,求原来的函数.这就是积分学的基本问题之一 —— 不定积分.

4.1 不定积分的概念与性质

4.1.1 不定积分的概念

1. 原函数的概念

定义 4.1 设 $f(x)$ 是定义在某区间内的已知函数,若存在函数 $F(x)$,对于区间内的每一点 x,都有
$$F'(x) = f(x) \text{ 或 } \mathrm{d}F(x) = f(x)\mathrm{d}x,$$
则称 $F(x)$ 为 $f(x)$ 在该区间内的一个**原函数**.

因为 $(\sin x)' = \cos x$,故 $\sin x$ 是 $\cos x$ 的一个原函数;因为 $(x^2)' = 2x$,所以 x^2 是 $2x$ 的一个原函数.又 $(x^2+1)' = (x^2+2)' = (x^2-\sqrt{3})' = 2x$,所以 $2x$ 的原函数不是唯一的.

所以,研究原函数必须解决下面的问题:

第一,原函数的存在问题:在什么条件下,一个函数的原函数是存在的?如果原函数存在,到底有多少个?

第二,原函数的一般表达式:若 $f(x)$ 存在原函数,那么,这些原函数之间有什么差异?能否写成统一的表达式呢?如何求出来?

定理 4.1(原函数存在定理) 若函数 $f(x)$ 在某一区间内连续,则函数 $f(x)$ 在该区间内的原函数必定存在.

简单地说,连续函数一定有原函数.由于初等函数在其定义区间内是连续的,因此,初等函数在其定义区间内一定有原函数.

定理 4.2 若 $F(x)$ 是 $f(x)$ 的一个原函数,则 $F(x)+C$ 是 $f(x)$ 的全部原函数,其中 C 为任意常数.

证 由于 $F'(x) = f(x)$,又 $[F(x)+C]' = F'(x) = f(x)$,所以函数族 $F(x)+C$ 中的每一个都是 $f(x)$ 的原函数.

另一方面,设 $G(x)$ 是 $f(x)$ 的任意一个原函数,即 $G'(x) = f(x)$,则 $G'(x) = F'(x)$.由定理 3.2 的推论 2,可得 $G(x) = F(x)+C$,这就是说 $f(x)$ 的任意一个原函数 $G(x)$ 均可表示成 $F(x)+C$ 的形式.

综上可知,$f(x)$ 的全体原函数刚好组成函数族 $F(x)+C$.

这个定理表明:如果一个函数有一个原函数存在,则必有无穷多个原函数,且它们彼此

间相差一个常数.至此我们回答了上面提出的关于原函数的几个问题.

下面我们引进不定积分的概念.

2. 不定积分的概念

定义 4.2 若 $F(x)$ 是 $f(x)$ 在某区间内的一个原函数,那么称 $f(x)$ 的全体原函数 $F(x)+C$(C 为任意常数) 为 $f(x)$ 在该区间内的**不定积分**,记作

$$\int f(x)\mathrm{d}x = F(x)+C,$$

其中,"$\int$" 称为**积分号**,x 称为**积分变量**,$f(x)$ 称为**被积函数**,$f(x)\mathrm{d}x$ 称为**被积表达式**,C 称为**积分常数**.

例 4-1 求下列不定积分:

(1) $\int x^3 \mathrm{d}x$; (2) $\int \sin x \mathrm{d}x$; (3) $\int \frac{1}{x} \mathrm{d}x$.

解 (1) 因为 $\left(\frac{1}{4}x^4\right)' = x^3$,所以 $\int x^3 \mathrm{d}x = \frac{1}{4}x^4 + C$.

(2) 因为 $(-\cos x)' = \sin x$,所以 $\int \sin x \mathrm{d}x = -\cos x + C$.

(3) 因为 $x > 0$ 时,$(\ln x)' = \frac{1}{x}$;又 $x < 0$ 时,

$$[\ln(-x)]' = \frac{-1}{-x} = \frac{1}{x}.$$

所以

$$\int \frac{1}{x} \mathrm{d}x = \ln|x| + C \ (x \neq 0).$$

4.1.2 不定积分的几何意义

如果 $F(x)$ 是 $f(x)$ 的一个原函数,对于每一个确定的 C 值,$y = F(x) + C$ 表示坐标平面上一条确定的曲线,这条曲线称为 $f(x)$ 的一条积分曲线.由于 C 可以取任意值,因此不定积分 $\int f(x)\mathrm{d}x$ 表示 $f(x)$ 的一簇积分曲线.而其中任意一条积分曲线都可以由积分曲线 $y = F(x)$ 沿 y 轴方向上、下平移得到,或者说每一条积分曲线上横坐标相同的点处所作曲线的切线都是互相平行的,如图 4-1 所示.这就是不定积分的几何意义.

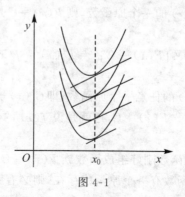

图 4-1

例 4-2 设曲线过点 $(1,2)$ 且其任意一点处的切线斜率等于这点的横坐标的两倍,求此曲线方程.

解 设所求曲线方程为 $y = y(x)$,曲线上任意一点的坐标为 (x,y),由题设有
$$\frac{dy}{dx} = 2x,$$
故
$$y = \int 2x dx = x^2 + C.$$
又因为曲线过点 $(1,2)$,故有 $2 = 1 + C$,得 $C = 1$,于是所求曲线方程为 $y = x^2 + 1$.

4.1.3 不定积分的性质

由不定积分的定义,$\int f(x)dx$ 是 $f(x)$ 的原函数,故可得

性质 4.1 $\left[\int f(x)dx\right]' = f(x)$ 或 $d\left[\int f(x)dx\right] = f(x)dx$.

又因为 $F(x)$ 是 $F'(x)$ 的原函数,所以有

性质 4.2 $\int F'(x)dx = F(x) + C$ 或 $\int dF(x) = F(x) + C$.

由此可见,微分运算(以记号 d 表示)与求不定积分的运算(简称积分运算,以记号 $\int$ 表示)是互逆的,当记号 d 和记号 $\int$ 连在一起时,或抵消,或抵消后相差一个常数. 也就是先积分后求导(或微分),结果是两种运算互相抵消,结果仍然等于被积函数(或被积表达式);先求导(或微分)后积分,结果与原来函数相差一个常数.

例如 $\left[\int \sqrt{x+1}dx\right]' = \sqrt{x+1}$,$\int (\sqrt{x+1})'dx = \sqrt{x+1} + C$.

性质 4.3 被积函数中不为零的常数因子可提到积分号的前面,即
$$\int kf(x)dx = k\int f(x)dx (k \text{ 为常数}, k \neq 0).$$

性质 4.4 两个函数代数和的不定积分,等于各函数不定积分的代数和,即
$$\int [f(x) \pm g(x)]dx = \int f(x)dx \pm \int g(x)dx.$$

性质 4.4 对于有限个函数的代数和的不定积分也是成立的.

4.1.4 基本积分公式

1. 基本积分公式

由于求不定积分是求导数的逆运算,所以由导数的基本公式可以相应地得出不定积分的基本公式(见表 4-1).

表 4-1

导数的基本公式	不定积分的基本公式
$(1) C' = 0$	$(1) \int 0 \mathrm{d}x = C$ (C 为常数)
$(2) (x^a)' = ax^{a-1}$	$(2) \int x^a \mathrm{d}x = \dfrac{1}{a+1} x^{a+1} + C (a \neq -1)$
$(3) (a^x)' = a^x \ln a \ (a > 0, a \neq 1)$	$(3) \int a^x \mathrm{d}x = \dfrac{a^x}{\ln a} + C \ (a > 0, a \neq 1)$
$(4) (\mathrm{e}^x)' = \mathrm{e}^x$	$(4) \int \mathrm{e}^x \mathrm{d}x = \mathrm{e}^x + C$
$(5) (\ln x)' = \dfrac{1}{x} \ (x \neq 0)$	$(5) \int \dfrac{1}{x} \mathrm{d}x = \ln|x| + C \ (x \neq 0)$
$(6) (\sin x)' = \cos x$	$(6) \int \cos x \mathrm{d}x = \sin x + C$
$(7) (\cos x)' = -\sin x$	$(7) \int \sin x \mathrm{d}x = -\cos x + C$
$(8) (\tan x)' = \sec^2 x$	$(8) \int \dfrac{1}{\cos^2 x} \mathrm{d}x = \int \sec^2 x \mathrm{d}x = \tan x + C$
$(9) (\cot x)' = -\csc^2 x$	$(9) \int \dfrac{1}{\sin^2 x} \mathrm{d}x = \int \csc^2 x \mathrm{d}x = -\cot x + C$
$(10) (\sec x)' = \sec x \tan x$	$(10) \int \sec x \tan x \mathrm{d}x = \sec x + C$
$(11) (\csc x)' = -\csc x \cot x$	$(11) \int \csc x \cot x \mathrm{d}x = -\csc x + C$
$(12) (\arcsin x)' = \dfrac{1}{\sqrt{1-x^2}}$	$(12) \int \dfrac{1}{\sqrt{1-x^2}} \mathrm{d}x = \arcsin x + C$
$(13) (\arctan x)' = \dfrac{1}{1+x^2}$	$(13) \int \dfrac{1}{1+x^2} \mathrm{d}x = \arctan x + C$

2. 直接积分法

表 4-1 所列不定积分的基本积分公式是计算不定积分的基础，必须熟记下来．利用基本积分公式和不定积分的性质，可以直接计算出一些简单的不定积分，这种方法一般称为**直接积分法**．

例 4-3 求下列不定积分：

(1) $\int \dfrac{1}{x^2} \mathrm{d}x$； (2) $\int x^2 \sqrt{x} \mathrm{d}x$； (3) $\int \dfrac{\mathrm{d}x}{\sqrt{2x}}$．

解 (1) $\int \dfrac{1}{x^2} \mathrm{d}x = \int x^{-2} \mathrm{d}x = \dfrac{x^{-2+1}}{-2+1} + C = -\dfrac{1}{x} + C$．

(2) $\int x^2 \sqrt{x} \mathrm{d}x = \int x^{\frac{5}{2}} \mathrm{d}x = \dfrac{1}{\frac{5}{2}+1} x^{\frac{5}{2}+1} + C = \dfrac{2}{7} x^{\frac{7}{2}} + C$．

(3) $\int \dfrac{\mathrm{d}x}{\sqrt{2x}} = \dfrac{1}{\sqrt{2}} \int x^{-\frac{1}{2}} \mathrm{d}x = \dfrac{1}{\sqrt{2}} \dfrac{1}{-\frac{1}{2}+1} x^{-\frac{1}{2}+1} + C = \sqrt{2x} + C$．

例 4-4 求下列不定积分:

(1) $\int (\sqrt{x}+1)\left(x-\dfrac{1}{\sqrt{x}}\right)\mathrm{d}x$;   (2) $\int \dfrac{x^2+2}{x^2+1}\mathrm{d}x$.

解 (1) $\int (\sqrt{x}+1)\left(x-\dfrac{1}{\sqrt{x}}\right)\mathrm{d}x = \int \left(x\sqrt{x}+x-1-\dfrac{1}{\sqrt{x}}\right)\mathrm{d}x$

$= \int x\sqrt{x}\,\mathrm{d}x + \int x\,\mathrm{d}x - \int 1\cdot\mathrm{d}x - \int \dfrac{1}{\sqrt{x}}\mathrm{d}x = \dfrac{2}{5}x^{\frac{5}{2}} + \dfrac{1}{2}x^2 - x - 2x^{\frac{1}{2}} + C.$

(2) $\int \dfrac{x^2+2}{x^2+1}\mathrm{d}x = \int \dfrac{x^2+1+1}{x^2+1}\mathrm{d}x = \int \left(1+\dfrac{1}{x^2+1}\right)\mathrm{d}x = x + \arctan x + C.$

例 4-5 求下列不定积分:

(1) $\int \cot^2 x\,\mathrm{d}x$;   (2) $\int \cos^2 \dfrac{x}{2}\,\mathrm{d}x$.

解 (1) $\int \cot^2 x\,\mathrm{d}x = \int (\csc^2 x - 1)\mathrm{d}x = \int \csc^2 x\,\mathrm{d}x - \int 1\,\mathrm{d}x = -\cot x - x + C.$

(2) $\int \cos^2 \dfrac{x}{2}\,\mathrm{d}x = \int \dfrac{1+\cos x}{2}\mathrm{d}x = \int \dfrac{1}{2}\mathrm{d}x + \dfrac{1}{2}\int \cos x\,\mathrm{d}x = \dfrac{1}{2}x + \dfrac{1}{2}\sin x + C.$

例 4-6 求 $\int (\mathrm{e}^x - 3\sin x)\mathrm{d}x$.

解 $\int (\mathrm{e}^x - 3\sin x)\mathrm{d}x = \int \mathrm{e}^x\,\mathrm{d}x - 3\int \sin x\,\mathrm{d}x = \mathrm{e}^x + 3\cos x + C.$

例 4-7 求 $\int \dfrac{1}{x^2(1+x^2)}\mathrm{d}x$.

解 $\int \dfrac{1}{x^2(1+x^2)}\mathrm{d}x = \int \dfrac{1}{x^2}\mathrm{d}x - \int \dfrac{1}{1+x^2}\mathrm{d}x = -\dfrac{1}{x} - \arctan x + C.$

例 4-8 设 $f'(\sin^2 x) = \cos^2 x$,求 $f(x)$.

解 由于 $f'(\sin^2 x) = \cos^2 x = 1 - \sin^2 x$,所以 $f'(x) = 1 - x$,故知 $f(x)$ 是 $1-x$ 的原函数,因此

$$f(x) = \int (1-x)\mathrm{d}x = x - \dfrac{x^2}{2} + C.$$

例 4-9 设某物体运动速度为 $v = 2t$,且当 $t=0$ 时,$s=4$,求运动规律 $s = s(t)$.

解 按题意有 $s'(t) = 2t$,即 $s(t) = \int 2t\,\mathrm{d}t = t^2 + C$. 再将条件 $t=0$ 时,$s=4$ 代入得 $C=4$,故所求运动规律为 $s = t^2 + 4$.

习题 4-1

1. 下列两题的函数中,哪些是同一函数的原函数?

(1) $\dfrac{1}{2}\sin^2 x, -\dfrac{1}{4}\cos 2x, -\dfrac{1}{2}\cos^2 x$;

(2) $\ln x, \ln ax$ ($a > 0$,且 a 为常数),$\ln x + C$ (C 为常数),$\ln|x|$.

2. 写出下列各式的结果:

(1) $\int \mathrm{d}\dfrac{1}{\arcsin\sqrt{1-x^2}}$;   (2) $\mathrm{d}\int \dfrac{1}{x\arctan\sqrt{1+x^2}}\mathrm{d}x$;

(3) $\int (x\cos^2 x\ln x)' dx$; (4) $\left[\int (e^x\sin x - \cos x)dx\right]'$.

3. 求下列不定积分：

(1) $\int x\sqrt{x}\,dx$; (2) $\int x^2\sqrt[3]{x}\,dx$;

(3) $\int \dfrac{1}{x^2\sqrt{x}}dx$; (4) $\int (x^2 - 3x + 2)dx$;

(5) $\int (\sqrt{x}+1)(\sqrt{x^3}-1)dx$; (6) $\int \dfrac{(1-x)^2}{\sqrt{x}}dx$;

(7) $\int \dfrac{(x-1)^3}{x^2}dx$; (8) $\int \dfrac{3x^4+3x^2+1}{x^2+1}dx$;

(9) $\int \dfrac{x^2}{x^2+1}dx$; (10) $\int \left(\dfrac{3}{x^2+1} - \dfrac{2}{\sqrt{1-x^2}}\right)dx$;

(11) $\int \left(2e^x + 4\sin x - \dfrac{1}{x^2}\right)dx$; (12) $\int 3^x e^x dx$;

(13) $\int \dfrac{2\times 3^x - 5\times 2^x}{3^x}dx$; (14) $\int \tan^2 x\,dx$;

(15) $\int \sin^2\dfrac{x}{2}dx$; (16) $\int \dfrac{1}{\sin^2\dfrac{x}{2}\cos^2\dfrac{x}{2}}dx$;

(17) $\int \sec x(\sec x - \tan x)dx$; (18) $\int \dfrac{dx}{1+\cos 2x}$;

(19) $\int \dfrac{\cos 2x}{\sin x + \cos x}dx$; (20) $\int \left(1 - \dfrac{1}{x^2}\right)\sqrt{x\sqrt{x}}\,dx$.

4.2 换元积分法

4.2.1 第一类换元积分法(凑微分法)

例 4-10 求 $\int e^{3x}dx$.

解 被积函数 e^{3x} 是复合函数，不能直接套用公式 $\int e^x dx = e^x + C$，我们可以把原积分作下列变形后计算

$$\int e^{3x}dx = \dfrac{1}{3}\int e^{3x}d(3x) \xrightarrow{\text{令}\,u=3x} \dfrac{1}{3}\int e^u du = \dfrac{1}{3}e^u + C \xrightarrow{\text{回代}} \dfrac{1}{3}e^{3x} + C.$$

直接验证得知，计算正确.

例 4-11 求 $\int 2xe^{x^2}dx$.

解 注意到被积表达式中含有 e^{x^2} 项，而余下的部分恰有微分关系：$2xdx = dx^2$. 于是类似于例 4-10，可作如下变换和计算：

$$\int 2xe^{x^2}dx = \int e^{x^2}d(x^2) \xrightarrow{\text{令}\,u=x^2} \int e^u du = e^u + C \xrightarrow{\text{回代}} e^{x^2} + C.$$

例 4-11 解法的特点是引入新变量 $u=\varphi(x)$，从而把原积分化为关于 u 的一个简单的积分，再套用基本积分公式求解。现在的问题是，在公式 $\int e^x dx = e^x + C$ 中，将 x 换成 $u = \varphi(x)$ 对应得到的公式 $\int e^u du = e^u + C$ 是否还成立？回答是肯定的，我们有下述定理：

定理 4.3 设 $f(u)$ 具有原函数，$u = \varphi(x)$ 可导，则有换元公式
$$\int f[\varphi(x)]\varphi'(x)dx = \left[\int f(u)du\right]_{u=\varphi(x)}. \tag{4-1}$$

这个定理表明：在基本积分公式中，自变量 x 换成任一可微函数 $u = \varphi(x)$ 后公式仍成立。这就大大扩充了基本积分公式的使用范围。如果 $\int f(u)du = \int dF(u) = F(u) + C$，则运用第一类换元积分运算时可按下列步骤进行。

$$\int f[\varphi(x)]\varphi'(x)dx \xrightarrow{凑微分} \int f[\varphi(x)]d\varphi(x) \xrightarrow{代换\varphi(x)=u} \int f(u)du$$
$$= F(u) + C \xrightarrow{回代 u = \varphi(x)} F[\varphi(x)] + C.$$

把这样的积分方法称为**第一类换元积分法**，又称**凑微分法**。

例 4-12 求 $\int \cos^2 x \sin x dx$.

解 设 $u = \cos x$，得 $du = -\sin x dx$，
$$\int \cos^2 x \sin x dx = -\int u^2 du = -\frac{1}{3}u^3 + C = -\frac{1}{3}\cos^3 x + C.$$

例 4-13 求 $\int \dfrac{dx}{x\sqrt{1-\ln^2 x}}$.

解 $\int \dfrac{dx}{x\sqrt{1-\ln^2 x}} = \int \dfrac{1}{\sqrt{1-\ln^2 x}}\left(\dfrac{dx}{x}\right) = \int \dfrac{1}{\sqrt{1-\ln^2 x}} d(\ln x)$.

$$\xrightarrow{代换 \ln x = u} \int \dfrac{1}{\sqrt{1-u^2}} du = \arcsin u + C$$

$$\xrightarrow{回代 u = \ln x} \arcsin(\ln x) + C$$

例 4-14 求 $\int \dfrac{\sin\sqrt{x}}{\sqrt{x}} dx$.

解 $\int \dfrac{\sin\sqrt{x}}{\sqrt{x}} dx = 2\int \sin\sqrt{x} \, d\sqrt{x}$

$$\xrightarrow{代换 \sqrt{x} = u} 2\int \sin u \, du = -2\cos u + C$$

$$\xrightarrow{回代 u = \sqrt{x}} = -2\cos\sqrt{x} + C.$$

凑微分法运用时的难点在于原题并未指明应该把哪一部分凑成 $d\varphi(x)$，这需要解题经验，如果记熟下列一些微分式，解题中则会给我们以启示。另外，计算熟练后，代换和回代的过程不必写出。

(1) $dx = \dfrac{1}{a} d(ax + b)$；   (2) $x dx = \dfrac{1}{2} d(x^2)$；

(3) $\dfrac{\mathrm{d}x}{\sqrt{x}} = 2\mathrm{d}(\sqrt{x})$; (4) $\mathrm{e}^x\mathrm{d}x = \mathrm{d}(\mathrm{e}^x)$;

(5) $\dfrac{1}{x}\mathrm{d}x = \mathrm{d}(\ln|x|)$; (6) $\sin x\,\mathrm{d}x = -\mathrm{d}(\cos x)$;

(7) $\cos x\,\mathrm{d}x = \mathrm{d}(\sin x)$; (8) $\sec^2 x\,\mathrm{d}x = \mathrm{d}(\tan x)$;

(9) $\csc^2 x\,\mathrm{d}x = -\mathrm{d}(\cot x)$; (10) $\dfrac{\mathrm{d}x}{\sqrt{1-x^2}} = \mathrm{d}(\arcsin x)$;

(11) $\dfrac{\mathrm{d}x}{1+x^2} = \mathrm{d}(\arctan x)$.

例 4-15 求下列积分：

(1) $\displaystyle\int \dfrac{\mathrm{d}x}{\sqrt{a^2-x^2}}(a>0)$; (2) $\displaystyle\int \dfrac{\mathrm{d}x}{a^2+x^2}$; (3) $\displaystyle\int \tan x\,\mathrm{d}x$;

(4) $\displaystyle\int \cot x\,\mathrm{d}x$; (5) $\displaystyle\int \sec x\,\mathrm{d}x$; (6) $\displaystyle\int \csc x\,\mathrm{d}x$.

解 (1)
$$\int \dfrac{\mathrm{d}x}{\sqrt{a^2-x^2}} = \int \dfrac{1}{a\sqrt{1-\left(\dfrac{x}{a}\right)^2}}\mathrm{d}x = \int \dfrac{1}{\sqrt{1-\left(\dfrac{x}{a}\right)^2}}\mathrm{d}\left(\dfrac{x}{a}\right) = \arcsin\dfrac{x}{a}+C.$$

(2) 类似可得：$\displaystyle\int \dfrac{\mathrm{d}x}{a^2+x^2} = \dfrac{1}{a}\arctan\dfrac{x}{a}+C.$

(3) $\displaystyle\int \tan x\,\mathrm{d}x = \int \dfrac{\sin x}{\cos x}\mathrm{d}x = -\int \dfrac{\mathrm{d}(\cos x)}{\cos x} = -\ln|\cos x|+C.$

(4) 类似可得：$\displaystyle\int \cot x\,\mathrm{d}x = \ln|\sin x|+C.$

(5) $\displaystyle\int \sec x\,\mathrm{d}x = \int \dfrac{\sec x(\sec x+\tan x)}{\tan x+\sec x}\mathrm{d}x = \int \dfrac{\sec^2 x+\sec x\tan x}{\tan x+\sec x}\mathrm{d}x$
$$= \int \dfrac{1}{(\tan x+\sec x)}\mathrm{d}(\tan x+\sec x) = \ln|\sec x+\tan x|+C.$$

(6) 类似可得：$\displaystyle\int \csc x\,\mathrm{d}x = \ln|\csc x-\cot x|+C.$

本题六个积分今后经常用到，可以作为公式使用.

例 4-16 求下列积分：

(1) $\displaystyle\int \dfrac{1}{x^2-a^2}\mathrm{d}x$; (2) $\displaystyle\int \dfrac{3+x}{\sqrt{4-x^2}}\mathrm{d}x$; (3) $\displaystyle\int \dfrac{\mathrm{d}x}{1+\mathrm{e}^x}$;

(4) $\displaystyle\int \sin^2 x\,\mathrm{d}x$; (5) $\displaystyle\int \dfrac{1}{1+\cos x}\mathrm{d}x$; (6) $\displaystyle\int \sin5x\cos3x\,\mathrm{d}x$.

解 本例各题积分前，需先用代数运算或三角变换对被积函数做适当变形.

(1) $\displaystyle\int \dfrac{1}{x^2-a^2}\mathrm{d}x = \dfrac{1}{2a}\int\left(\dfrac{1}{x-a}-\dfrac{1}{x+a}\right)\mathrm{d}x = \dfrac{1}{2a}\left[\int \dfrac{\mathrm{d}(x-a)}{x-a}-\int \dfrac{\mathrm{d}(x+a)}{x+a}\right]$
$$= \dfrac{1}{2a}[\ln|x-a|-\ln|x+a|]+C = \dfrac{1}{2a}\ln\left|\dfrac{x-a}{x+a}\right|+C.$$

(2) $\displaystyle\int \dfrac{3+x}{\sqrt{4-x^2}}\mathrm{d}x = 3\int \dfrac{\mathrm{d}x}{\sqrt{4-x^2}}+\int \dfrac{x}{\sqrt{4-x^2}}\mathrm{d}x = 3\arcsin\dfrac{x}{2}+\int \dfrac{-\dfrac{1}{2}}{\sqrt{4-x^2}}\mathrm{d}(4-x^2)$

$$= 3\arcsin\frac{x}{2} - \sqrt{4-x^2} + C.$$

(3) $\displaystyle\int \frac{1}{1+e^x}dx = \int \frac{1+e^x-e^x}{1+e^x}dx = \int\left(1-\frac{e^x}{1+e^x}\right)dx$

$$= \int dx - \int \frac{1}{1+e^x}d(1+e^x) = x - \ln(1+e^x) + C.$$

(4) $\displaystyle\int \sin^2 x\,dx = \int \frac{1-\cos 2x}{2}dx = \frac{1}{2}\int dx - \frac{1}{2}\int \cos 2x\,dx$

$$= \frac{1}{2}x - \frac{1}{4}\int \cos 2x\,d(2x) = \frac{1}{2}x - \frac{1}{4}\sin 2x + C.$$

(5) $\displaystyle\int \frac{1}{1+\cos x}dx = \int \frac{dx}{2\cos^2\left(\dfrac{x}{2}\right)} = \int \frac{1}{\cos^2\left(\dfrac{x}{2}\right)}d\left(\frac{x}{2}\right) = \tan\frac{x}{2} + C.$

(6) $\displaystyle\int \sin 5x \cos 3x\,dx = \frac{1}{2}\int (\sin 8x + \sin 2x)dx$（积化和差）

$$= \frac{1}{2}\left[\frac{1}{8}\int \sin 8x\,d(8x) + \frac{1}{2}\int \sin 2x\,d(2x)\right]$$

$$= -\frac{1}{16}\cos 8x - \frac{1}{4}\cos 2x + C.$$

例 4-17 计算积分 $\displaystyle\int \frac{dx}{\sqrt{x-x^2}}$.

解法一 $\displaystyle\int \frac{dx}{\sqrt{x-x^2}} = \int \frac{dx}{\sqrt{\dfrac{1}{4}-\left(x-\dfrac{1}{2}\right)^2}} = \int \frac{2\,dx}{\sqrt{1-(2x-1)^2}}$

$$= \int \frac{d(2x-1)}{\sqrt{1-(2x-1)^2}} = \arcsin(2x-1) + C.$$

解法二 因为 $\dfrac{dx}{\sqrt{x}} = 2d\sqrt{x}$，所以

$$\int \frac{dx}{\sqrt{x-x^2}} = \int \frac{dx}{\sqrt{x(1-x)}} = 2\int \frac{d\sqrt{x}}{\sqrt{1-(\sqrt{x})^2}} = 2\arcsin\sqrt{x} + C.$$

本题说明，选用不同的积分方法，可能得出不同形式的积分结果，但可以验证它们之间只相差一个常数.

4.2.2 第二类换元积分法（去根号法）

第一类换元积分法是选择新的积分变量 $u = \varphi(x)$，但对有些被积函数，则需要作相反方式的换元，即令 $x = \varphi(t)$，把 t 作为新积分变量，才能积出结果. 在积出的结果中，再利用 $t = \varphi^{-1}(x)$ 代回原积分变量 x.

定理 4.4 设函数 $x = \varphi(t)$ 单调、可导，且 $\varphi'(t) \neq 0$，其反函数为 $t = \varphi^{-1}(x)$，又设 $\displaystyle\int f[\varphi(t)]\varphi'(t)dt$ 具有原函数，则有换元公式

$$\int f(x)dx = \left\{\int f(\varphi(t))\varphi'(t)dt\right\}_{t=\varphi^{-1}(x)}. \tag{4-2}$$

若 $\int f(\varphi(t))\varphi'(t)dt = F(t) + C$,则运用定理 4.4 作积分运算时,可按以下步骤进行:

$$\int f(x)dx \xrightarrow{\text{令 } x = \varphi(t)} \int f(\varphi(t))\varphi'(t)dt = F(t) + C \xrightarrow{\text{回代 } t = \varphi^{-1}(x)} F(\varphi^{-1}(x)) + C.$$

我们把这样的积分方法称为**第二类换元积分法**.

第二类换元积分法的关键是恰当地选择变换函数 $x = \varphi(t)$. 对于 $x = \varphi(t)$,要求其单调可导,$\varphi'(t) \neq 0$,且其反函数 $t = \varphi^{-1}(x)$ 存在. 下面通过一些例子来说明.

例 4-18 求 $\int \dfrac{\sqrt{x}}{1+\sqrt{x}}dx$.

解 为了消去根式,可令 $t = \sqrt{x}$,即 $x = t^2 \ (t > 0)$,则 $dx = 2tdt$. 于是

$$\int \frac{\sqrt{x}}{1+\sqrt{x}}dx = \int \frac{t}{1+t}2tdt = 2\int \frac{t^2}{1+t}dt = 2\int \frac{(t^2-1)+1}{1+t}dt = 2\int \left(t - 1 + \frac{1}{1+t}\right)dt$$

$$= t^2 - 2t + 2\ln|1+t| + C \xrightarrow{\text{回代 } t = \sqrt{x}} x - 2\sqrt{x} + 2\ln|1+\sqrt{x}| + C.$$

例 4-19 求 $\int \dfrac{dx}{\sqrt{x}+\sqrt[3]{x}}$.

解 为了消去根式,可令 $\sqrt[6]{x} = t$,则 $x = t^6$,$dx = 6t^5 dt$,于是

$$\int \frac{dx}{\sqrt{x}+\sqrt[3]{x}} = \int \frac{6t^5 dt}{t^3 + t^2} = 6\int \frac{(t^3+1)-1}{t+1}dt$$

$$= 6\int \left(t^2 - t + 1 - \frac{1}{t+1}\right)dt = 2t^3 - 3t^2 + 6t - 6\ln|t+1| + C$$

$$= 2\sqrt{x} - 3\sqrt[3]{x} + 6\sqrt[6]{x} - 6\ln(\sqrt[6]{x}+1) + C.$$

由以上两例可以看出:被积函数中含有被开方因式为一次式的根式 $\sqrt[n]{ax+b}$ 时,为消去根号,可以令 $\sqrt[n]{ax+b} = t$,从而求得积分. 下面讨论被积函数含有被开方因式为二次式的根式的情况.

例 4-20 求 $\int \sqrt{a^2 - x^2}\, dx \ (a > 0)$.

解 作三角变换,令 $x = a\sin t \left(-\dfrac{\pi}{2} < t < \dfrac{\pi}{2}\right)$,那么

$$\sqrt{a^2 - x^2} = a\cos t, \quad dx = a\cos t\, dt,$$

于是

$$\int \sqrt{a^2 - x^2}\, dx = \int a^2 \cos^2 t\, dt = a^2 \int \frac{1 + \cos 2t}{2}dt$$

$$= \frac{a^2}{2}\left(t + \frac{1}{2}\sin 2t\right) + C = \frac{a^2}{2}t + \frac{a^2}{2}\sin t \cos t + C.$$

为把 t 回代成 x 的函数,可根据 $\sin t = \dfrac{x}{a}$,作辅助直角三角形,如图 4-2 所示,得

$$\cos t = \frac{\sqrt{a^2 - x^2}}{a}.$$

所以

$$\int \sqrt{a^2-x^2}\,\mathrm{d}x = \frac{a^2}{2}\arcsin\frac{x}{a} + \frac{1}{2}x\sqrt{a^2-x^2} + C.$$

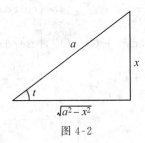

图 4-2

例 4-21 求 $\int \dfrac{\mathrm{d}x}{\sqrt{a^2+x^2}}\,(a>0)$.

解 令 $x = a\tan t\left(-\dfrac{\pi}{2}<t<\dfrac{\pi}{2}\right)$，则 $\mathrm{d}x = a\sec^2 t\,\mathrm{d}t$，$\sqrt{a^2+x^2} = a\sec t$，所以

$$\int \frac{\mathrm{d}x}{\sqrt{a^2+x^2}} = \int \frac{a\sec^2 t}{a\sec t}\mathrm{d}t = \int \sec t\,\mathrm{d}t = \ln|\sec t + \tan t| + C_1.$$

根据 $\tan t = \dfrac{x}{a}$ 作辅助直角三角形，如图 4-3 所示，于是得 $\sec t = \dfrac{\sqrt{a^2+x^2}}{a}$，故

$$\int \frac{\mathrm{d}x}{\sqrt{a^2+x^2}} = \ln\left|\frac{\sqrt{a^2+x^2}}{a} + \frac{x}{a}\right| + C_1 = \ln|x+\sqrt{a^2+x^2}| + C_1 - \ln a$$

$$= \ln|x+\sqrt{a^2+x^2}| + C\ (C = C_1 - \ln a).$$

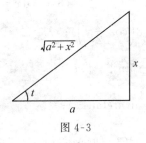

图 4-3

类似的方法还可以计算出 $\int \dfrac{\mathrm{d}x}{\sqrt{x^2-a^2}} = \ln|x+\sqrt{x^2-a^2}| + C\ (a>0)$.

一般地说，当被积函数含有 $\sqrt{a^2-x^2}$，$\sqrt{a^2+x^2}$，$\sqrt{x^2-a^2}$ 时，可用三角函数作变量代换，这种代换通常称之为**三角代换**. 现归纳如下：

(1) 对于 $\sqrt{a^2-x^2}$，可作代换 $x = a\sin t$（或 $x = a\cos t$）；

(2) 对于 $\sqrt{a^2+x^2}$，可作代换 $x = a\tan t$（或 $x = a\cot t$）；

(3) 对于 $\sqrt{x^2-a^2}$，可作代换 $x = a\sec t$（或 $x = a\csc t$）.

值得注意的是，在具体解题时，要具体分析，不要拘泥于上述三角代换，例如计算积分 $\int x\sqrt{x^2-a^2}\,\mathrm{d}x$ 时，就不必用三角代换，而用凑微分法更为方便.

前面介绍的一些例题中,有的积分是以后经常会遇到的,所以它们通常也会被当成公式使用,这样,常用的积分公式,除了表 4-1 中的 13 个公式外,再添加下面几个.

(14) $\int \tan x \,\mathrm{d}x = -\ln|\cos x| + C;$ (15) $\int \cot x \,\mathrm{d}x = \ln|\sin x| + C;$

(16) $\int \sec x \,\mathrm{d}x = \ln|\sec x + \tan x| + C;$ (17) $\int \csc x \,\mathrm{d}x = \ln|\csc x - \cot x| + C;$

(18) $\int \dfrac{\mathrm{d}x}{a^2 + x^2} = \dfrac{1}{a}\arctan\dfrac{x}{a} + C;$ (19) $\int \dfrac{\mathrm{d}x}{x^2 - a^2} = \dfrac{1}{2a}\ln\left|\dfrac{x-a}{x+a}\right| + C;$

(20) $\int \dfrac{\mathrm{d}x}{\sqrt{a^2 - x^2}} = \arcsin\dfrac{x}{a} + C;$ (21) $\int \dfrac{\mathrm{d}x}{\sqrt{x^2 \pm a^2}} = \ln|x + \sqrt{x^2 \pm a^2}| + C;$

(22) $\int \sqrt{a^2 - x^2} \,\mathrm{d}x = \dfrac{a^2}{2}\arcsin\dfrac{x}{a} + \dfrac{1}{2}x\sqrt{a^2 - x^2} + C.$

以上介绍的两类换元积分法是求不定积分的常用方法,第一类换元积分法应先凑微分再换元,可省略换元的过程;第二类换元积分法需先换元,且不可省略换元及回代过程.在计算中要根据具体情况选择适当的换元法,解题中常常将两种方法结合起来使用.

习题 4-2

1. 在下列各式等号右端的横线处填入适当的系数,使等式成立:

(1) $\mathrm{d}x = $ _____ $\mathrm{d}(ax);$ (2) $\mathrm{d}x = $ _____ $\mathrm{d}(ax+b);$

(3) $x\mathrm{d}x = $ _____ $\mathrm{d}x^2;$ (4) $x\mathrm{d}x = $ _____ $\mathrm{d}(ax^2);$

(5) $x\mathrm{d}x = $ _____ $\mathrm{d}(b - ax^2);$ (6) $x^3 \mathrm{d}x = $ _____ $\mathrm{d}(3x^4 - 2);$

(7) $\mathrm{e}^{3x} \mathrm{d}x = $ _____ $\mathrm{d}\mathrm{e}^{3x};$ (8) $\mathrm{e}^{-\frac{x}{2}} \mathrm{d}x = $ _____ $\mathrm{d}(1 + \mathrm{e}^{-\frac{x}{2}});$

(9) $\sin\dfrac{3}{2}x \,\mathrm{d}x = $ _____ $\mathrm{d}\left(\cos\dfrac{3}{2}x\right);$

(10) $\dfrac{\mathrm{d}x}{x} = $ _____ $\mathrm{d}(4 - 5\ln|x|);$

(11) $\dfrac{\mathrm{d}x}{1 + 16x^2} = $ _____ $\mathrm{d}(\arctan 4x);$

(12) $\dfrac{\mathrm{d}x}{\sqrt{1 - 4x^2}} = $ _____ $\mathrm{d}(3 - \arcsin 2x).$

2. 求下列不定积分:

(1) $\int \sin\dfrac{x}{3} \mathrm{d}x;$ (2) $\int (1 - 4x)^3 \mathrm{d}x;$

(3) $\int \mathrm{e}^x \cos\mathrm{e}^x \,\mathrm{d}x;$ (4) $\int \dfrac{\mathrm{e}^x}{2 + \mathrm{e}^x} \mathrm{d}x;$

(5) $\int \dfrac{1}{1 - 3x} \mathrm{d}x;$ (6) $\int \mathrm{e}^{-3x} \mathrm{d}x;$

(7) $\int x\cos(3 + 2x^2) \mathrm{d}x;$ (8) $\int \dfrac{\mathrm{d}x}{4 + 9x^2};$

(9) $\int x^4 \sin 4x^5 \,\mathrm{d}x;$ (10) $\int \dfrac{\mathrm{e}^{\frac{1}{x}}}{x^2} \mathrm{d}x;$

(11) $\int \dfrac{(\ln x)^3}{x} dx$; (12) $\int e^{\sin x} \cos x dx$;

(13) $\int \dfrac{x}{x^2+4} dx$; (14) $\int \dfrac{dx}{1-4x^2}$;

(15) $\int \dfrac{\sqrt{\arctan x}}{1+x^2} dx$; (16) $\int \dfrac{x+1}{\sqrt[3]{3x+1}} dx$;

(17) $\int \dfrac{dx}{1+\sqrt{x}}$; (18) $\int \dfrac{dx}{(x^2+1)^2}$;

(19) $\int \dfrac{dx}{x^2\sqrt{1-x^2}}$; (20) $\int \dfrac{dx}{\sqrt{1+e^x}}$.

4.3 分部积分法

本节通过函数乘积的微分法则，来推导分部积分公式，从而得到另一种求不定积分的基本方法——分部积分法. 分部积分法常用于被积函数是两种不同类型函数的乘积的积分.

定理 4.5 设函数 $u = u(x), v = v(x)$ 具有连续导数，则有

$$\int u dv = uv - \int v du, \tag{4-3}$$

或

$$\int uv' dx = uv - \int vu' dx.$$

证 根据函数乘积的微分公式有：

$$d(uv) = udv + vdu,$$

移项得

$$udv = d(uv) - vdu,$$

两边求不定积分得

$$\int u dv = uv - \int v du,$$

或

$$\int uv' dx = uv - \int vu' dx.$$

公式(4-3)称为**分部积分公式**，它可以将求 $\int u dv$ 的积分问题转化为求 $\int v du$ 的积分，当前一个积分不容易求，而后面这个积分较容易求时，分部积分公式就起到了化难为易的作用.

例 4-22 求 $\int x \cos x dx$.

解 设 $u = x, dv = \cos x dx = d(\sin x)$，于是 $du = dx, v = \sin x$，由式(4-3)有
$$\int x \cos x dx = \int x d(\sin x) = x \sin x - \int \sin x dx = x \sin x + \cos x + C.$$

注：本题若设 $u = \cos x, dv = x dx$，则有 $du = -\sin x dx$ 及 $v = \dfrac{1}{2} x^2$，运用式(4-3)后，得

到
$$\int x\cos x\,\mathrm{d}x = \frac{1}{2}x^2\cos x + \frac{1}{2}\int x^2\sin x\,\mathrm{d}x.$$

新得到的积分 $\int x^2\sin x\,\mathrm{d}x$ 反而比原积分更难,说明这样设 $u,\mathrm{d}v$ 是不合适的. 由此可见,运用好分部积分法的关键是恰当地选择好 u 和 $\mathrm{d}v$,一般要考虑如下两点:

(1) v 要容易求得(可用凑微分法求出);

(2) $\int v\,\mathrm{d}u$ 要比 $\int u\,\mathrm{d}v$ 容易积出.

例 4-23 求 $\int \ln x\,\mathrm{d}x$.

解 设 $u = \ln x, \mathrm{d}v = \mathrm{d}x$,于是 $\mathrm{d}u = \frac{1}{x}\mathrm{d}x, v = x$,由式(4-3)有
$$\int \ln x\,\mathrm{d}x = x\ln x - \int x\,\mathrm{d}(\ln x) = x\ln x - \int x\cdot\frac{1}{x}\mathrm{d}x = x\ln x - x + C.$$

例 4-24 求 $\int \arccos x\,\mathrm{d}x$.

解 令 $u = \arccos x, \mathrm{d}v = \mathrm{d}x$,则 $\mathrm{d}u = -\frac{1}{\sqrt{1-x^2}}\mathrm{d}x, v = x$. 于是
$$\int \arccos x\,\mathrm{d}x = x\arccos x + \int \frac{x}{\sqrt{1-x^2}}\mathrm{d}x = x\arccos x - \frac{1}{2}\int \frac{1}{(1-x^2)^{\frac{1}{2}}}\mathrm{d}(1-x^2)$$
$$= x\arccos x - \frac{1}{2}\cdot\frac{(1-x^2)^{\frac{1}{2}}}{\frac{1}{2}} + C = x\arccos x - \sqrt{1-x^2} + C.$$

例 4-25 求 $\int x\arctan x\,\mathrm{d}x$.

解 令 $u = \arctan x, \mathrm{d}v = x\,\mathrm{d}x$,则 $\mathrm{d}u = \frac{1}{1+x^2}\mathrm{d}x, v = \frac{x^2}{2}$. 于是
$$\int x\arctan x\,\mathrm{d}x = \frac{x^2}{2}\arctan x - \frac{1}{2}\int \frac{x^2}{1+x^2}\mathrm{d}x = \frac{x^2}{2}\arctan x - \frac{1}{2}\int \frac{1+x^2-1}{1+x^2}\mathrm{d}x$$
$$= \frac{x^2}{2}\arctan x - \frac{1}{2}\int\left(1 - \frac{1}{1+x^2}\right)\mathrm{d}x = \frac{x^2}{2}\arctan x - \frac{1}{2}(x - \arctan x) + C$$
$$= \frac{1}{2}(x^2+1)\arctan x - \frac{1}{2}x + C.$$

当熟悉分部积分法后,$u, \mathrm{d}v$ 及 $v, \mathrm{d}u$ 可心算完成,不必具体写出.

例 4-26 求 $\int x^2 \mathrm{e}^x\,\mathrm{d}x$.

解 $\int x^2 \mathrm{e}^x\,\mathrm{d}x = \int x^2 \mathrm{d}(\mathrm{e}^x) = x^2 \mathrm{e}^x - \int \mathrm{e}^x \mathrm{d}(x^2)$
$$= x^2 \mathrm{e}^x - 2\int x\mathrm{e}^x\,\mathrm{d}x = x^2 \mathrm{e}^x - 2\int x\,\mathrm{d}(\mathrm{e}^x)$$
$$= x^2 \mathrm{e}^x - 2\left(x\mathrm{e}^x - \int \mathrm{e}^x\,\mathrm{d}x\right) = x^2 \mathrm{e}^x - 2x\mathrm{e}^x + 2\mathrm{e}^x + C$$
$$= (x^2 - 2x + 2)\mathrm{e}^x + C.$$

从例 4-26 可以看出,有的时候使用一次分部积分公式不能求出积分来,需要多次使用分部积分公式.

例 4-27 求 $\int e^x \sin x \, dx$.

解 $\int e^x \sin x \, dx = \int \sin x \, d(e^x) = e^x \sin x - \int e^x \cos x \, dx$

$$= e^x \sin x - \int \cos x \, d(e^x)$$

$$= e^x \sin x - e^x \cos x - \int e^x \sin x \, dx,$$

将再次出现的 $\int e^x \sin x \, dx$ 移至左端,合并后除以 2 得所求积分为

$$\int e^x \sin x \, dx = \frac{1}{2} e^x (\sin x - \cos x) + C.$$

小结:下述几种类型积分,均可用分部积分公式求解,且 u, dv 的设法有规律可循.

(1) 对于 $\int x^n e^{ax} \, dx, \int x^n \sin ax \, dx, \int x^n \cos ax \, dx$,可设

$$u = x^n;$$

(2) 对于 $\int x^n \ln x \, dx, \int x^n \arcsin x \, dx, \int x^n \arctan x \, dx$,可设

$$u = \ln x, \arcsin x, \arctan x;$$

(3) 对于 $\int e^{ax} \sin bx \, dx, \int e^{ax} \cos bx \, dx$,可设

$$u = \sin bx, \cos bx.$$

在求不定积分过程中,有时候往往需要同时运用到换元积分法和分部积分法,下面举例说明.

例 4-28 求 $\int \arctan \sqrt{x} \, dx$.

解 先换元,令 $x = t^2 \, (t > 0)$,则

$$\int \arctan \sqrt{x} \, dx = \int \arctan t \, d(t^2) = t^2 \arctan t - \int t^2 \, d(\arctan t)$$

$$= t^2 \arctan t - \int \frac{t^2}{1+t^2} \, dt = t^2 \arctan t - \int \left(1 - \frac{1}{1+t^2}\right) dt$$

$$= t^2 \arctan t - t + \arctan t + C$$

$$= (x+1) \arctan \sqrt{x} - \sqrt{x} + C.$$

例 4-29 求 $\int \frac{\arcsin x}{\sqrt{(1-x^2)^3}} \, dx$.

解 换元,令 $x = \sin t$,则 $dx = \cos t \, dt$ 及 $t = \arcsin x$.

$$\int \frac{\arcsin x}{\sqrt{(1-x^2)^3}} \, dx = \int \frac{t}{\cos^3 t} \cos t \, dt = \int t \frac{dt}{\cos^2 t} = \int t \, d(\tan t)$$

$$= t \tan t - \int \tan t \, dt = t \tan t + \ln|\cos t| + C$$

$$= \frac{x}{\sqrt{1-x^2}}\arcsin x + \ln\sqrt{1-x^2} + C.$$

习题 4-3

求下列不定积分：

(1) $\int x\ln x\,dx$；

(2) $\int \ln(1+x^2)\,dx$；

(3) $\int xe^x\,dx$；

(4) $\int x^2 e^{-x}\,dx$；

(5) $\int \arcsin x\,dx$；

(6) $\int \arctan x\,dx$；

(7) $\int x\sin x\cos x\,dx$；

(8) $\int x^2\cos x\,dx$；

(9) $\int \sec^3 x\,dx$；

(10) $\int (4x-1)\cos x\,dx$；

(11) $\int e^{\sqrt{x}}\,dx$；

(12) $\int \frac{x}{\sqrt{2x+1}}\,dx$.

复习题 4

1. 单项选择题：

(1) 若 $\int f(x)\,dx = \sin\frac{1}{2}x + C$，则 $f(x) = ($ $)$.

A. $-2\cos\frac{x}{2}$；
B. $2\cos\frac{x}{2}$；
C. $\frac{1}{2}\cos\frac{x}{2}$；
D. $-\frac{1}{2}\cos\frac{x}{2}$.

(2) 下列是同一函数的原函数的是（   ）.

A. $\sin^2 x$ 与 $-\frac{1}{2}\cos 2x$；
B. e^{x^2} 与 e^{2x}；

C. $\tan\frac{x}{2}$ 与 $\frac{1}{2}\tan x$；
D. $\ln x^2$ 与 $\ln^2 x$.

(3) 若 $\int f(x)\,dx = x\cos x + C$，则 $f(x) = ($ $)$.

A. $x\cos x$；
B. $x\sin x$；
C. $\sin x - x\cos x$；
D. $\cos x - x\sin x$.

(4) $\int \frac{1}{x(3+\ln x)}\,dx = ($ $)$.

A. $-\frac{1}{(3+\ln x)^2} + C$；
B. $\ln|3+\ln x| + C$；

C. $\frac{1}{x(3+\ln x)} + C$；
D. $\ln[\ln(3+\ln x)]$.

(5) $\int f'(e^x)\,de^x = ($ $)$.

A. $e^x + C$；
B. $f(x) + C$；
C. $f(e^x) + C$；
D. $-f(e^x) + C$.

(6) $\int d(\arccos \sqrt{x}) = ($ $)$.

A. $\arccos \sqrt{x}$; B. $\arccos \sqrt{x} + C$; C. $\arcsin \sqrt{x}$; D. $\arcsin \sqrt{x} + C$.

(7) $d\int x^2 \sin e^x dx = ($ $)$.

A. $x^2 \sin e^x + C$; B. $x^2 \sin e^x$; C. $x^2 \sin e^x dx$; D. $x^2 \cos e^x dx$.

(8) 下列等式成立的是(   ).

A. $adx = \dfrac{1}{a}d(ax+b)$ (a、b 均为常数); B. $2xe^{x^2}dx = de^{x^2}$;

C. $\dfrac{1}{\sqrt{x}}dx = \dfrac{1}{2}d\sqrt{x}$; D. $\ln x dx = d\left(\dfrac{1}{x}\right)$.

(9) 设 $f(x)$ 的一个原函数是 $\cos x$,则 $f'(x) = ($ $)$.

A. $\cos x$; B. $\sin x$; C. $-\sin x$; D. $-\cos x$.

(10) $\int \cos 2x dx = ($ $)$.

A. $\sin x \cos x + C$; B. $-\dfrac{1}{2}\sin 2x + C$; C. $2\sin x + C$; D. $\sin 2x + C$.

2. 填空题：

(1) 函数 $f'(x)$ 的不定积分是_____.

(2) 在积分曲线 $y = \int 2x dx$ 中,过点 $(1,1)$ 的曲线方程为_____.

(3) $\int$ _____ $dx = xe^x + C$.

(4) $\int \dfrac{dx}{1+4x^2} =$ _____.

(5) 已知 $\int f(x)dx = e^{\cos x} + C$,则 $f'(x) =$ _____.

3. 计算下列不定积分：

(1) $\int \dfrac{1-\cos x}{x-\sin x}dx$;

(2) $\int \dfrac{dx}{\sqrt{1-2x^2}}$;

(3) $\int \dfrac{dx}{x\ln x}$;

(4) $\int \dfrac{\sqrt{x^2-4}}{x}dx$;

(5) $\int (x+1)e^x dx$;

(6) $\int \dfrac{\ln x}{x^2}dx$;

(7) $\int x\cos 2x dx$;

(8) $\int e^{-x}\cos x dx$.

第5章 定积分及其应用

定积分是积分学的第二个基本问题,定积分在自然科学和工程技术中有着广泛的应用. 本章首先由实际问题引入定积分的概念,然后讨论定积分的性质、微积分基本定理、定积分计算方法、反常积分的概念和计算,最后讨论定积分的微元法及其一些简单应用.

5.1 定积分的概念与性质

5.1.1 两个引例

1. 引例 1(曲边梯形的面积)

所谓**曲边梯形**,就是由连续曲线 $y = f(x)(f(x) \geqslant 0)$,直线 $x = a$、$x = b$ 与 Ox 轴所围成的图形,其中曲线弧称为**曲边**,如图 5-1 所示.

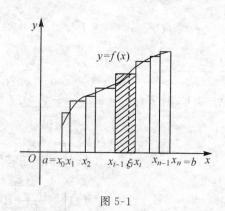

图 5-1

对于任意闭曲线所围成图形的面积,可以将所围图形化为若干个曲边梯形面积之和或差. 因此,只要解决了求曲边梯形面积的问题,也就解决了任意曲线所围图形的面积问题.

下面讨论如何计算曲边梯形的面积,分以下四步进行.

(1) 分割:在区间 $[a,b]$ 内任意插入 $n-1$ 个分点
$$a = x_0 < x_1 < x_2 < \cdots < x_{n-1} < x_n = b,$$
把区间 $[a,b]$ 分成 n 个小区间
$$[x_0, x_1], [x_1, x_2], \cdots, [x_{n-1}, x_n],$$
第 i 个小区间的长度为 $\Delta x_i = x_i - x_{i-1}(i = 1, \cdots, n)$,过每个分点作垂直于 x 轴的直线段,它

们把曲边梯形分成 n 个小曲边梯形(图 5-1),小曲边梯形的面积分别记为
$$\Delta A_1, \Delta A_2, \cdots, \Delta A_n.$$

(2) 近似:在小区间 $[x_{i-1}, x_i]$ 上任取一点 ξ_i,作以 $[x_{i-1}, x_i]$ 为底,$f(\xi_i)$ 为高的小矩形,用小矩形的面积近似代替小曲边梯形的面积,则
$$\Delta A_i \approx f(\xi_i) \Delta x_i (i = 1, 2, \cdots, n).$$

(3) 求和: n 个小矩形面积之和近似等于曲边梯形面积 A,即
$$A \approx f(\xi_1) \Delta x_1 + f(\xi_2) \Delta x_2 + \cdots + f(\xi_n) \Delta x_n = \sum_{i=1}^{n} f(\xi_i) \Delta x_i.$$

(4) 取极限:各小区间的长度越小,上面的近似值越精确.令 $\lambda = \max_{1 \leqslant i \leqslant n} \{\Delta x_i\}$,当分点的个数 n 无限增多且 $\lambda \to 0$ 时,和式 $\sum_{i=1}^{n} f(\xi_i) \Delta x_i$ 的极限就是曲边梯形的面积 A,即
$$A = \lim_{\lambda \to 0} \sum_{i=1}^{n} f(\xi_i) \Delta x_i.$$

2. 引例 2(变速直线运动的路程)

设一物体作变速直线运动,已知速度 $v = v(t)$ 是时间 t 的连续函数,且 $v(t) \geqslant 0$,要求物体从时刻 $t = a$ 到时刻 $t = b$ 这一段时间内,即在时间段 $[a, b]$ 上,所走过的路程 s.解决这个问题的方法与上面求曲边梯形面积的方法相似,仍然采用分割的方法.

(1) 分割

在时间间隔 $[a, b]$ 内任意插入 $n - 1$ 个分点
$$a = t_0 < t_1 < \cdots < t_{n-1} < t_n = b,$$
把区间 $[a, b]$ 分成 n 个小区间
$$[t_0, t_1], [t_1, t_2], \cdots, [t_{n-1}, t_n],$$
第 i 个小区间的长度为 $\Delta t_i = t_i - t_{i-1} (i = 1, 2, \cdots, n)$,相应地,物体在每小段时间间隔内经过的路程分别记作 $\Delta s_1, \Delta s_2, \cdots, \Delta s_n$.

(2) 近似:在小区间 $[t_{i-1}, t_i]$ 上任取一点 ξ_i,用速度 $v(\xi_i)$ 近似代替物体在 $[t_{i-1}, t_i]$ 上各个时刻的速度,则有
$$\Delta s_i \approx v(\xi_i) \Delta t_i (i = 1, 2, \cdots, n).$$

(3) 求和:将所有这些近似值求和,得到总路程的近似值,即
$$s \approx v(\xi_1) \Delta t_1 + v(\xi_2) \Delta t_2 + \cdots + v(\xi_n) \Delta t_n = \sum_{i=1}^{n} v(\xi_i) \Delta t_i.$$

(4) 取极限:各小区间的长度越小,上面的近似值越精确.令 $\lambda = \max_{1 \leqslant i \leqslant n} \{\Delta t_i\}$,当分点的个数 n 无限增多且 $\lambda \to 0$ 时,和式 $\sum_{i=1}^{n} v(\xi_i) \Delta t_i$ 的极限便是所求的路程 s.即
$$s = \lim_{\lambda \to 0} \sum_{i=1}^{n} v(\xi_i) \Delta t_i.$$

从上面两个例子可以看出,虽然二者的实际意义不同,但是解决问题的方法和步骤却是相同的,最后都归结为同一种结构的和式极限问题.抛开实际问题的具体意义,抓住它们在数量关系上共同的本质与特征加以概括,就可以抽象出定积分的定义.

5.1.2 定积分的定义

定义 5.1 设函数 $f(x)$ 在区间 $[a,b]$ 上有界,在 $[a,b]$ 中任意插入若干个分点
$$a = x_0 < x_1 < x_2 < \cdots < x_{n-1} < x_n = b,$$
把区间 $[a,b]$ 分成 n 个小区间
$$[x_0,x_1],[x_1,x_2],\cdots,[x_{n-1},x_n],$$
各个小区间的长度依次记为
$$\Delta x_1 = x_1 - x_0, \Delta x_2 = x_2 - x_1, \cdots, \Delta x_n = x_n - x_{n-1}.$$
在每个小区间 $[x_{i-1},x_i]$ 上任取一点 $\xi_i(x_{i-1} \leqslant \xi_i \leqslant x_i)$,作函数值 $f(\xi_i)$ 与小区间长度 Δx_i 的乘积 $f(\xi_i)\Delta x_i (i=1,2,\cdots,n)$,并作出和
$$S = \sum_{i=1}^{n} f(\xi_i)\Delta x_i.$$
记 $\lambda = \max\limits_{1 \leqslant i \leqslant n}\{\Delta x_i\}$,不论对 $[a,b]$ 怎样分法,也不论在小区间 $[x_{i-1},x_i]$ 上点 ξ_i 怎样取法,只要当 $\lambda \to 0$ 时,和 S 总趋于确定的极限 I,这时我们称这个极限 I 为函数 $f(x)$ 在区间 $[a,b]$ 上的**定积分**,记作 $\int_a^b f(x)\mathrm{d}x$,即
$$\int_a^b f(x)\mathrm{d}x = \lim_{\lambda \to 0}\sum_{i=1}^{n}f(\xi_i)\Delta x_i,$$
其中 $f(x)$ 称为**被积函数**,$f(x)\mathrm{d}x$ 称为**被积表达式**,x 称为积分变量,a 称为**积分下限**,b 称为**积分上限**,$[a,b]$ 称为**积分区间**.如果 $f(x)$ 在 $[a,b]$ 上的定积分存在,称 $f(x)$ 在 $[a,b]$ 上可积.

根据定积分的定义,前面所讨论的两个问题可分别表述如下:

曲线 $y=f(x)(f(x)\geqslant 0)$,直线 $x=a$、$x=b$ 与 Ox 轴所围成的曲边梯形的面积 A 等于函数 $f(x)$ 在区间 $[a,b]$ 上的定积分,即
$$A = \int_a^b f(x)\mathrm{d}x.$$

物体作变速直线运动(速度 $v(t) \geqslant 0$),从时刻 $t=a$ 到时刻 $t=b$ 这一段时间内所走过的路程 s 等于函数 $v(x)$ 在区间 $[a,b]$ 上的定积分,即
$$s = \int_a^b v(t)\mathrm{d}t.$$

关于定积分的定义作以下几点说明:

(1) 定积分是一个确定的常数,它取决于被积函数 $f(x)$ 和积分区间 $[a,b]$,而与积分变量使用的字母的选取无关,即
$$\int_a^b f(x)\mathrm{d}x = \int_a^b f(t)\mathrm{d}t = \int_a^b f(u)\mathrm{d}u.$$

(2) 在定积分定义中,下限 a 是小于上限 b 的,当 $a > b$ 时,约定
$$\int_a^b f(x)\mathrm{d}x = -\int_b^a f(x)\mathrm{d}x;$$

当 $a=b$ 时,规定

$$\int_a^b f(x)\mathrm{d}x = 0.$$

函数 $f(x)$ 在 $[a,b]$ 上满足怎样的条件,$f(x)$ 在 $[a,b]$ 上一定可积呢?关于这个问题有下面两个定理.

定理 5.1 设 $f(x)$ 在区间 $[a,b]$ 上连续,则 $f(x)$ 在 $[a,b]$ 上可积.

定理 5.2 设 $f(x)$ 在区间 $[a,b]$ 上有界,且只有有限个间断点,则 $f(x)$ 在 $[a,b]$ 上可积.

由于初等函数在其定义区间内都是连续的,所以,由定理 5.1 可知初等函数在其定义区间上都是可积的.

5.1.3 定积分的几何意义

由定积分的定义及 5.1.1 节引例 1,容易知道定积分有如下几何意义:

当 $f(x) \geqslant 0$ 时,定积分 $\int_a^b f(x)\mathrm{d}x$ 的值,在几何上表示由曲线 $y=f(x)$,直线 $x=a$、$x=b$ 与 Ox 轴所围成的曲边梯形的面积 A,见图 5-2 所示,即

$$\int_a^b f(x)\mathrm{d}x = A.$$

当 $f(x) \leqslant 0$ 时,由曲线 $y=f(x)$,直线 $x=a$、$x=b$ 与 Ox 轴所围成的曲边梯形位于 Ox 轴下方,此时定积分 $\int_a^b f(x)\mathrm{d}x$ 是个负数,与曲边梯形面积相差一个负号,其绝对值等于曲边梯形的面积,如图 5-3 所示.

$$\int_a^b f(x)\mathrm{d}x = -A.$$

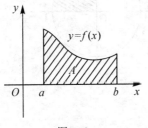

图 5-2

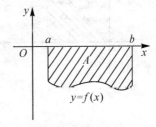

图 5-3

当 $f(x)$ 在区间 $[a,b]$ 上有时为正,有时为负时,则曲线 $y=f(x)$ 有时在 Ox 轴上方,有时在 Ox 轴下方,这时定积分 $\int_a^b f(x)\mathrm{d}x$ 表示介于 Ox 轴、曲线 $y=f(x)$ 及直线 $x=a$、$x=b$ 之间的各部分面积的代数和,如图 5-4 所示.

$$\int_a^b f(x)\mathrm{d}x = A_1 - A_2 + A_3.$$

其中 A_1,A_2,A_3 分别是图 5-4 中三个曲边梯形的面积,它们都是正数.

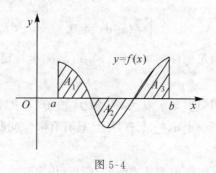

图 5-4

例 5-1 利用定积分的几何意义确定下列定积分的值.

(1) $\int_0^1 x \, dx$； (2) $\int_0^1 \sqrt{1-x^2} \, dx$.

解 (1) $\int_0^1 x \, dx$ 的几何意义表示图 5-5 中阴影部分所示的直角三角形的面积, 而两条直角边长分别为 1 与 1, 故定积分

$$\int_0^1 x \, dx = \frac{1}{2} \times 1 \times 1 = \frac{1}{2}.$$

(2) $\int_0^1 \sqrt{1-x^2} \, dx$ 的几何意义表示图 5-6 中阴影部分所示的半径为 1 的 1/4 圆的面积, 故

$$\int_0^1 \sqrt{1-x^2} \, dx = \frac{1}{4} \times \pi \times 1^2 = \frac{\pi}{4}.$$

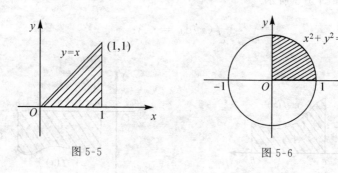

图 5-5   图 5-6

5.1.4 定积分的性质

下面介绍定积分的性质, 它们是定积分进行计算和估计积分值的基础. 假定性质中所列出的定积分都是存在的.

性质 5.1 两个函数代数和的定积分等于各函数定积分的代数和, 即

$$\int_a^b [f(x) \pm g(x)] \, dx = \int_a^b f(x) \, dx \pm \int_a^b g(x) \, dx.$$

这一性质可以推广到任意有限多个函数代数和的情形.

性质 5.2 被积表达式中的常数因子可以提到积分符号前面, 即

$$\int_a^b kf(x)\mathrm{d}x = k\int_a^b f(x)\mathrm{d}x.$$

性质 5.3 对任意的点 c,有
$$\int_a^b f(x)\mathrm{d}x = \int_a^c f(x)\mathrm{d}x + \int_c^b f(x)\mathrm{d}x.$$

c 的任意性意味着不论 c 是在 $[a,b]$ 之内,还是 c 在 $[a,b]$ 之外,这个性质均成立. 这个性质表明定积分对于积分区间具有可加性.

性质 5.4 如果在区间 $[a,b]$ 上 $f(x) \equiv 1$,则
$$\int_a^b 1\mathrm{d}x = \int_a^b \mathrm{d}x = b - a.$$

性质 5.5 如果在区间 $[a,b]$ 上有 $f(x) \geqslant g(x)$,则
$$\int_a^b f(x)\mathrm{d}x \geqslant \int_a^b g(x)\mathrm{d}x.$$

特别地,当 $f(x) \geqslant 0$ 时,$\int_a^b f(x)\mathrm{d}x \geqslant 0$.

性质 5.6(积分估值定理) 如果函数 $f(x)$ 在区间 $[a,b]$ 上有最大值 M 和最小值 m,则
$$m(b-a) \leqslant \int_a^b f(x)\mathrm{d}x \leqslant M(b-a).$$

证 因为 $m \leqslant f(x) \leqslant M$,所以由性质 5.5 得
$$\int_a^b m\mathrm{d}x \leqslant \int_a^b f(x)\mathrm{d}x \leqslant \int_a^b M\mathrm{d}x,$$

再由性质 5.2 和性质 5.4,即得要证明的不等式.

性质 5.7(积分中值定理) 如果函数 $f(x)$ 在区间 $[a,b]$ 上连续,则在区间 $[a,b]$ 上至少存在一点 ξ,使得
$$\int_a^b f(x)\mathrm{d}x = f(\xi)(b-a).$$

这个公式称为积分中值公式.

证 因为 $f(x)$ 在 $[a,b]$ 上连续,所以 $f(x)$ 在 $[a,b]$ 上有最大值 M 和最小值 m,由性质 5.6 得
$$m(b-a) \leqslant \int_a^b f(x)\mathrm{d}x \leqslant M(b-a),$$

从而有
$$m \leqslant \frac{1}{b-a}\int_a^b f(x)\mathrm{d}x \leqslant M,$$

由连续函数介值定理的推论可知,至少存在一点 $\xi(a \leqslant \xi \leqslant b)$,使得
$$f(\xi) = \frac{1}{b-a}\int_a^b f(x)\mathrm{d}x,$$

即
$$\int_a^b f(x)\mathrm{d}x = f(\xi)(b-a).$$

显然,积分中值公式
$$\int_a^b f(x)\mathrm{d}x = f(\xi)(b-a) \quad (\xi \text{ 在 } a \text{ 与 } b \text{ 之间})$$

不论 $a<b$ 或 $a>b$ 都是成立的.

积分中值定理有如下几何意义:在区间$[a,b]$上至少存在一点 ξ,使得以$[a,b]$为底边、以连续曲线 $y=f(x)(f(x)\geqslant 0)$ 为曲边的曲边梯形的面积等于同一底边而高为 $f(\xi)$ 的一个矩形的面积,如图 5-7 所示. 称

$$f(\xi)=\frac{1}{b-a}\int_a^b f(x)\mathrm{d}x$$

为函数 $f(x)$ 在区间$[a,b]$上的平均值.

上面公式对求有限个数的平均值作了推广,解决了如何求一个连续变化的量的平均值问题.

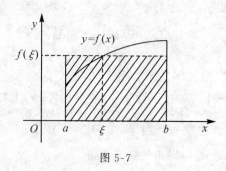

图 5-7

例 5-2 比较下列各对积分值的大小.

(1) $\int_0^1 x\mathrm{d}x$ 与 $\int_0^1 x^2\mathrm{d}x$； (2) $\int_0^1 8^x\mathrm{d}x$ 与 $\int_0^1 4^x\mathrm{d}x$.

解 (1) 因为 $x\in[0,1]$ 时,$x\geqslant x^2$,所以由性质 5.5 得

$$\int_0^1 x\mathrm{d}x\geqslant\int_0^1 x^2\mathrm{d}x.$$

(2) 因为 $x\in[0,1]$ 时,$8^x\geqslant 4^x$,所以由性质 5.5 得

$$\int_0^1 8^x\mathrm{d}x\geqslant\int_0^1 4^x\mathrm{d}x.$$

例 5-3 估计定积分 $\int_1^2 \mathrm{e}^x\mathrm{d}x$ 的值.

解 因为 $f(x)=\mathrm{e}^x$ 在$[1,2]$上连续且单调增加,于是 $f(x)$ 在$[1,2]$上有最小值 $m=f(1)=\mathrm{e}^1=\mathrm{e}$,最大值 $M=f(2)=\mathrm{e}^2$. 由性质 5.6 有

$$\mathrm{e}\cdot(2-1)\leqslant\int_1^2 \mathrm{e}^x\mathrm{d}x\leqslant \mathrm{e}^2\cdot(2-1),$$

即

$$\mathrm{e}\leqslant\int_1^2 \mathrm{e}^x\mathrm{d}x\leqslant \mathrm{e}^2.$$

习题 5-1

1. 利用定积分的几何意义,说明下列等式成立:

(1) $\int_0^2(x+1)\mathrm{d}x=4$； (2) $\int_{-\pi}^{\pi}\sin x\mathrm{d}x=0$；

(3) $\int_0^a \sqrt{a^2 - x^2}\,\mathrm{d}x = \dfrac{\pi}{4}a^2$;   (4) $\int_1^2 3\mathrm{d}x = 3$.

2. 不计算定积分的值,比较下列各对定积分的大小:

(1) $\int_1^2 x^2 \mathrm{d}x$ 与 $\int_1^2 x^3 \mathrm{d}x$;   (2) $\int_0^1 x^2 \mathrm{d}x$ 与 $\int_0^1 x^3 \mathrm{d}x$;

(3) $\int_1^2 \ln x \mathrm{d}x$ 与 $\int_1^2 (\ln x)^2 \mathrm{d}x$;   (4) $\int_0^1 \mathrm{e}^x \mathrm{d}x$ 与 $\int_0^1 \mathrm{e}^{\frac{x}{2}} \mathrm{d}x$.

3. 利用定积分的性质,估计下列各定积分的数值(指出它介于哪两个数之间):

(1) $\int_1^3 (x^3 + 1) \mathrm{d}x$;   (2) $\int_{-1}^2 (4 - x^2) \mathrm{d}x$;

(3) $\int_0^{\frac{\pi}{2}} \mathrm{e}^{\sin x} \mathrm{d}x$;   (4) $\int_0^{2\pi} \dfrac{\mathrm{d}x}{10 + 3\cos x}$.

5.2 微积分基本公式

定积分是一种和式的极限,表面上看它与不定积分是完全不同的两个概念,而实际上它们是有联系的.本节介绍的牛顿 - 莱布尼兹(Newton-Leibniz)公式,把定积分与原函数联系起来,揭示了定积分与不定积分之间的内在联系,从而使定积分的计算问题得到解决.

5.2.1 变上限的定积分

设函数 $f(x)$ 在区间 $[a,b]$ 上连续,对于任意 $x \in [a,b]$,$f(x)$ 在区间 $[a,x]$ 上也连续,所以函数 $f(x)$ 在 $[a,x]$ 上也可积. 显然对于 $[a,b]$ 上的每一个 x 的取值,都有唯一对应的定积分 $\int_a^x f(x)\mathrm{d}x$ 和 x 对应,因此 $\int_a^x f(x)\mathrm{d}x$ 是定义在 $[a,b]$ 上的函数,称为**变上限的定积分**或**积分上限函数**,记作 $\Phi(x)$. 因为定积分与积分变量所用字母无关,为了避免混淆,将积分变量用字母 t 表示,则有

$$\Phi(x) = \int_a^x f(t)\mathrm{d}t, a \leqslant x \leqslant b.$$

定理 5.3   如果函数 $f(x)$ 在区间 $[a,b]$ 上连续,则积分上限函数

$$\Phi(x) = \int_a^x f(t)\mathrm{d}t$$

在 $[a,b]$ 上可导,并且它的导数

$$\Phi'(x) = \dfrac{\mathrm{d}}{\mathrm{d}x}\int_a^x f(t)\mathrm{d}t = f(x), (a \leqslant x \leqslant b).$$

这说明 $\Phi(x)$ 是连续函数 $f(x)$ 在区间 $[a,b]$ 上的一个原函数,把它写成下面定理.

定理 5.4(原函数存在定理)   如果 $f(x)$ 在区间 $[a,b]$ 上连续,则它的原函数一定存在,且其中的一个原函数为

$$\Phi(x) = \int_a^x f(t)\mathrm{d}t.$$

这个定理一方面肯定了闭区间 $[a,b]$ 上连续函数 $f(x)$ 一定有原函数,并给出了原函数的具体形式(深化了第 4 章 4.1 节定理 4.1),另一方面初步揭示了积分学中的定积分与原函数之间的联系,为下一步研究微积分基本公式奠定了基础.

例 5-4 求 $\dfrac{d}{dx}\displaystyle\int_0^x \sin t\, dt$.

解 由定理 5.3 得
$$\dfrac{d}{dx}\int_0^x \sin t\, dt = \sin x.$$

例 5-5 求 $\dfrac{d}{dx}\displaystyle\int_x^6 (e^t+t)\, dt$.

解 为用定理 5.3，先将积分的上、下限交换位置，使求导的变量变为积分上限，
$$\int_x^6 (e^t+t)\, dt = -\int_6^x (e^t+t)\, dt.$$
所以
$$\dfrac{d}{dx}\int_x^6 (e^t+t)\, dt = \dfrac{d}{dx}\left(-\int_6^x (e^t+t)\, dt\right) = -(e^x+x).$$

例 5-6 求 $\dfrac{d}{dx}\displaystyle\int_a^{x^2} \sin t^2\, dt$.

解 积分上限是 x 的函数，所以变上限积分是以 $u(u=x^2)$ 为中间变量的复合函数，故由定理 5.3 和复合函数求导法则，得
$$\dfrac{d}{dx}\int_a^{x^2} \sin t^2\, dt = \left(\dfrac{d}{du}\int_a^u \sin t^2\, dt\right)\cdot (x^2)' = \sin u^2 \cdot 2x = 2x\sin x^4.$$

一般地，如果 $f(x)$ 为连续函数，$u(x)$ 为可导函数，则
$$\dfrac{d}{dx}\int_a^{u(x)} f(t)\, dt = f[u(x)]\cdot u'(x).$$

例 5-7 求 $\displaystyle\lim_{x\to 0}\dfrac{1}{x^2}\int_0^x \ln(1+t)\, dt$.

解 当 $x\to 0$ 时，此极限为 $\dfrac{0}{0}$ 型不定式，两次利用洛必达法则有
$$\lim_{x\to 0}\dfrac{1}{x^2}\int_0^x \ln(1+t)\, dt = \lim_{x\to 0}\dfrac{\int_0^x \ln(1+t)\, dt}{x^2} = \lim_{x\to 0}\dfrac{\ln(1+x)}{2x} = \lim_{x\to 0}\dfrac{\dfrac{1}{1+x}}{2} = \dfrac{1}{2}.$$

5.2.2 微积分基本公式

定理 5.5 如果函数 $f(x)$ 在区间 $[a,b]$ 上连续，且 $F(x)$ 是 $f(x)$ 的任意一个原函数，则
$$\int_a^b f(x)\, dx = F(b) - F(a). \tag{5-1}$$

证 已知 $F(x)$ 是 $f(x)$ 的一个原函数，又由定理 5.4 知，$\Phi(x) = \displaystyle\int_a^x f(t)\, dt$ 也是 $f(x)$ 在区间 $[a,b]$ 内的一个原函数，则 $\Phi(x)$ 与 $F(x)$ 相差一个常数 C，即
$$\Phi(x) = \int_a^x f(t)\, dt = F(x) + C. \tag{5-2}$$

将 $x=a$ 代入式 (5-2)，注意到 $\Phi(a) = \displaystyle\int_a^a f(t)\, dt = 0$，所以 $C = -F(a)$，于是由式 (5-2) 可得
$$\int_a^x f(t)\, dt = F(x) - F(a). \tag{5-3}$$

再将 $x=b$ 代入(5-3)式,即得
$$\int_a^b f(x)\mathrm{d}x = F(b)-F(a).$$

为方便起见,通常把 $F(b)-F(a)$ 简记为 $F(x)|_a^b$ 或 $[F(x)]_a^b$,所以式(5-1)可改写为
$$\int_a^b f(x)\mathrm{d}x = F(x)|_a^b = F(b)-F(a)$$

式(5-1)称为牛顿-莱布尼兹(Newton-Leibniz)公式,又称为微积分基本公式.

定理 5.5 揭示了定积分与被积函数的原函数之间的内在联系,它把求定积分的问题转化为求原函数的问题.确切地说,要求连续函数 $f(x)$ 在区间 $[a,b]$ 上的定积分,只需要求出 $f(x)$ 在区间 $[a,b]$ 上的一个原函数 $F(x)$,然后计算 $F(b)-F(a)$ 就可以了.

例 5-8 计算 $\int_0^1 x^2 \mathrm{d}x$.

解 因为 $\int x^2 \mathrm{d}x = \frac{1}{3}x^3 + C$,所以,由牛顿-莱布尼兹公式,得
$$\int_0^1 x^2 \mathrm{d}x = \frac{1}{3}x^3 \Big|_0^1 = \frac{1}{3}\times 1^3 - \frac{1}{3}\times 0^3 = \frac{1}{3}.$$

例 5-9 计算 $\int_2^6 \frac{1}{x}\mathrm{d}x$.

解 $\int_2^6 \frac{1}{x}\mathrm{d}x = \ln|x| \Big|_2^6 = \ln 6 - \ln 2 = \ln 3.$

例 5-10 计算 $\int_0^\pi \sqrt{1-\sin^2 x}\,\mathrm{d}x$.

解
$$\int_0^\pi \sqrt{1-\sin^2 x}\,\mathrm{d}x = \int_0^\pi |\cos x|\,\mathrm{d}x = \int_0^{\frac{\pi}{2}} \cos x\,\mathrm{d}x - \int_{\frac{\pi}{2}}^\pi \cos x\,\mathrm{d}x$$
$$= \sin x \Big|_0^{\frac{\pi}{2}} - \sin x \Big|_{\frac{\pi}{2}}^\pi = 2.$$

例 5-11 计算 $\int_{-1}^3 |2-x|\,\mathrm{d}x$.

解 此题要先去掉绝对值符号后才能计算积分.因为
$$|2-x| = \begin{cases} 2-x, & x<2, \\ x-2, & x\geqslant 2, \end{cases}$$

所以
$$\int_{-1}^3 |2-x|\,\mathrm{d}x = \int_{-1}^2 |2-x|\,\mathrm{d}x + \int_2^3 |2-x|\,\mathrm{d}x$$
$$= \int_{-1}^2 (2-x)\,\mathrm{d}x + \int_2^3 (x-2)\,\mathrm{d}x$$
$$= \left(2x - \frac{1}{2}x^2\right)\Big|_{-1}^2 + \left(\frac{1}{2}x^2 - 2x\right)\Big|_2^3 = \frac{9}{2} + \frac{1}{2} = 5.$$

例 5-12 汽车以每小时 36km 速度行驶,到某处需要减速停车.设汽车以等加速度 $a=-5\mathrm{m/s}^2$ 刹车.问从开始到停车,汽车驶过了多少距离?

解 首先计算开始刹车到停止所需的时间.设开始刹车的时刻为 $t=0$,此时汽车的速度为 $v_0 = 36\mathrm{km/h} = 10\mathrm{m/s}$.刹车后汽车减速行驶,由匀加速运动公式,速度为 $v(t) = v_0 + at = 10-5t$.汽车停住时,速度 $v(t)=0$,故由 $v(t)=10-5t=0$,得 $t=2(\mathrm{s})$.于是在这段

时间内,汽车驶过的距离为

$$s = \int_0^2 v(t)\mathrm{d}t = \int_0^2 (10-5t)\mathrm{d}t = \left(10t - 5 \times \frac{t^2}{2}\right)\Big|_0^2 = 10(\mathrm{m}),$$

即在刹车后,汽车需驶过 10m 才能停住.

习题 5-2

1. 求下列函数的导数:

(1) $y = \int_1^x \frac{e^t \mathrm{d}t}{t^2+1}$;

(2) $y = \int_x^0 \sin t^2 \mathrm{d}t$;

(3) $y = \int_{\sqrt{x}}^1 \sqrt{1+t^2} \mathrm{d}t$;

(4) $y = \int_{\sin x}^{\cos x} t \mathrm{d}t$.

2. 求下列极限:

(1) $\lim\limits_{x \to 0} \dfrac{\int_0^x \cos t^2 \mathrm{d}t}{x}$;

(2) $\lim\limits_{x \to 0} \dfrac{\int_0^x 2t\cos t \mathrm{d}t}{1-\cos x}$.

3. 计算下列定积分:

(1) $\int_0^2 x^3 \mathrm{d}x$;

(2) $\int_1^e \dfrac{\mathrm{d}x}{x}$;

(3) $\int_0^{\frac{\pi}{4}} \cos x \mathrm{d}x$;

(4) $\int_{\frac{1}{\sqrt{3}}}^{\sqrt{3}} \dfrac{\mathrm{d}x}{1+x^2}$;

(5) $\int_0^1 \dfrac{1}{\sqrt{4-x^2}} \mathrm{d}x$;

(6) $\int_1^2 \left(x+\dfrac{1}{x}\right)^2 \mathrm{d}x$;

(7) $\int_0^1 |2x-1| \mathrm{d}x$;

(8) $\int_0^{2\pi} |\sin x| \mathrm{d}x$.

4. 设 $f(x) = \begin{cases} 4x-1, & x \leqslant \dfrac{\pi}{2}, \\ \sin x, & x > \dfrac{\pi}{2}, \end{cases}$ 求 $\int_0^\pi f(x)\mathrm{d}x$.

5.3 定积分的换元积分法和分部积分法

5.3.1 定积分的换元积分法

在 5.2 节中,我们已经看到牛顿-莱布尼兹公式将定积分计算问题归结为求原函数(或不定积分)问题.在第 4 章中应用换元积分法和分部积分法可以求一些函数的原函数,因此在一定条件下,可以用换元积分法和分部积分法来计算定积分.下面分别讨论.

定理 5.6 设函数 $f(x)$ 在区间 $[a,b]$ 上连续,函数 $x = \varphi(t)$ 满足条件:

(1) $x = \varphi(t)$ 在 $[\alpha,\beta]$(或 $[\beta,\alpha]$)上具有连续导数;

(2) 当 t 在 $[\alpha,\beta]$($[\beta,\alpha]$)上变化时,$x = \varphi(t)$ 的值在 $[a,b]$ 上变化;

(3) $a = \varphi(\alpha), b = \varphi(\beta)$,

则有

$$\int_a^b f(x)dx = \int_\alpha^\beta f[\varphi(t)]\varphi'(t)dt \qquad (5\text{-}4)$$

式(5-4) 称为定积分的换元积分公式.

式(5-4) 与不定积分换元法类似,它们的区别是:不定积分换元求出积分后,需将变量还原为 x;而定积分在换元的同时,积分限也相应地变化,求出原函数后不需将变量还原,而只要将新变量 t 的上、下限分别代入所求原函数中然后相减就行了.

例 5-13 计算 $\int_0^3 \dfrac{x}{\sqrt{1+x}}dx$.

解 设 $\sqrt{1+x}=t$,则 $x=t^2-1, dx=2tdt$,且当 $x=0$ 时,$t=1$;当 $x=3$ 时,$t=2$,于是

$$\int_0^3 \frac{x}{\sqrt{1+x}}dx = \int_1^2 \frac{t^2-1}{t}\cdot 2tdt = 2\int_1^2 (t^2-1)dt = 2(\frac{1}{3}t^3-t)\Big|_1^2 = \frac{8}{3}.$$

例 5-14 计算 $\int_0^{\ln 2} \sqrt{e^x-1}\,dx$.

解 设 $\sqrt{e^x-1}=t$,则 $x=\ln(1+t^2), dx=\dfrac{2t}{1+t^2}dt$,并且当 $x=0$ 时,$t=0$;当 $x=\ln 2$ 时,$t=1$.于是

$$\int_0^{\ln 2}\sqrt{e^x-1}\,dx = \int_0^1 t\cdot\frac{2t}{1+t^2}dt = \int_0^1 \frac{2t^2}{1+t^2}dt = 2\int_0^1\left(1-\frac{1}{1+t^2}\right)dt$$

$$= 2(t-\arctan t)\Big|_0^1 = 2-\frac{\pi}{2}.$$

例 5-15 计算 $\int_0^1 x^2\sqrt{1-x^2}\,dx$.

解 设 $x=\sin t$,则 $dx=\cos t\,dt$,并且当 $x=0$ 时,$t=0$;当 $x=1$ 时,$t=\dfrac{\pi}{2}$.于是

$$\int_0^1 x^2\sqrt{1-x^2}\,dx = \int_0^{\frac{\pi}{2}}\sin^2 t\cos^2 t\,dt = \frac{1}{4}\int_0^{\frac{\pi}{2}}\sin^2 2t\,dt$$

$$=\frac{1}{4}\int_0^{\frac{\pi}{2}}\frac{1}{2}(1-\cos 4t)dt$$

$$=\frac{1}{8}(t-\frac{1}{4}\sin 4t)\Big|_0^{\frac{\pi}{2}} = \frac{\pi}{16}.$$

换元公式(5-4)也可以反过来使用.为使用方便起见,把换元公式(5-4)中左右两边对调位置,同时把 t 改记为 x,而 x 改记为 t,得

$$\int_\alpha^\beta f[\varphi(x)]\varphi'(x)dx = \int_a^b f(t)dt.$$

这样,我们是用 $t=\varphi(x)$ 来引入新变量 t,而 $a=\varphi(\alpha), b=\varphi(\beta)$.

例 5-16 计算 $\int_0^{\frac{\pi}{2}}\cos^3 x\sin x\,dx$.

解 设 $t=\cos x$,则 $dt=-\sin x\,dx$,当 $x=0$ 时,$t=1$;当 $x=\dfrac{\pi}{2}$ 时,$t=0$,于是

$$\int_0^{\frac{\pi}{2}}\cos^3 x\sin x\,dx = \int_1^0 t^3\cdot(-dt) = \int_0^1 t^3 dt = \left[\frac{1}{4}t^4\right]_0^1 = \frac{1}{4}.$$

本例中,如果不明显标明新变量 t,那么定积分上、下限就不要变更. 现用这种方法写出计算过程如下:

$$\int_0^{\frac{\pi}{2}} \cos^3 x \sin x \, dx = -\int_0^{\frac{\pi}{2}} \cos^3 x \, d\cos x = \left(-\frac{1}{4}\cos^4 x\right)\bigg|_0^{\frac{\pi}{2}} = \frac{1}{4}.$$

例 5-17 计算 $\int_1^e \frac{\ln x}{x} dx$.

解 $\int_1^e \frac{\ln x}{x} dx = \int_1^e \ln x \, d(\ln x) = \frac{1}{2}(\ln x)^2 \bigg|_1^e = \frac{1}{2}.$

例 5-18 设 $f(x)$ 在区间 $[-a, a]$ 上连续,证明:

(1) 如果 $f(x)$ 为奇函数,则 $\int_{-a}^a f(x) dx = 0$;

(2) 如果 $f(x)$ 为偶函数,则 $\int_{-a}^a f(x) dx = 2\int_0^a f(x) dx.$

证 由定积分的可加性知

$$\int_{-a}^a f(x) dx = \int_{-a}^0 f(x) dx + \int_0^a f(x) dx. \tag{5-5}$$

对于定积分 $\int_{-a}^0 f(x) dx$,作代换 $x = -t$,得

$$\int_{-a}^0 f(x) dx = -\int_a^0 f(-t) dt = \int_0^a f(-t) dt = \int_0^a f(-x) dx. \tag{5-6}$$

将式(5-6)代入式(5-5)中得

$$\int_{-a}^a f(x) dx = \int_0^a f(-x) dx + \int_0^a f(x) dx = \int_0^a [f(x) + f(-x)] dx.$$

(1) 如果 $f(x)$ 为奇函数,即 $f(-x) = -f(x)$,于是

$$\int_{-a}^a f(x) dx = \int_0^a [f(x) + f(-x)] dx = 0.$$

(2) 如果 $f(x)$ 为偶函数,即 $f(-x) = f(x)$,于是

$$\int_{-a}^a f(x) dx = \int_0^a [f(x) + f(-x)] dx = 2\int_0^a f(x) dx.$$

利用例 5-18 的结论,常可简化计算奇函数、偶函数在对称于原点的区间上的定积分.

例 5-19 计算 $\int_{-1}^1 \frac{2 + \sin x}{1 + x^2} dx.$

解 因为 $\frac{2}{1+x^2}$ 为偶函数,$\frac{\sin x}{1+x^2}$ 为奇函数,所以

$$\int_{-1}^1 \frac{2 + \sin x}{1 + x^2} dx = \int_{-1}^1 \frac{2}{1 + x^2} dx + \int_{-1}^1 \frac{\sin x}{1 + x^2} dx$$

$$= 2\int_0^1 \frac{2}{1 + x^2} dx = 4\arctan x \bigg|_0^1 = \pi.$$

5.3.2 定积分的分部积分法

定理 5.7 设函数 $u = u(x)$ 和 $v = v(x)$ 在区间 $[a, b]$ 上有连续的导数,则有

$$\int_a^b u(x) dv(x) = u(x)v(x) \bigg|_a^b - \int_a^b v(x) du(x). \tag{5-7}$$

证 因为
$$d[u(x)v(x)] = v(x)du(x) + u(x)dv(x),$$
所以
$$u(x)dv(x) = d[u(x)v(x)] - v(x)du(x).$$
对上式两边在$[a,b]$上积分，有
$$\int_a^b u(x)dv(x) = \int_a^b d[u(x)v(x)] - \int_a^b v(x)du(x)$$
$$= u(x)v(x)\Big|_a^b - \int_a^b v(x)du(x).$$

式(5-7)称为定积分的分部积分公式. 用式(5-7)计算定积分时，选取$u(x)$的方式、方法与不定积分的分部积分法完全一样.

例 5-20 计算$\int_0^\pi x\sin x dx$.

解 $\int_0^\pi x\sin x dx = -\int_0^\pi x d\cos x = -x\cos x\Big|_0^\pi + \int_0^\pi \cos x dx = \pi + \sin x\Big|_0^\pi = \pi.$

例 5-21 计算$\int_1^e \ln x dx$.

解 $\int_1^e \ln x dx = x\ln x\Big|_1^e - \int_1^e x \cdot \frac{1}{x}dx = e - x\Big|_1^e = 1.$

例 5-22 计算$\int_0^{\frac{\pi}{2}} e^x\cos x dx$.

解 $\int_0^{\frac{\pi}{2}} e^x\cos x dx = \int_0^{\frac{\pi}{2}} e^x d\sin x = e^x\sin x\Big|_0^{\frac{\pi}{2}} - \int_0^{\frac{\pi}{2}} e^x\sin x dx$
$$= e^{\frac{\pi}{2}} + \int_0^{\frac{\pi}{2}} e^x d\cos x = e^{\frac{\pi}{2}} + (e^x\cos x)\Big|_0^{\frac{\pi}{2}} - \int_0^{\frac{\pi}{2}} e^x\cos x dx$$
$$= e^{\frac{\pi}{2}} - 1 - \int_0^{\frac{\pi}{2}} e^x\cos x dx.$$
故有
$$\int_0^{\frac{\pi}{2}} e^x\cos x dx = \frac{1}{2}(e^{\frac{\pi}{2}} - 1).$$

例 5-23 计算$\int_0^1 e^{\sqrt{x}}dx$.

解 令$\sqrt{x} = t$，则$x = t^2$，$dx = 2tdt$，当$x = 0$时，$t = 0$；当$x = 1$时，$t = 1$. 于是
$$\int_0^1 e^{\sqrt{x}}dx = 2\int_0^1 te^t dt = 2\int_0^1 t de^t = 2te^t\Big|_0^1 - 2\int_0^1 e^t dt$$
$$= 2e - 2e^t\Big|_0^1 = 2e - 2e + 2 = 2.$$

此题先利用换元积分法，然后应用分部积分法.

习题 5-3

1. 计算下列定积分：

(1) $\int_{-1}^1 \frac{x}{\sqrt{5-4x}}dx$；

(2) $\int_0^4 \frac{dx}{1+\sqrt{x}}$；

(3) $\int_0^1 \dfrac{e^x}{e^{2x}+1} dx$;

(4) $\int_0^{\frac{\pi}{2}} 3\cos^2 x \sin x \, dx$;

(5) $\int_1^e \dfrac{2+\ln x}{x} dx$;

(6) $\int_0^{\sqrt{2}} \dfrac{1}{\sqrt{4-x^2}} dx$;

(7) $\int_0^4 \sqrt{16-x^2} \, dx$;

(8) $\int_{-\frac{\pi}{4}}^{\frac{\pi}{4}} \dfrac{x}{1+\cos x} dx$.

2. 计算下列定积分：

(1) $\int_0^\pi x\cos x \, dx$;

(2) $\int_0^{\frac{\pi}{2}} x^2 \sin x \, dx$;

(3) $\int_0^{\frac{1}{2}} \arccos x \, dx$;

(4) $\int_0^1 x e^x \, dx$;

(5) $\int_{\frac{1}{2}}^e |\ln x| \, dx$;

(6) $\int_0^1 x \arctan x \, dx$.

3. 设 $f(x) = \begin{cases} 1+x^2, & x \leqslant 0, \\ e^x, & x > 0, \end{cases}$ 求 $\int_1^3 f(x-2) dx$.

5.4 广义积分

前面所讨论的定积分都是在有限积分区间和被积函数是有界的条件下进行的. 但是在实际问题中, 还会遇到积分区间为无穷区间或被积函数在有限区间上是无界函数的情况, 这两种情况下对定积分作出推广从而形成广义积分的概念, 而前面讨论的定积分称为常义积分.

5.4.1 无穷限的广义积分

定义 5.2 设函数 $f(x)$ 在区间 $[a, +\infty)$ 内连续, b 是区间 $[a, +\infty)$ 内的任意数值, 则称极限 $\lim\limits_{b \to +\infty} \int_a^b f(x) dx$ 为函数 $f(x)$ **在区间** $[a, +\infty)$ **内的广义积分**, 记作 $\int_a^{+\infty} f(x) dx$, 即

$$\int_a^{+\infty} f(x) dx = \lim_{b \to +\infty} \int_a^b f(x) dx \tag{5-8}$$

如果式(5-8)右边的极限存在, 则称广义积分 $\int_a^{+\infty} f(x) dx$ **收敛**; 如果式(5-8)右边的极限不存在, 则称广义积分 $\int_a^{+\infty} f(x) dx$ **发散**.

类似地, 设函数 $f(x)$ 在区间 $(-\infty, b]$ 内连续, 定义**函数 $f(x)$ 在区间 $(-\infty, b]$ 内的广义积分**为

$$\int_{-\infty}^b f(x) dx = \lim_{a \to -\infty} \int_a^b f(x) dx \tag{5-9}$$

如果式(5-9)右边的极限存在, 则称广义积分 $\int_{-\infty}^b f(x) dx$ **收敛**; 如果式(5-9)右边的极限不存在, 则称广义积分 $\int_{-\infty}^b f(x) dx$ **发散**.

设函数 $f(x)$ 在区间 $(-\infty, +\infty)$ 内连续, 还可定义**函数 $f(x)$ 在 $(-\infty, +\infty)$ 内的广义**

积分为
$$\int_{-\infty}^{+\infty} f(x)\mathrm{d}x = \int_{-\infty}^{a} f(x)\mathrm{d}x + \int_{a}^{+\infty} f(x)\mathrm{d}x. \tag{5-10}$$

其中 a 为任意实数,当且仅当式(5-10)右边两个积分同时收敛时,称广义积分 $\int_{-\infty}^{+\infty} f(x)\mathrm{d}x$ 收敛,否则称其发散.

上述广义积分统称为无穷限的广义积分.从无穷限的广义积分的定义可以直接得到这种广义积分的计算方法,即先求有限区间上的定积分,再取极限.

例 5-24 计算广义积分 $\int_{0}^{+\infty} \dfrac{1}{1+x^2}\mathrm{d}x$.

解 任取实数 $b > 0$,则
$$\int_{0}^{+\infty} \frac{1}{1+x^2}\mathrm{d}x = \lim_{b \to +\infty} \int_{0}^{b} \frac{1}{1+x^2}\mathrm{d}x = \lim_{b \to +\infty} \arctan x \mid_{0}^{b}$$
$$= \lim_{b \to +\infty} (\arctan b - \arctan 0) = \frac{\pi}{2}.$$

例 5-25 判定广义积分 $\int_{0}^{+\infty} \dfrac{x}{1+x^2}\mathrm{d}x$ 的敛散性.

解 $\int_{0}^{+\infty} \dfrac{x}{1+x^2}\mathrm{d}x = \lim_{b \to +\infty} \int_{0}^{b} \dfrac{x}{1+x^2}\mathrm{d}x = \lim_{b \to +\infty} \dfrac{1}{2} \int_{0}^{b} \dfrac{1}{1+x^2}\mathrm{d}(1+x^2)$
$$= \frac{1}{2} \lim_{b \to +\infty} \ln(1+x^2) \mid_{0}^{b} = \frac{1}{2} \lim_{b \to +\infty} \ln(1+b^2) = +\infty.$$

所以,广义积分 $\int_{0}^{+\infty} \dfrac{x}{1+x^2}\mathrm{d}x$ 发散.

为了书写方便,在计算广义积分的过程中常常直接利用牛顿-莱布尼兹公式的形式,即
$$\int_{a}^{+\infty} f(x)\mathrm{d}x = F(x)\mid_{a}^{+\infty} = F(+\infty) - F(a),$$
$$\int_{-\infty}^{b} f(x)\mathrm{d}x = F(x)\mid_{-\infty}^{b} = F(b) - F(-\infty),$$
$$\int_{-\infty}^{+\infty} f(x)\mathrm{d}x = F(x)\mid_{-\infty}^{+\infty} = F(+\infty) - F(-\infty),$$

其中 $F(x)$ 为 $f(x)$ 的一个原函数,$F(-\infty) = \lim_{x \to -\infty} F(x)$,$F(+\infty) = \lim_{x \to +\infty} F(x)$.

例 5-26 计算广义积分 $\int_{0}^{+\infty} x\mathrm{e}^{-x^2}\mathrm{d}x$.

解 $\int_{0}^{+\infty} x\mathrm{e}^{-x^2}\mathrm{d}x = \left(-\dfrac{1}{2}\mathrm{e}^{-x^2}\right)\Big|_{0}^{+\infty} = \lim_{x \to +\infty}\left(-\dfrac{1}{2}\mathrm{e}^{-x^2}\right) - \left(-\dfrac{1}{2}\mathrm{e}^{-0^2}\right) = \dfrac{1}{2}.$

例 5-27 讨论广义积分 $\int_{a}^{+\infty} \dfrac{1}{x^p}\mathrm{d}x (a > 0)$ 的敛散性.

解 当 $p = 1$ 时,
$$\int_{a}^{+\infty} \frac{1}{x^p}\mathrm{d}x = \int_{a}^{+\infty} \frac{1}{x}\mathrm{d}x = (\ln x)\mid_{a}^{+\infty} = +\infty.$$

当 $p \neq 1$ 时,

$$\int_a^{+\infty} \frac{1}{x^p}\mathrm{d}x = \left(\frac{x^{1-p}}{1-p}\right)\Big|_a^{+\infty} = \begin{cases} +\infty, & p < 1, \\ \dfrac{a^{1-p}}{p-1}, & p > 1. \end{cases}$$

因此,当 $p>1$ 时,该广义积分收敛,其值为 $\dfrac{a^{1-p}}{p-1}$;当 $p\leqslant 1$ 时,该广义积分发散.

5.4.2 无界函数的广义积分

定义 5.3 设函数 $f(x)$ 在区间 $(a,b]$ 内连续,且 $\lim\limits_{x\to a^+}f(x)=\infty$. 取 $A>a$,则称极限 $\lim\limits_{A\to a^+}\int_A^b f(x)\mathrm{d}x$ 为函数 $f(x)$ 在区间 $(a,b]$ 内的**广义积分**,记作 $\int_a^b f(x)\mathrm{d}x$,即

$$\int_a^b f(x)\mathrm{d}x = \lim_{A\to a^+}\int_A^b f(x)\mathrm{d}x. \tag{5-11}$$

如果式(5-11)右边的极限存在,则称广义积分 $\int_a^b f(x)\mathrm{d}x$ **收敛**,否则就称广义积分 $\int_a^b f(x)\mathrm{d}x$ **发散**.

类似地,设函数 $f(x)$ 在 $[a,b)$ 内连续,且 $\lim\limits_{x\to b^-}f(x)=\infty$. 取 $B<b$,**函数 $f(x)$ 在区间 $[a,b)$ 内的广义积分** $\int_a^b f(x)\mathrm{d}x$ 定义为

$$\int_a^b f(x)\mathrm{d}x = \lim_{A\to b^-}\int_a^B f(x)\mathrm{d}x. \tag{5-12}$$

如果式(5-12)右边的极限存在,则称广义积分 $\int_a^b f(x)\mathrm{d}x$ **收敛**,否则就称广义积分 $\int_a^b f(x)\mathrm{d}x$ **发散**.

设函数 $f(x)$ 在区间 $[a,b]$ 上除点 $c(a<c<b)$ 外连续,且 $\lim\limits_{x\to c}f(x)=\infty$,还可定义**广义积分**

$$\int_a^b f(x)\mathrm{d}x = \int_a^c f(x)\mathrm{d}x + \int_c^b f(x)\mathrm{d}x. \tag{5-13}$$

如果式(5-13)右边的两个广义积分都收敛,则称广义积分 $\int_a^b f(x)\mathrm{d}x$ **收敛**,否则称广义积分 $\int_a^b f(x)\mathrm{d}x$ **发散**.

上述广义积分统称为无界函数的广义积分. 无界函数广义积分的计算方法与无穷限的广义积分的计算方法相同,先计算相应的常义积分,再计算相应的极限.

计算无界函数的广义积分过程中,为了书写方便,也可直接利用牛顿 - 莱布尼兹公式的形式. 如,当 a 为无穷间断点时,

$$\int_a^b f(x)\mathrm{d}x = F(x)\Big|_{a+0}^b = F(b) - F(a+0),$$

这里 $F(x)$ 为 $f(x)$ 在 $(a,b]$ 内的一个原函数,$F(a+0) = \lim\limits_{x\to a^+}F(x)$.

例 5-28 计算广义积分 $\int_0^1 \dfrac{1}{\sqrt{1-x}}\mathrm{d}x$.

解 因为函数 $f(x)=\dfrac{1}{\sqrt{1-x}}$ 在 $[0,1)$ 上连续,且 $\lim\limits_{x\to 1^-}\dfrac{1}{\sqrt{1-x}}=+\infty$,即 $x=1$ 是被积

函数的无穷间断点,所以广义积分

$$\int_0^1 \frac{1}{\sqrt{1-x}} dx = \lim_{B \to 1^-} \int_0^B \frac{1}{\sqrt{1-x}} dx = \lim_{B \to 1^-} (-2\sqrt{1-x}) \Big|_0^B$$
$$= \lim_{B \to 1^-} (2 - 2\sqrt{1-B}) = 2.$$

例 5-29 讨论广义积分 $\int_a^b \frac{dx}{(x-a)^q}$ 的敛散性.

解 当 $q = 1$ 时,

$$\int_a^b \frac{dx}{(x-a)^q} = \int_a^b \frac{dx}{x-a} = \ln(x-a) \Big|_{a+0}^b = \ln(b-a) - \lim_{x \to a^+} \ln(x-a)$$
$$= \ln(b-a) - \lim_{x \to a^+} \ln(x-a) = +\infty.$$

当 $q \neq 1$ 时,

$$\int_a^b \frac{dx}{(x-a)^q} = \frac{(x-a)^{1-q}}{1-q} \Big|_{a+0}^b = \frac{(b-a)^{1-q}}{1-q} - \lim_{x \to a^+} \frac{(x-a)^{1-q}}{1-q}$$
$$= \begin{cases} \frac{(b-a)^{1-q}}{1-q}, & q < 1, \\ +\infty, & q > 1. \end{cases}$$

所以,当 $q < 1$ 时,该广义积分收敛,其值为 $\frac{(b-a)^{1-q}}{1-q}$;当 $q \geqslant 1$ 时,该广义积分发散.

例 5-30 判定广义积分 $\int_{-1}^1 \frac{1}{x^2} dx$ 的敛散性.

解 因为 $\lim_{x \to 0} \frac{1}{x^2} = +\infty$,即 $x = 0$ 是被积函数 $\frac{1}{x^2}$ 的无穷间断点,于是

$$\int_{-1}^1 \frac{1}{x^2} dx = \int_0^1 \frac{1}{x^2} dx + \int_{-1}^0 \frac{1}{x^2} dx.$$

由例 5-29 知广义积分 $\int_0^1 \frac{1}{x^2} dx$ 发散,从而广义积分 $\int_{-1}^1 \frac{1}{x^2} dx$ 发散.

注意,此例若忽略 $x = 0$ 是被积函数的无穷间断点,直接用牛顿-莱布尼兹公式,就会得到下面的错误结果:

$$\int_{-1}^1 \frac{1}{x^2} dx = -\frac{1}{x} \Big|_{-1}^1 = -2.$$

当一个积分的积分区间为无穷,同时被积函数又无界时,如何来计算?可以把这个积分拆成几个积分,使每一个积分只是单纯的无穷限或单纯的被积函数无界的广义积分,然后再分别计算这些积分.

习题 5-4

判断下列广义积分的敛散性,若收敛求其值:

(1) $\int_0^{+\infty} \sin x \, dx$;

(2) $\int_1^{+\infty} \frac{1}{x} dx$;

(3) $\int_1^{+\infty} \frac{1}{x^4} dx$;

(4) $\int_0^{+\infty} e^{-ax} dx \, (a > 0)$;

(5) $\int_{-\infty}^{+\infty} \dfrac{\mathrm{d}x}{x^2+2x+2}$;

(6) $\int_0^1 \dfrac{x}{\sqrt{1-x^2}}\mathrm{d}x$;

(7) $\int_0^2 \dfrac{\mathrm{d}x}{(1-x)^2}$;

(8) $\int_1^2 \dfrac{\mathrm{d}x}{x\ln x}$.

5.5 定积分应用举例

定积分的应用很广泛.本节先介绍运用定积分解决实际问题的常用方法——微元法,然后讨论定积分在几何和经济上的一些应用.

5.5.1 定积分的微元法

为了说明定积分的微元法,先回顾 5.1 节求曲边梯形面积 A 的方法和步骤:

(1) 分割:把所求的量 A(面积)分割成许多部分量 ΔA_i,这需要选择一个被分割的变量 x 和被分割的区间 $[a,b]$.

(2) 近似:考察任一小区间 $[x_{i-1},x_i]$ 上 A 的部分量 ΔA_i 的近似值.在小区间 $[x_{i-1},x_i]$ 上,以小矩形面积 $f(\xi_i)\Delta x_i$ 代替小曲边梯形面积 ΔA_i,即 $\Delta A_i \approx f(\xi_i)\Delta x_i$.

(3) 求和:$A = \sum_{i=1}^{n} \Delta A_i \approx \sum_{i=1}^{n} f(\xi_i)\Delta x_i$.

(4) 逼近:取极限得 $A = \lim_{\lambda \to 0} \sum_{i=1}^{n} f(\xi_i)\Delta x_i = \int_a^b f(x)\mathrm{d}x$.

为使用起来方便,可将上述四步简化为三步,并简化记号和突出第二步,简化后的步骤如下:

(1) 选变量:选取变量 x 作为被分割的变量,也就是积分变量;并确定 x 的变化区间 $[a,b]$,也就是积分区间.

(2) 找微元:设想把区间 $[a,b]$ 分成 n 个小区间,略去下标,其中任一个小区间可用 $[x, x+\mathrm{d}x]$ 表示,小区间的长度 $\Delta x = \mathrm{d}x$,对应小区间 $[x, x+\mathrm{d}x]$ 的部分量记作 ΔA,并取 $\xi = x$,求出部分量 ΔA 的近似值 $\Delta A \approx f(x)\mathrm{d}x$.

近似值 $f(x)\mathrm{d}x$ 称为量 A(面积)的**微元**(或**元素**),记作 $\mathrm{d}A$,即 $\mathrm{d}A = f(x)\mathrm{d}x$.

(3) 列积分:以量 A(面积)的微元为被积表达式,在 $[a,b]$ 上积分,便得到所求量 A(面积),即

$$A = \int_a^b f(x)\mathrm{d}x.$$

如同上述这样把量 A(面积)表达为定积分的简化方法称为定积分的**微元法**(或**元素法**).用微元法求解实际问题的关键是求出所求量的微元.这要具体问题具体分析,一般可在代表性部分区间 $[x, x+\mathrm{d}x]$ 上以"常代变"、"直代曲"的思路,写出 $[x, x+\mathrm{d}x]$ 上所求量的近似值,即微元.

5.5.2 平面图形的面积

利用微元法易将下列图形面积表示为定积分.

由曲线 $y = f(x) \geqslant 0$,直线 $x = a$、$x = b$ 及 Ox 轴所围成的图形(图 5-8),其面积微元

$dA = f(x)dx$,面积为

$$A = \int_a^b f(x)dx. \tag{5-14}$$

由上下两条曲线 $y = f(x)$、$y = g(x)(f(x) \geqslant g(x))$,以及两直线 $x = a$、$x = b$ 所围成图形(图 5-9),其面积微元 $dA = [f(x) - g(x)]dx$,面积为

$$A = \int_a^b [f(x) - g(x)]dx. \tag{5-15}$$

类似地,由曲线 $x = \varphi(y) \geqslant 0$,直线 $y = c$、$y = d$ 及 Oy 轴所围成的图形(图 5-10),其面积微元 $dA = \varphi(y)dy$,面积为

$$A = \int_c^d \varphi(y)dy. \tag{5-16}$$

而由曲线 $x = \varphi(y)$、$x = \psi(x)(\varphi(y) \geqslant \psi(x))$,以及两直线 $y = c$、$y = d$ 所围成图形(图 5-11),其面积微元 $dA = [\varphi(y) - \psi(y)]dy$,面积为

$$A = \int_c^d (\varphi(y) - \psi(y))dy. \tag{5-17}$$

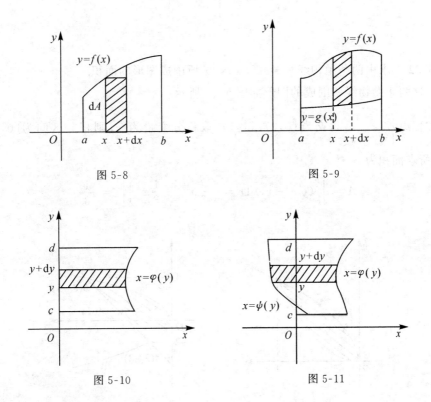

图 5-8　　　　图 5-9

图 5-10　　　　图 5-11

例 5-31　求椭圆 $\dfrac{x^2}{a^2} + \dfrac{y^2}{b^2} = 1$ 所围成的图形的面积.

解　由椭圆方程可得

$$y = \pm \frac{b}{a}\sqrt{a^2 - x^2}.$$

当取 y 正值时为椭圆上半部分的方程,取 y 负值时为椭圆下半部分的方程,如图 5-12 所

示. 设椭圆的面积为 A,它在第一象限的面积为 A_1,由椭圆的对称性和式(5-14)知椭圆的面积为

$$A = 4A_1 = 4\int_0^a y\,dx = 4\int_0^a \frac{b}{a}\sqrt{a^2-x^2}\,dx$$

$$= \frac{4b}{a}\int_0^a \sqrt{a^2-x^2}\,dx \left(\int \sqrt{a^2-x^2}\,dx = \frac{x}{2}\sqrt{a^2-x^2}+\frac{a^2}{2}\arcsin\frac{x}{a}\right)$$

$$= \frac{4b}{a}\cdot\frac{\pi a^2}{4} = \pi ab.$$

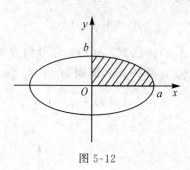

图 5-12

例 5-32 求由两条抛物线 $y=x^2, y^2=x$ 所围成图形的面积.

解 这两条抛物线所围成的图形如图 5-13 所示.

解方程组 $\begin{cases} y=x^2, \\ y^2=x, \end{cases}$ 得交点 $(0,0), (1,1)$. 取积分变量为 x,则积分区间为 $[0,1]$,由式 (5-15),所求面积为

$$A = \int_0^1 (\sqrt{x}-x^2)\,dx = \left(\frac{2}{3}x^{\frac{3}{2}}-\frac{1}{3}x^3\right)\bigg|_0^1 = \frac{1}{3}.$$

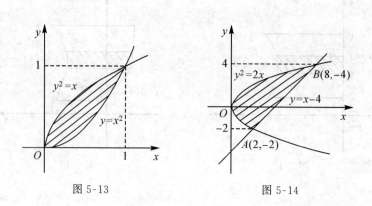

图 5-13   图 5-14

例 5-33 求曲线 $y^2=2x$ 与 $y=x-4$ 所围成图形的面积.

解 曲线 $y^2=2x$ 与 $y=x-4$ 所围成的图形如图 5-14 所示.

解方程组 $\begin{cases} y^2=2x, \\ y=x-4, \end{cases}$ 求出交点 $A(2,-2), B(8,4)$. 本题若以 x 为积分变量,计算比较

麻烦,需要将图形分成两部分,故选取 y 为积分变量,积分区间为 $[-2,4]$,由式(5-17),则所求面积为

$$A = \int_{-2}^{4} \left(y + 4 - \frac{1}{2}y^2 \right) \mathrm{d}y = \left(\frac{1}{2}y^2 + 4y - \frac{1}{6}y^3 \right) \Big|_{-2}^{4} = 18.$$

例 5-34 求由曲线 $y = \cos x$, $y = \sin x$ 和直线 $x = \pi$ 以及 y 轴所围成平面图形的面积.

解 如图 5-15 所示,曲线 $y = \cos x$ 与 $y = \sin x$ 的交点坐标为 $\left(\frac{\pi}{4}, \frac{\sqrt{2}}{2} \right)$,选取 x 作为积分变量,则积分区间为 $[0, \pi]$,于是由式(5-15),所求面积为

$$A = \int_{0}^{\frac{\pi}{4}} (\cos x - \sin x) \mathrm{d}x + \int_{\frac{\pi}{4}}^{\pi} (\sin x - \cos x) \mathrm{d}x$$
$$= (\sin x + \cos x) \Big|_{0}^{\frac{\pi}{4}} + (-\cos x - \sin x) \Big|_{\frac{\pi}{4}}^{\pi} = 2\sqrt{2}.$$

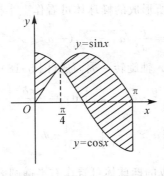

图 5-15

5.5.3 旋转体的体积

旋转体是一个平面图形绕这平面内的一条直线旋转一周而成的立体.这条直线叫做**旋转轴**.

设一旋转体是由连续曲线 $y = f(x) (f(x) \geqslant 0)$ 和直线 $x = a, x = b$ 及 x 轴所围成的曲边梯形绕 x 轴旋转一周而成(图 5-16).下面用微元法求其体积 V_x.

取 x 为积分变量,它的变化区间为 $[a, b]$.在 $[a, b]$ 上任取一小区间 $[x, x + \mathrm{d}x]$,相应的窄曲边梯形绕 x 轴旋转而成的薄片的体积近似于以 $f(x)$ 为底面圆半径,$\mathrm{d}x$ 为高的小圆柱体的体积,从而得到体积微元为

$$\mathrm{d}V = \pi [f(x)]^2 \mathrm{d}x,$$

于是,所求旋转体体积为

$$V_x = \pi \int_{a}^{b} [f(x)]^2 \mathrm{d}x. \tag{5-18}$$

类似地,由连续曲线 $x = \varphi(y) (\geqslant 0)$ 和直线 $y = c, y = d (c < d)$ 及 y 轴所围成的曲边梯形绕 y 轴旋转一周而成的旋转体(图 5-17)的体积为

$$V_y = \pi \int_{c}^{d} [\varphi(y)]^2 \mathrm{d}y. \tag{5-19}$$

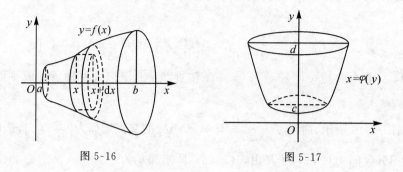

图 5-16　　　　　　　　　　图 5-17

例 5-35　求椭圆 $\dfrac{x^2}{a^2}+\dfrac{y^2}{b^2}=1$ 所围成的图形分别绕 x 轴和 y 轴旋转一周所形成的旋转体的体积.

解　椭圆绕 x 轴旋转一周所形成的椭球体可看作上半椭圆

$$y=\frac{b}{a}\sqrt{a^2-x^2},(-a\leqslant x\leqslant a)$$

与 x 轴围成的平面图形绕 x 轴旋转一周而成(图 5-18). 因此,由式(5-18),所求体积

$$V_x=\pi\int_{-a}^{a}\left(\frac{b}{a}\sqrt{a^2-x^2}\right)^2\mathrm{d}x=\frac{2\pi b^2}{a^2}\int_{0}^{a}(a^2-x^2)\mathrm{d}x$$

$$=\frac{2\pi b^2}{a^2}\left[a^2x-\frac{x^3}{3}\right]_0^a=\frac{4}{3}\pi ab^2.$$

椭圆绕 y 轴旋转一周所形成的椭球体可看作右半椭圆 $x=\dfrac{a}{b}\sqrt{b^2-y^2}(-b\leqslant y\leqslant b)$ 与 y 轴围成的平面图形绕 y 轴旋转一周而成(图 5-19). 因此,由式(5-19),所求体积

$$V_y=\pi\int_{-b}^{b}\left(\frac{a}{b}\sqrt{b^2-y^2}\right)^2\mathrm{d}y=\frac{2\pi a^2}{b^2}\int_{0}^{b}(b^2-y^2)\mathrm{d}y$$

$$=\frac{2\pi a^2}{b^2}\left[b^2y-\frac{y^3}{3}\right]_0^b=\frac{4}{3}\pi a^2 b.$$

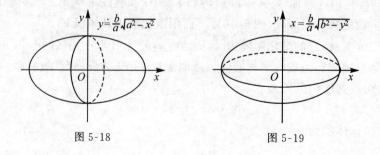

图 5-18　　　　　　　　　　图 5-19

当 $a=b=R$ 时,上述结果为 $V=\dfrac{4}{3}\pi R^3$,这就是大家所熟悉的球体的体积公式.

例 5-36　求由曲线 $y=2\sqrt{x}$ 与直线 $x=1$ 及 $y=0$ 围成的图形分别绕 x 轴和 y 轴旋转所形成立体的体积.

解 由式(5-18)，平面图形(图 5-20)绕 x 轴旋转而成的立体体积为

$$V_x = \pi \int_0^1 [2\sqrt{x}]^2 dx = 4\pi \int_0^1 x dx = 4\pi \left(\frac{1}{2}x^2\right)\bigg|_0^1 = 2\pi.$$

由图 5-20 可知，平面图形绕 y 轴旋转所成立体体积 V_y 是底面半径为 1 高为 2 的圆柱体的体积 V_1 与由曲线 $y = 2\sqrt{x}$ 与直线 $x = 0$ 及 $y = 2$ 所围成平面图形绕 y 轴旋转一周所成立体体积 V_2 之差。由圆柱体体积计算公式和式(5-19)，则有

$$V_y = V_1 - V_2 = \pi \times 1^2 \times 2 - \pi \int_0^2 \left(\frac{1}{4}y^2\right)^2 dy = 2\pi - \frac{\pi}{16} \times \frac{1}{5}y^5 \bigg|_0^2 = \frac{8}{5}\pi.$$

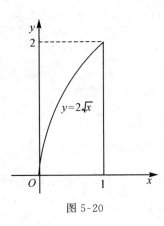

图 5-20

5.5.4 经济应用

在 3.6 节，我们学习了在已知经济函数(如成本函数、收益函数、利润函数)时，对其求导数得到边际函数(如边际成本、边际收益、边际利润)并进行经济分析。但在实际中往往还涉及已知边际函数，求原函数的问题。由边际函数求原函数是通过求积分来得到的。

已知边际成本函数 $C'(Q)$，则产量为 Q 时的总成本函数 $C(Q)$ 可用定积分表示为

$$C = C(Q) = \int_0^Q C'(Q)dQ + C_0, \tag{5-20}$$

上式右端第一项为变动成本，C_0 为固定成本。

当产量由 a 个单位变动到 b 个单位时，总成本的改变量为

$$\Delta C = \int_a^b C'(Q)dQ. \tag{5-21}$$

已知边际收益函数 $R'(Q)$，则销量为 Q 时的总收益函数 $R(Q)$ 可用定积分表示为

$$R = R(Q) = \int_0^Q R'(Q)dQ. \tag{5-22}$$

当销量由 a 个单位变动到 b 个单位时，总收益的改变量为

$$\Delta R = \int_a^b R'(Q)dQ. \tag{5-23}$$

已知边际利润(即边际收益与边际成本之差)，则产量(也即是销量)为 Q 时的总利润函数为

$$L = L(Q) = \int_0^Q (R'(Q) - C'(Q))dQ - C_0, \tag{5-24}$$

其中 C_0 为固定成本. 积分

$$\int_0^Q (R'(Q) - C'(Q))dQ$$

是不计固定成本下的利润函数.

当产量由 a 个单位变动到 b 个单位时,总利润的改变量为

$$\Delta L = \int_a^b (R'(Q) - C'(Q))dQ. \tag{5-25}$$

例 5-37 设某产品的边际成本函数和边际收益函数分别为:

$$C'(Q) = 2 - Q(\text{万元}/\text{台}),$$
$$R'(Q) = 20 - 4Q(\text{万元}/\text{台}),$$

又固定成本为 22 万元. 求:

(1) 总成本函数;
(2) 总收益函数;
(3) 总利润函数.

解 (1) 由式(5-20),总成本函数为

$$C(Q) = \int_0^Q C'(Q)dQ + C_0 = \int_0^Q (2-Q)dQ + 22$$
$$= \left(2Q - \frac{Q^2}{2}\right)\bigg|_0^Q + 22 = -\frac{Q^2}{2} + 2Q + 22(\text{万元}).$$

(2) 由式(5-22),总收益函数为

$$R(Q) = \int_0^Q (20 - 4Q)dQ = (20Q - 2Q^2)\big|_0^Q = 20Q - 2Q^2(\text{万元}).$$

(3) 总利润函数为

$$L(Q) = R(Q) - C(Q) = (20Q - 2Q^2) - \left(-\frac{Q^2}{2} + 2Q + 22\right)$$
$$= -\frac{3}{2}Q^2 + 18Q - 22(\text{万元}).$$

例 5-38 已知生产某产品 Q 个单位时的边际收入为 $R'(Q) = 100 - 2Q(\text{元}/\text{单位})$,求生产 40 个单位时的总收益及平均收益,并求再增加生产 10 个单位时所增加的总收益.

解 由式(5-22)

$$R(Q) = \int_0^Q R'(Q)dQ$$

直接求出

$$R(40) = \int_0^{40} (100 - 2Q)dQ = (100Q - Q^2)\big|_0^{40} = 2400(\text{元}).$$

平均收益是

$$\frac{R(40)}{40} = \frac{2400}{40} = 60(\text{元}).$$

由式(5-23),生产 40 个单位后再生产 10 个单位所增加的总收益是

$$\Delta R = R(50) - R(40) = \int_{40}^{50} R'(Q)dQ$$
$$= \int_{40}^{50} (100 - 2Q)dQ = (100Q - Q^2)\big|_{40}^{50} = 100(\text{元}).$$

例 5-39 已知某大型机器边际成本为 5(万元/台),边际收益为 $0.2Q+20$(万元/台),求产量从 10 台增加到 20 台时总成本函数 $C(Q)$、收益函数 $R(Q)$、利润函数 $L(Q)$ 的改变量.

解 由边际成本、边际收益、边际利润之间的关系可知
$$L'(Q) = R'(Q) - C'(Q) = 0.2Q + 15 (\text{万元}/\text{台}).$$

由式(5-21)、式(5-23)及式(5-25),产量从 10 台增加到 20 台时总成本函数 $C(Q)$、收益函数 $R(Q)$、利润函数 $L(Q)$ 的改变量分别为
$$C(20) - C(10) = \int_{10}^{20} 5 \mathrm{d}Q = 50(\text{万元}),$$
$$R(20) - R(10) = \int_{10}^{20} (0.2Q + 20) \mathrm{d}Q = 230(\text{万元}),$$
$$L(20) - L(10) = \int_{10}^{20} (0.2Q + 15) \mathrm{d}Q = 180(\text{万元}).$$

例 5-40 已知某工厂生产某种产品的边际成本为 $C'(Q)=2$(万元/百台),设固定成本为 0,边际收益为 $R'(Q)=7-2Q$(万元/百台).求:

(1)生产量为多少时,总利润 L 最大?最大总利润是多少?

(2)在总利润最大的生产量基础上又生产了 50 台,总利润减少多少?

解 (1)由式(5-20)和式(5-22),得
$$C(Q) = \int_0^Q C'(Q) \mathrm{d}Q + C_0 = \int_0^Q 2 \mathrm{d}Q = 2Q(\text{万元}),$$
$$R(Q) = \int_0^Q R'(Q) \mathrm{d}Q = \int_0^Q (7 - 2Q) \mathrm{d}Q = 7Q - Q^2(\text{万元}),$$

所以
$$L(Q) = R(Q) - C(Q) = 5Q - Q^2, L'(Q) = 5 - 2Q.$$

令 $L'(Q)=0$,得唯一驻点 $Q=2.5$,且有 $L''(Q)=-2<0$.故 $Q=2.5$ 即产量为 2.5 百台时,利润最大,最大利润为
$$L(2.5) = 5 \times 2.5 - (2.5)^2 = 6.25(\text{万元}).$$

(2)在 2.5 百台的基础上又生产了 50 台,即生产 3 百台,此时利润为
$$L(3) = 5 \times 3 - 3^2 = 6(\text{万元}).$$

即利润减少了 0.25 万元.

习题 5-5

1. 求由下列各曲线或直线所围成图形的面积:

(1) $xy=1, y=x, y=2$;

(2) $y=\cos x, y=\sin x, x=0, x=\dfrac{\pi}{2}$;

(3) $y=\mathrm{e}^x, y=\mathrm{e}^{-x}, x=1$;

(4) $y^2=x, y=x-2$;

(5) $y=x^2, y=2x-x^2$;

(6) $y=\sqrt{x}, y=x$;

(7) $y=\mathrm{e}^x, y=\mathrm{e}, x=0$;

(8) $y = \ln x, x = 0, y = \ln a, y = \ln b (b > a > 0)$;

(9) $y = 3 - x^2, y = 2x$.

2. 求正弦曲线弧 $y = \sin x (x \in [0, \pi])$ 与 x 轴所围成的图形绕 x 轴旋转所成立体的体积.

3. 求由抛物线 $y^2 = 2x$,直线 $x = 2$ 及 x 轴所围成的图形绕 x 轴旋转而成立体的体积.

4. 求由抛物线 $y = x^2$ 及直线 $y = x$ 所围成的平面图形绕 x 轴旋转一周所成立体的体积.

5. 计算由圆 $x^2 + y^2 - 2y = 0$ 所围成的平面图形绕 y 轴旋转一周所成立体的体积.

6. 求圆 $x^2 + (y-b)^2 = R^2 (b > R > 0)$ 绕 x 轴旋转所成的环体的体积.

7. 已知某产品边际成本函数为 $C'(Q) = Q + 24$,固定成本为 1000 元,求总成本函数.

8. 若一企业生产某产品的边际成本是产量 Q 的函数 $C'(Q) = 2e^{0.2Q}$,固定成本为 90,求总成本函数.

9. 已知某产品的边际收益 $R'(Q) = 25 - 2Q$,边际成本 $C'(Q) = 13 - 4Q$,固定成本为 10,求 $Q = 5$ 时的总利润.

10. 假设某产品的边际收益函数为 $R'(Q) = 9 - Q$(万元/万台),边际成本函数为 $C'(Q) = 4 + \dfrac{Q}{4}$(万元/万台).

(1) 试求产量由 4 万台增加到 5 万台时利润的变化量;

(2) 当产量为多少时利润最大?

(3) 已知固定成本为 1 万元,求总成本函数和利润函数.

复习题 5

1. 单项选择题:

(1) 定积分 $\int_a^b f(x) \mathrm{d}x$ 是(   ).

A. $f(x)$ 的一个原函数; B. 任意常数;

C. $f(x)$ 的全体原函数; D. 确定常数.

(2) 设函数 $f(x)$ 在区间 $[a, b]$ 上连续,则 $\int_a^b f(x) \mathrm{d}x - \int_a^b f(t) \mathrm{d}t$ (   ).

A. 小于零;   B. 等于零;   C. 大于零;   D. 不确定.

(3) $\int_{\frac{1}{2}}^{2} |\ln x| \mathrm{d}x = $ (   ).

A. $\int_{\frac{1}{2}}^{1} \ln x \mathrm{d}x + \int_{1}^{2} \ln x \mathrm{d}x$;   B. $-\int_{\frac{1}{2}}^{1} \ln x \mathrm{d}x + \int_{1}^{2} \ln x \mathrm{d}x$;

C. $\int_{\frac{1}{2}}^{1} \ln x \mathrm{d}x - \int_{1}^{2} \ln x \mathrm{d}x$;   D. $-\int_{\frac{1}{2}}^{1} \ln x \mathrm{d}x - \int_{1}^{2} \ln x \mathrm{d}x$.

(4) $\int_0^x f(t) \mathrm{d}t = e^{2x} - 1$,则 $f(x)$ 等于(   ).

A. $2e^{2x}$;   B. e^x;   C. $2xe^{2x}$;   D. $2xe^{2x-1}$.

(5) 若 $\int_0^1 (2x + k) \mathrm{d}x = 2$,则 $k = $ (   ).

A. 1； B. 0； C. 2； D. -1.

(6) 设函数 $\Phi(x) = \int_0^{x^2} te^{-t}dt$，则 $\Phi'(x) = ($).

A. xe^{-x}； B. $-xe^{-x}$； C. $2x^3 e^{-x^2}$； D. $-2x^3 e^{-x^2}$.

(7) $\int_0^5 |2x-4| dx = ($).

A. 11； B. 12； C. 13； D. 14.

(8) $\int_{-1}^{1} \dfrac{2+\sin x}{\sqrt{4-x^2}} dx = ($).

A. $\dfrac{\pi}{3}$； B. $\dfrac{5\pi}{3}$； C. $\dfrac{4\pi}{3}$； D. $\dfrac{2\pi}{3}$.

(9) $\int_{-\infty}^{0} x dx = ($).

A. 发散； B. 0； C. 1； D. $\dfrac{1}{2}$.

(10) 设函数 $f(x)$ 在区间 $[a,b]$ 上连续，则由曲线 $y = f(x)$ 与直线 $x=a, x=b, y=0$ 所围成的平面图形的面积为（ ）.

A. $\int_a^b f(x)dx$； B. $\left|\int_a^b f(x)dx\right|$；

C. $\int_a^b |f(x)| dx$； D. $f(\xi)(b-a), a < \xi < b$.

2. 填空题：

(1) 如果 $\int_k^2 3x^2 dx = 7$，则 $k = $ _____.

(2) 若 $\int_a^b \dfrac{f(x)}{f(x)+g(x)} dx = 1$，则 $\int_a^b \dfrac{g(x)}{f(x)+g(x)} dx = $ _____.

(3) $y = \int_0^x (1-t)dt$ 的极值点为 $x = $ _____.

(4) 若 $\int_0^x f(t)dt = x\sin x$，则 $f(x) = $ _____.

(5) $\lim\limits_{x \to 0} \dfrac{\int_0^x \arctan t dt}{x^2} = $ _____.

(6) 已知 $\int_1^a \dfrac{\ln t}{t} dt = 1$，则 $a = $ _____.

(7) 已知 $f(0) = 2, f(2) = 3, f'(2) = 4$，则 $\int_0^2 xf''(x)dx = $ _____.

(8) $\int_{-1}^{1} (x\cos x)dx = $ _____.

(9) $\int_{-\frac{1}{2}}^{\frac{1}{2}} (\sin^5 x + x^2)dx = $ _____.

(10) 由曲线 $y = x^2$，直线 $y = 2x+3$ 围成的平面图形的面积为 _____.

3. 求下列定积分：

(1) $\int_3^4 \dfrac{x^2+x-6}{x-2}\mathrm{d}x$;

(2) $\int_0^{2\pi} |\sin x|\,\mathrm{d}x$;

(3) $\int_0^1 \dfrac{x\mathrm{d}x}{\sqrt{1+x^2}}$;

(4) $\int_1^5 \dfrac{\sqrt{t-1}}{t}\mathrm{d}t$;

(5) $\int_0^{\pi} \sqrt{\sin x - \sin^3 x}\,\mathrm{d}x$;

(6) $\int_0^{\pi/2} \mathrm{e}^{2x}\cos x\,\mathrm{d}x$;

(7) $\int_2^{+\infty} \dfrac{\mathrm{d}x}{x\ln^3 x}$;

(8) $\int_1^{\mathrm{e}} \dfrac{\mathrm{d}x}{x\sqrt{1-(\ln x)^2}}$.

4. 求由曲线 $y=x^3$ 与 $y=\sqrt{x}$ 所围成的平面图形的面积.

5. 求曲线 $y=\sin x$ 及 $y=\sin 2x$ 在 $[0,\pi]$ 上所围成图形的面积.

6. 求由曲线 $y=\sqrt{x}$,直线 $y=x$ 所围成图形绕 y 轴旋转形成的立体的体积.

第 6 章　常微分方程

函数是客观事物的内部联系在数量方面的反映,利用函数关系可以对客观事物的规律进行研究,因此在科学研究和工程实践中寻求函数关系具有重要的意义.在许多问题中,往往不能直接找出反映事物规律的函数关系,但可以根据实际问题的意义及已知的公式或定律列出含有未知函数导数或微分的关系式,这种关系式就是微分方程.微分方程建立后,对它进行研究,求出未知函数,这就是所谓的解微分方程.本章主要介绍微分方程的一些基本概念和几种简单、常见的微分方程的解法.

6.1　微分方程的基本概念

下面通过具体的例子来说明微分方程的概念.

例 6-1　一曲线通过点 $(1,3)$,且曲线上任意一点 $M(x,y)$ 处的切线的斜率等于 $3x^2$,求这曲线方程.

解　设所求曲线方程为 $y=f(x)$,根据导数的几何意义,$y=f(x)$ 应满足关系

$$\begin{cases} \dfrac{\mathrm{d}y}{\mathrm{d}x}=3x^2, & (6\text{-}1) \\ y|_{x=1}=3. & (6\text{-}2) \end{cases}$$

对式(6-1)两端积分,得

$$y=x^3+C, \qquad (6\text{-}3)$$

把式(6-2)代入式(6-3),得 $C=2$,所以,所求曲线方程为

$$y=x^3+2.$$

上例中式(6-1)含有未知函数的导数,对于这类关系式,给出下面的定义:

定义 6.1　凡含有未知函数的导数(或微分)的方程称为**微分方程**.微分方程中导数的最高阶数,称为微分方程的**阶**.未知函数是一元函数(自变量只有一个)的微分方程称为**常微分方程**.本章仅讨论常微分方程,以下简称微分方程或方程.

因此方程(6-1)是一阶微分方程.又如,方程 $y'-2y=\sin x$ 和 $\mathrm{d}y+\cos x\mathrm{d}x=0$ 都是一阶微分方程,方程 $xy''+xy=5x^2$ 是二阶微分方程,方程 $y^{(4)}=1$ 是四阶微分方程.

定义 6.2　如果一个函数代入微分方程后,能使方程两端相等,则称这个函数为微分方程的**解**.如果微分方程的解中含有任意常数的个数等于微分方程的阶数,则这样的解称为微分方程的**通解**;不含任意常数的解称为微分方程的**特解**.

例如,在例 6-1 中的函数 $y=x^3+C$(C 为任意常数)和 $y=x^3+2$ 都是微分方程(6-1)的解,其中,$y=x^3+C$(C 为任意常数)是方程(6-1)的通解,而 $y=x^3+2$ 是方程(6-1)的特解.

定义 6.3　用来确定微分方程通解中任意常数的附加条件称为**初始条件**,而我们把求微分方程满足初始条件的特解这类问题称为**初值问题**.

如例 6-1 中的 $y|_{x=1}=3$ 就是初始条件,式(6-1)和式(6-2)联立在一起就构成一个初值问题.

如果微分方程是一阶的,通常用来确定任意常数的初始条件是
$$y|_{x=x_0}=y_0,$$
其中,x_0 和 y_0 都是给定的常数.

如果微分方程是二阶的,通常用来确定任意常数的初始条件是
$$y|_{x=x_0}=y_0, y'|_{x=x_0}=y'_0,$$
其中,x_0、y_0 和 y'_0 都是给定的常数.

一般地,一阶微分方程 $y'=f(x,y)$ 满足初始条件 $y|_{x=x_0}=y_0$ 的初值问题,记作
$$\begin{cases} y'=f(x,y), \\ y|_{x=x_0}=y_0. \end{cases}$$

二阶微分方程 $y''=f(x,y,y')$ 满足初始条件 $y|_{x=x_0}=y_0, y'|_{x=x_0}=y'_0$ 的初值问题,记作
$$\begin{cases} y''=f(x,y,y'), \\ y|_{x=x_0}=y_0, y'|_{x=x_0}=y'_0. \end{cases}$$

定义 6.4　微分方程的每个解对应着平面内的一条曲线,该曲线称为微分方程的**积分曲线**,而微分方程的无穷多个解所对应的一簇积分曲线称为微分方程的**积分曲线簇**.

在例 6-1 中,微分方程(6-1)满足初始条件(6-2)的特解是过点(1,3)的曲线 $y=x^3+2$,它的图形是一条特定的积分曲线,而微分方程的积分曲线族是曲线 $y=x^3+C$ 的图形,包含无穷多条形状一样的曲线,位置在纵向上有差距.

例 6-2　验证 $y=xe^x$ 是微分方程 $y'-y=e^x$ 满足初始条件 $y|_{x=0}=0$ 的特解.

解　将 $y=xe^x$ 及 $y'=e^x(1+x)$ 代入所给方程,得
$$e^x(1+x)-xe^x=e^x,$$
所以 $y=xe^x$ 是微分方程 $y'-y=e^x$ 的解.

当 $x=0$ 时,$y=0 \cdot e^0=0$,所以 $y=xe^x$ 是满足初始条件 $y|_{x=0}=0$ 的特解.

例 6-3　验证函数 $y=3e^{-x}-xe^{-x}+2$ 是方程 $y''+2y'+y=2$ 的解.

解　由于
$$y'=-4e^{-x}+xe^{-x},$$
$$y''=5e^{-x}-xe^{-x},$$
将 y,y',y'' 代入方程 $y''+2y'+y=2$ 的左边,得
$$y''+2y'+y=5e^{-x}-xe^{-x}+2(-4e^{-x}+xe^{-x})+3e^{-x}-xe^{-x}+2=2,$$
所以函数 $y=3e^{-x}-xe^{-x}+2$ 是方程 $y''+2y'+y=2$ 的解.

习题 6-1

1.指出下列微分方程的阶数:

(1) $y' + x(y')^2 - y = 1$; (2) $xy\,dx + (x+y)e^x\,dy = 0$;
(3) $xy''' + 2y' + x^2 y = 0$; (4) $L\dfrac{d^2Q}{dt^2} + R\dfrac{dQ}{dt} + \dfrac{Q}{C} = 0$.

2. 验证下列函数分别是所给微分方程的解:
(1) $y = 5x^2$, $xy' = 2y$;
(2) $y = C_1\cos x + C_2\sin x$, $y'' + y = 0$;
(3) $y = Ce^{-\int p(x)\,dx}$, $y' + p(x)y = 0$;
(4) $x^2 - xy + y^2 = C$, $(x - 2y)y' = 2x - y$.

3. 验证函数 $y = x(C - \ln x)$ 是微分方程 $\dfrac{dy}{dx} - \dfrac{y}{x} + 1 = 0$ 的通解,并求满足初始条件 $y|_{x=1} = 2$ 的特解.

4. 已知曲线过点 $A(1,0)$,且在该曲线上任一点处的切线的斜率等于该点横坐标的平方,求此曲线方程.

6.2 一阶微分方程

一阶微分方程的一般形式为
$$F(x, y, y') = 0.$$
若能解出 y',则方程 $y' = f(x, y)$ 称为导数已解出的一阶微分方程.本节仅讨论几种特殊类型的一阶微分方程的解法.

6.2.1 可分离变量的微分方程

定义 6.5 形如
$$\frac{dy}{dx} = f(x)g(y) \tag{6-4}$$

的方程,称为**可分离变量的微分方程**.

可分离变量的微分方程可以用积分的方法求解.

将方程(6-4)的形式化为
$$\frac{1}{g(y)}dy = f(x)dx,$$

其中 $g(y) \neq 0$,然后两边积分,得
$$\int \frac{1}{g(y)}dy = \int f(x)dx.$$

设 $G(y)$ 和 $F(x)$ 分别是 $\dfrac{1}{g(y)}$ 和 $f(x)$ 的原函数,可得
$$G(y) = F(x) + C,$$

这就是方程(6-4)的通解.

例 6-4 求微分方程 $y' = y^2 + xy^2$ 的通解.

解 这是一个可分离变量微分方程,分离变量后得到
$$\frac{dy}{y^2} = (1 + x)dx,$$

两边积分,得
$$-\frac{1}{y} = x + \frac{x^2}{2} + C,$$
或
$$-\frac{1}{y} - x - \frac{x^2}{2} = C,$$
此即该微分方程的通解.

例 6-5 求微分方程 $\frac{\mathrm{d}y}{\mathrm{d}x} = 2xy$ 的通解.

解 此方程是可分离变量微分方程. 当 $y \neq 0$ 时,分离变量,得
$$\frac{1}{y}\mathrm{d}y = 2x\mathrm{d}x,$$
两边积分,得
$$\int \frac{1}{y}\mathrm{d}y = \int 2x\mathrm{d}x,$$
即
$$\ln|y| = x^2 + C_1, \tag{6-5}$$
从而
$$y = \pm \mathrm{e}^{x^2 + C_1} = \pm \mathrm{e}^{C_1}\mathrm{e}^{x^2} = C\mathrm{e}^{x^2},$$
这里 $C = \pm \mathrm{e}^{C_1}$ 是非零的任意常数. 又 $y = 0$ 是方程的解,所以该方程的通解为
$$y = C\mathrm{e}^{x^2},(C \text{ 为任意常数,解 } y = 0 \text{ 包含其中}).$$

以后为了运算方便,可把式(6-5)中的 $\ln|y|$ 写成 $\ln y$,任意常数 C_1 写成 $\ln C$,而最后得到的 C 仍是任意常数.

例 6-6 求微分方程 $(1 + \mathrm{e}^x)yy' = \mathrm{e}^x$ 满足 $y|_{x=0} = 0$ 的特解.

解 分离变量,得
$$y\mathrm{d}y = \frac{\mathrm{e}^x}{1 + \mathrm{e}^x}\mathrm{d}x,$$
两边积分,得
$$\int y\mathrm{d}y = \int \frac{\mathrm{e}^x}{1 + \mathrm{e}^x}\mathrm{d}x,$$
从而
$$\frac{y^2}{2} = \ln(1 + \mathrm{e}^x) + \ln C,$$
即
$$\frac{y^2}{2} = \ln C(1 + \mathrm{e}^x).$$
将 $y|_{x=0} = 0$ 代入上式得,$0 = \ln 2C$,所以 $C = \frac{1}{2}$,故所求特解为
$$\frac{y^2}{2} = \ln \frac{1 + \mathrm{e}^x}{2}.$$

6.2.2 齐次方程

定义 6.6 形如

$$\frac{\mathrm{d}y}{\mathrm{d}x} = \varphi\left(\frac{y}{x}\right) \tag{6-6}$$

的方程,称为**齐次方程**.

齐次方程可化为可分离变量的微分方程来解.

令 $u = \dfrac{y}{x}$,即 $y = ux$.因为 y 是 x 的函数,所以 u 也是一个关于 x 的函数,$y = ux$ 两边分别对 x 求导得

$$\frac{\mathrm{d}y}{\mathrm{d}x} = u + x\frac{\mathrm{d}u}{\mathrm{d}x},$$

将上式及 $u = \dfrac{y}{x}$ 代入方程(6-6),得

$$u + x\frac{\mathrm{d}u}{\mathrm{d}x} = \varphi(u),$$

分离变量,得

$$\frac{\mathrm{d}u}{\varphi(u) - u} = \frac{\mathrm{d}x}{x},$$

两边积分后,再把 u 还原成 $\dfrac{y}{x}$,就得到齐次方程(6-6)的通解.

例 6-7 求微分方程 $\dfrac{\mathrm{d}y}{\mathrm{d}x} = \dfrac{y^2}{xy - x^2}$ 的通解.

解 原方程变形为

$$\frac{\mathrm{d}y}{\mathrm{d}x} = \frac{y^2}{xy - x^2} = \frac{\left(\dfrac{y}{x}\right)^2}{\dfrac{y}{x} - 1}.$$

令 $u = \dfrac{y}{x}$,则

$$y = ux, \frac{\mathrm{d}y}{\mathrm{d}x} = u + x\frac{\mathrm{d}u}{\mathrm{d}x},$$

于是原方程化为

$$u + x\frac{\mathrm{d}u}{\mathrm{d}x} = \frac{u^2}{u - 1},$$

移项通分,得

$$x\frac{\mathrm{d}u}{\mathrm{d}x} = \frac{u^2 - u^2 + u}{u - 1} = \frac{u}{u - 1},$$

分离变量,得

$$\left(1 - \frac{1}{u}\right)\mathrm{d}u = \frac{1}{x}\mathrm{d}x$$

两端积分,得

$$u - \ln u = \ln x - \ln C,$$

即

$$ux = C e^u,$$

将 $u = \dfrac{y}{x}$ 代入上式,得原方程的通解为 $y = Ce^{\frac{y}{x}}$.

6.2.3 一阶线性微分方程

定义 6.7 形如

$$\frac{dy}{dx} + P(x)y = Q(x) \tag{6-7}$$

的方程称为**一阶线性微分方程**. 其中 $P(x)$、$Q(x)$ 为已知函数. 当 $Q(x) \equiv 0$ 时,方程(6-7)称为**一阶齐次线性微分方程**;当 $Q(x) \neq 0$ 时,方程(6-7)称为**一阶非齐次线性微分方程**.

先考虑一阶齐次线性方程

$$\frac{dy}{dx} + P(x)y = 0. \tag{6-8}$$

这是一个可分离变量的微分方程,分离变量后,得

$$\frac{dy}{y} = -P(x)dx,$$

两边积分,得

$$\ln y = -\int P(x)dx + \ln C,$$

故一阶齐次线性微分方程(6-8)的通解为

$$y = Ce^{-\int P(x)dx} \tag{6-9}$$

下面用"**常数变易法**"求方程(6-7)的通解.

把方程(6-8)的通解式(6-9)中的任意常数 C 换成 x 的待定函数 $u(x)$,设方程(6-7)具有形如 $y = u(x)e^{-\int P(x)dx}$ 的解. 将 $y = u(x)e^{-\int P(x)dx}$ 代入方程(6-7),得

$$u'(x)e^{-\int P(x)dx} + u(x)e^{-\int P(x)dx}[-P(x)] + P(x)u(x)e^{-\int P(x)dx} = Q(x),$$

即

$$u'(x)e^{-\int P(x)dx} = Q(x),$$

故

$$u'(x) = Q(x)e^{\int P(x)dx}.$$

两边积分,得

$$u(x) = \int Q(x)e^{\int P(x)dx}dx + C.$$

把上式代入 $y = u(x)e^{-\int P(x)dx}$,即得一阶非齐次线性微分方程(6-7)的通解为

$$y = e^{-\int P(x)dx}\left(\int Q(x)e^{\int P(x)dx}dx + C\right). \tag{6-10}$$

例 6-8 求微分方程 $\dfrac{dy}{dx} + \dfrac{y}{x} = \dfrac{e^x}{x}$ 的通解.

解 这是一个非齐次线性微分方程.

方法一 常数变易法.

先求对应的齐次方程 $\dfrac{dy}{dx} + \dfrac{y}{x} = 0$ 的通解.

分离变量,得

$$\frac{1}{y}\mathrm{d}y = -\frac{1}{x}\mathrm{d}x,$$

两边积分,得

$$\ln y = -\ln x + \ln C,$$

于是,齐次方程的通解为

$$y = \frac{C}{x}.$$

令 $y = \frac{u(x)}{x}$,代入原方程得

$$\frac{xu'(x) - u(x)}{x^2} + \frac{u(x)}{x^2} = \frac{\mathrm{e}^x}{x},$$

即

$$u'(x) = \mathrm{e}^x.$$

积分得

$$u(x) = \mathrm{e}^x + C,$$

于是得原方程的通解为

$$y = \frac{1}{x}(\mathrm{e}^x + C).$$

方法二 公式法.

由方程知 $P(x) = \frac{1}{x}$,$Q(x) = \frac{\mathrm{e}^x}{x}$,由式(6-10)得原方程的通解为

$$y = \mathrm{e}^{-\int \frac{1}{x}\mathrm{d}x}\left(\int \frac{\mathrm{e}^x}{x}\mathrm{e}^{\int \frac{1}{x}\mathrm{d}x}\mathrm{d}x + C\right) = \mathrm{e}^{-\ln x}\left(\int \frac{\mathrm{e}^x}{x} \cdot x\mathrm{d}x + C\right)$$

$$= \frac{1}{x}(\mathrm{e}^x + C).$$

例 6-9 求微分方程 $(\sin x)y' - (\cos x)y = 2x\sin^2 x$ 的通解.

方法一 常数变易法.

先求对应的齐次方程 $(\sin x)y' - (\cos x)y = 0$ 的通解.

分离变量,得

$$\frac{1}{y}\mathrm{d}y = \cot x \mathrm{d}x,$$

两边积分,得

$$\ln y = \ln \sin x + \ln C,$$

于是,齐次方程的通解为

$$y = C\sin x.$$

令 $y = u(x)\sin x$,代入原方程得

$$\sin x(u'(x)\sin x + u(x)\cos x) - \cos x \cdot (u(x)\sin x) = 2x\sin^2 x,$$

化简后得

$$u'(x) = 2x.$$

积分得

$$u(x) = x^2 + C,$$

于是得原方程的通解为
$$y = (x^2 + C)\sin x.$$

方法二 公式法.

由方程知 $P(x) = -\cot x, Q(x) = 2x\sin x$, 由式(6-10)得原方程的通解为
$$y = e^{\int \frac{\cos x}{\sin x} dx} \left(\int 2x\sin x e^{-\int \frac{\cos x}{\sin x} dx} dx + C \right)$$
$$= \sin x \left(\int 2x\sin x \cdot \frac{1}{\sin x} dx + C \right)$$
$$= (x^2 + C)\sin x.$$

例 6-10 求微分方程 $\dfrac{dy}{dx} = \dfrac{y}{x + y^3}$ 的通解.

解 原方程不是关于 $\dfrac{dy}{dx}$ 和 y 的线性方程, 现将其改写为
$$\frac{dx}{dy} - \frac{1}{y}x = y^2,$$

如把 x 视为 y 的函数, 则是关于 $\dfrac{dx}{dy}$ 和 x 的线性方程.

因为
$$P(y) = -\frac{1}{y}, Q(y) = y^2,$$

由式(6-10)得原方程的通解为
$$x = e^{-\int P(y)dy} \left(\int Q(y) e^{\int P(y)dy} dy + C \right)$$
$$= e^{\int \frac{1}{y} dy} \left(\int y^2 e^{-\int \frac{1}{y} dy} dy + C \right)$$
$$= Cy + \frac{y^3}{2}.$$

习题 6-2

1. 求下列可分离变量微分方程的通解:

(1) $xy' - y\ln y = 0$;

(2) $3x^2 + 5x - 5y' = 0$;

(3) $\dfrac{dy}{dx} = 2xy^2$;

(4) $xyy' = 1 - x^2$;

(5) $y^2 \cos x dx - dy = 0$;

(6) $xy dx + (x^2 + 1)dy = 0$;

(7) $(e^{x+y} - e^x)dx + (e^{x+y} + e^y)dy = 0$;

(8) $\cos x \sin y dx + \sin x \cos y dy = 0$.

2. 求下列齐次方程的通解:

(1) $(x^2 + y^2)dx - xy dy = 0$;

(2) $x\dfrac{dy}{dx} = y\ln\dfrac{y}{x}$;

(3) $x\dfrac{dy}{dx} + y = 2\sqrt{xy}$;

(4) $y'\cos\dfrac{y}{x} = 1 + \dfrac{y}{x}\cos\dfrac{y}{x}$.

3. 求下列一阶线性微分方程的通解:

(1) $\dfrac{dy}{dx} - \dfrac{y}{x} = x^2$;　　　　　　(2) $y' - \dfrac{2}{x+1}y = (x+1)^3$;

(3) $\dfrac{dy}{dx} + y = e^{-x}$;　　　　　　(4) $(x^2+1)\dfrac{dy}{dx} + 2xy = 4x^2$;

(5) $y' + y\cos x = e^{-\sin x}$;　　　　　　(6) $\dfrac{dy}{dx} = \dfrac{1}{x+y}$.

4. 求下列微分方程满足初始条件的特解：

(1) $\dfrac{dy}{dx} = -\dfrac{x}{y}, y\big|_{x=2} = 1$;

(2) $xy^2 dx + (1+x^2)dy = 0, y\big|_{x=0} = 1$;

(3) $\cos y dx + (1+e^{-x})\sin y dy = 0, y\big|_{x=0} = \dfrac{\pi}{4}$;

(4) $\dfrac{dy}{dx} + 3y = 8, y\big|_{x=0} = 2$;

(5) $\dfrac{dy}{dx} + \dfrac{y}{x} = \dfrac{\sin x}{x}, y\big|_{x=\pi} = 1$;

(6) $\dfrac{dy}{dx} + \dfrac{2-3x^2}{x^3}y = 1, y\big|_{x=1} = 0$.

6.3　可降阶的微分方程

二阶及二阶以上的微分方程称为高阶微分方程.本节讨论最高阶导数已解出的几种特殊类型的微分方程,它们可以通过积分或变量代换降低阶数,化为一阶微分方程,再利用前面的方法求出解来.

6.3.1　$y^{(n)} = f(x)$ 型

微分方程

$$y^{(n)} = f(x) \tag{6-11}$$

的右端仅含有自变量 x,这类方程的解法是逐次积分,通过 n 次积分,就可以得到通解.

式(6-11)两边积分一次得到一个 $n-1$ 阶的微分方程

$$y^{(n-1)} = \int f(x)dx + C_1,$$

上式再积分,可得

$$y^{(n-2)} = \int\left(\int f(x)dx\right)dx + C_1 x + C_2,$$

依此法继续进行,接连积分 n 次,便得到方程(6-11)的含有 n 个任意常数的通解.

例 6-11　求微分方程 $y''' = \sin x$ 的通解.

解　将所给方程连续积分三次,得

$$y'' = \int \sin x dx = -\cos x + C_1,$$

$$y' = \int(-\cos x + C_1)dx = -\sin x + C_1 x + C_2,$$

$$y = \int (-\sin x + C_1 x + C_2)\mathrm{d}x = \cos x + \frac{C_1}{2}x^2 + C_2 x + C_3.$$

这就是所求方程的通解.

6.3.2 $y'' = f(x, y')$ 型

微分方程

$$y'' = f(x, y') \tag{6-12}$$

的右端不显含未知函数 y,在这种情形,可以通过变量代换,把方程(6-12)化为一阶微分方程来求解.

设 $y' = p$,则 $y'' = \dfrac{\mathrm{d}p}{\mathrm{d}x}$,代入方程(6-12)得

$$\frac{\mathrm{d}p}{\mathrm{d}x} = f(x, p).$$

这是一个关于变量 x 和 p 的一阶微分方程,设其通解为 $p = \varphi(x, C_1)$,此即

$$y' = \varphi(x, C_1).$$

两端积分,便得到微分方程(6-12)的通解为

$$y = \int \varphi(x, C_1)\mathrm{d}x + C_2.$$

例 6-12 求微分方程 $(1-x^2)y'' - xy' = 0$ 满足初始条件 $y(0) = 0, y'(0) = 1$ 的特解.

解 这是一个不显含 y 的二阶微分方程.令 $y' = p$,则 $y'' = \dfrac{\mathrm{d}p}{\mathrm{d}x}$.代入原方程,得

$$(1-x^2)p' - xp = 0.$$

这是一个关于变量 x 和 p 的可分离变量微分方程.分离变量,得

$$\frac{\mathrm{d}p}{p} = \frac{x}{1-x^2}\mathrm{d}x,$$

两边积分,得

$$\ln p = -\frac{1}{2}\ln(1-x^2) + \ln C_1,$$

$$p = \frac{C_1}{\sqrt{1-x^2}},$$

即

$$y' = \frac{C_1}{\sqrt{1-x^2}}.$$

由初始条件 $y'(0) = 1$,得 $C_1 = 1$,所以

$$y' = \frac{1}{\sqrt{1-x^2}}.$$

两端再积分,得

$$y = \arcsin x + C_2.$$

由又初始条件 $y(0) = 0$,得 $C_2 = 0$,于是所求特解为

$$y = \arcsin x.$$

6.3.3 $y'' = f(y, y')$ 型

微分方程
$$y'' = f(y, y') \tag{6-13}$$

的右端不显含自变量 x,在这种情形,仍可通过变量代换,把方程(6-13)化为一阶微分方程来求解.

设 $y' = p$,则 $y'' = \dfrac{\mathrm{d}p}{\mathrm{d}x} = \dfrac{\mathrm{d}p}{\mathrm{d}y} \cdot \dfrac{\mathrm{d}y}{\mathrm{d}x}$,代入方程(6-13) 得

$$p \frac{\mathrm{d}p}{\mathrm{d}y} = f(y, p).$$

这是一个关于变量 y 和 p 的一阶微分方程,设其通解为 $p = \psi(y, C_1)$,此即

$$\frac{\mathrm{d}y}{\mathrm{d}x} = \psi(y, C_1).$$

分离变量再积分,便得到微分方程(6-13) 的通解为

$$\int \frac{\mathrm{d}y}{\psi(y, C_1)} = x + C_2.$$

例 6-13 求微分方程 $yy'' - (y')^2 = 0$ 的通解.

解 该方程不显含自变量 x,属于 $y'' = f(y, y')$ 型. 令 $y' = p$,则 $y'' = p\dfrac{\mathrm{d}p}{\mathrm{d}y}$,代入原方程得

$$yp \frac{\mathrm{d}p}{\mathrm{d}y} - p^2 = 0.$$

当 $p \neq 0$ 时,约去 p 并分离变量得

$$\frac{\mathrm{d}p}{p} = \frac{\mathrm{d}y}{y},$$

积分得

$$\ln p = \ln y + \ln C_1, \text{即 } y' = C_1 y.$$

再分离变量得

$$\frac{\mathrm{d}y}{y} = C_1 \mathrm{d}x,$$

积分得

$$\ln y = C_1 x + C_2,$$

于是得通解为

$$y = C e^{C_1 x} \quad (C = e^{C_2}).$$

当 $p = 0$ 时,$y' = 0$,从而 $y = C$. 这是通解中 $C_1 = 0$ 的情形.

习题 6-3

1. 求下列微分方程的通解:

(1) $y'' = x + \sin x$;   (2) $y'' = \dfrac{1}{1+x^2}$;

(3) $y'' = 1 + y'^2$;　　　　　　　　(4) $y'' = y' + x$;

(5) $y'' = y'^3 + y'$;　　　　　　　　(6) $y'' + \dfrac{2}{1-y}y'^2 = 0$.

2. 求下列初值问题的解：

(1) $(1+x^2)y'' = 2xy', y|_{x=0} = 1, y'|_{x=0} = 3$;

(2) $y'' = \dfrac{3}{2}y^2, y|_{x=3} = 1, y'|_{x=3} = 1$;

(3) $2yy'' = 1 + y'^2, y|_{x=0} = 1, y'|_{x=0} = 1$;

(4) $y'' - 3y'^2 = 0, y|_{x=0} = 0, y'|_{x=0} = -1$.

6.4 二阶线性微分方程

在自然科学和工程技术中，线性微分方程有着广泛的应用．本节介绍二阶线性微分方程解的性质、结构和二阶常系数线性微分方程的解法．

定义 6.8　形如

$$y'' + p(x)y' + q(x)y = f(x) \tag{6-14}$$

的微分方程，称为**二阶线性微分方程**．其中 $p(x), q(x)$ 及 $f(x)$ 为已知函数．

当 $f(x) \equiv 0$ 时，方程(6-14) 变为

$$y'' + p(x)y' + q(x)y = 0. \tag{6-15}$$

方程(6-15) 称为**二阶齐次线性微分方程**．

当 $f(x) \not\equiv 0$ 时，方程(6-14) 称为**二阶非齐次线性微分方程**．

6.4.1　二阶线性微分方程解的结构

定理 6.1（齐次线性微分方程解的结构）　设 $y_1(x), y_2(x)$ 是方程(6-15) 的两个解，且 $y_1(x)$ 与 $y_2(x)$ 不成比例 $\left(\text{即}\dfrac{y_1(x)}{y_2(x)} \neq \text{常数}\right)$，那么

$$y = C_1 y_1(x) + C_2 y_2(x) \tag{6-16}$$

是方程(6-15) 的通解．

证　将式(6-16) 代入方程(6-15) 左端，有

$$(C_1 y_1 + C_2 y_2)'' + p(x)(C_1 y_1 + C_2 y_2)' + q(x)(C_1 y_1 + C_2 y_2)$$
$$= C_1(y_1'' + p(x)y_1' + q(x)y_1) + C_2(y_2'' + p(x)y_2' + q(x)y_2)$$
$$= C_1 \cdot 0 + C_2 \cdot 0 = 0,$$

即 $y = C_1 y_1(x) + C_2 y_2(x)$ 是方程(6-15) 的解．

又 $\dfrac{y_1(x)}{y_2(x)} \neq$ 常数，则 $y = C_1 y_1(x) + C_2 y_2(x)$ 中含有两个相互独立的任意常数，所以，它就是方程(6-15) 的通解．

定理 6.2（非齐次线性微分方程解的结构）　设 y^* 是二阶非齐次线性微分方程(6-14) 的一个特解，$Y = C_1 y_1 + C_2 y_2$ 是方程(6-14) 所对应的齐次方程(6-15) 的通解，则

$$y = Y + y^* \tag{6-17}$$

是方程(6-14) 的通解．

证 将式(6-17)代入方程(6-14)左端,有

$$(Y+y^*)'' + p(x)(Y+y^*)' + q(x)(Y+y^*)$$
$$= (Y''+y^{*''}) + p(x)(Y'+y^{*'}) + q(x)(Y+y^*)$$
$$= (Y''+p(x)Y'+q(x)Y) + (y^{*''}+p(x)y^{*'}+q(x)y^*)$$
$$= 0 + f(x) = f(x),$$

这说明式(6-17)是方程(6-14)的解,而式(6-17)中含有两个任意常数,故式(6-17)是方程(6-14)的通解.

例如,$y''+y=x^2$ 是二阶非齐次线性微分方程. 易知 $Y=C_1\cos x+C_2\sin x$ 是它对应的齐次线性微分方程 $y''+y=0$ 的通解,$y^*=x^2-2$ 是所给方程的一个特解. 所以

$$y = Y + y^* = C_1\cos x + C_2\sin x + x^2 - 2$$

是所给方程的通解.

定理 6.3 设非齐次线性微分方程(6-14)的右边是两个函数之和,即

$$y'' + p(x)y' + q(x)y = f_1(x) + f_2(x), \tag{6-18}$$

而 y_1^* 与 y_2^* 分别是方程

$$y'' + p(x)y' + q(x)y = f_1(x)$$

和

$$y'' + p(x)y' + q(x)y = f_2(x)$$

的特解,则 $y_1^* + y_2^*$ 是方程(6-18)的特解.

6.4.2 二阶常系数齐次线性微分方程的解法

定义 6.9 当方程(6-15)和方程(6-14)中 $p(x),q(x)$ 为常数时,对应的微分方程

$$y'' + py' + qy = 0 \tag{6-19}$$

和

$$y'' + py' + qy = f(x) \tag{6-20}$$

分别称为**二阶常系数齐次线性微分方程**和**二阶常系数非齐次线性微分方程**.

本小节讨论常系数齐次线性微分方程(6-19)的通解的求法. 由定理6.1可知,如果求出了它的两个不成比例的特解,即可求出它的通解. 下面来具体讨论.

由于指数函数的导数仍然是指数函数,利用这个性质和观察方程(6-19)的特点,可以推测出方程(6-19)的解的形式是指数函数形式. 设方程(6-19)的解的形式为

$$y = e^{rx} \ (r\text{ 为待定常数}).$$

将 $y=e^{rx}$ 代入方程(6-19)中,得

$$e^{rx}(r^2+pr+q) = 0.$$

由于 $e^{rx}\neq 0$,消去 e^{rx} 得

$$r^2 + pr + q = 0. \tag{6-21}$$

由此可见,只要 r 满足代数方程(6-21),函数 $y=e^{rx}$ 就是微分方程(6-19)的解.

定义 6.10 代数方程(6-21)称为微分方程(6-19)的**特征方程**,它的根称为微分方程(6-19)的**特征根**.

特征方程(6-21)是一个一元二次方程,其中 r^2,r 的系数及常数对应依次是微分方程(6-19)中 y'',y' 及 y 的系数. 因为特征方程的特征根有三种情况,从而对应微分方程(6-19)

的通解也有以下三种情况.

(1) 特征方程有两个不相等的实根：$r_1 \neq r_2$. 这时 $y_1 = e^{r_1 x}, y_2 = e^{r_2 x}$ 是方程(6-19)的两个不同特解，由于 $\dfrac{y_1}{y_2} = e^{(r_1 - r_2)x} \neq$ 常数，所以

$$y = C_1 e^{r_1 x} + C_2 e^{r_2 x}$$

为方程(6-19)的通解.

(2) 特征方程有两个相等的实根：$r_1 = r_2$. 这时 $y_1 = e^{r_1 x}$ 是方程(6-19)的一个特解. 容易验证 $y_2 = x e^{r_1 x}$ 也是方程(6-19)的一个特解，且 $\dfrac{y_1}{y_2} = \dfrac{1}{x} \neq$ 常数，所以

$$y = C_1 e^{r_1 x} + C_2 x e^{r_1 x} = (C_1 + C_2 x) e^{r_1 x}$$

为方程(6-19)的通解.

(3) 特征方程有两个共轭复根：$r_1 = \alpha + i\beta, r_2 = \alpha - i\beta$. 可以证明

$$y = e^{\alpha x}(C_1 \cos\beta x + C_2 \sin\beta x)$$

为方程(6-19)的通解.

综上所述，求二阶常系数齐次线性微分方程

$$y'' + py' + qy = 0$$

的通解的步骤如下：

(1) 写出相应的特征方程 $r^2 + pr + q = 0$;

(2) 求出特征方程的两个特征根 r_1, r_2;

(3) 按照特征根的不同情况，写出微分方程的通解. 为方便求通解，列表如下：

特征方程 $r^2 + pr + q = 0$ 的根的情形	微分方程 $y'' + py' + qy = 0$ 的通解
两个不等的实根 r_1, r_2	$y = C_1 e^{r_1 x} + C_2 e^{r_2 x}$
两个相等的实根 $r_1 = r_2$	$y = (C_1 + C_2 x) e^{r_1 x}$
一对共轭复根 $r_1 = \alpha + i\beta, r_2 = \alpha - i\beta$	$y = e^{\alpha x}(C_1 \cos\beta x + C_2 \sin\beta x)$

例 6-14 求微分方程 $y'' - 5y' + 6y = 0$ 的通解.

解 所给微分方程的特征方程为

$$r^2 - 5r + 6 = 0,$$

它有两个不等的实根 $r_1 = 2, r_2 = 3$，因此方程的通解为

$$y = C_1 e^{2x} + C_2 e^{3x}.$$

例 6-15 求微分方程 $y'' - 4y' + 4y = 0$ 满足初始条件 $y|_{x=0} = 2, y'|_{x=0} = 1$ 的特解.

解 所给微分方程的特征方程为

$$r^2 - 4r + 4 = 0,$$

它有两个相等的实根 $r_1 = r_2 = 2$，因此方程的通解为

$$y = (C_1 + C_2 x) e^{2x}.$$

而

$$y' = 2C_1 e^{2x} + (C_2 + 2C_2 x)e^{2x}$$

由条件 $y|_{x=0} = 2$,得 $C_1 = 2$. 由条件 $y'|_{x=0} = 1$,得 $C_2 = -3$. 从而,所求特解为
$$y = (2 - 3x)e^{2x}.$$

例 6-16 求微分方程 $y'' + 4y' + 5y = 0$ 的通解.

解 所给微分方程的特征方程为
$$r^2 + 4r + 5 = 0,$$
它的两个特征根为 $r_{1,2} = -2 \pm i$,因此方程的通解为
$$y = e^{-2x}(C_1 \cos x + C_2 \sin x).$$

6.4.3 二阶常系数非齐次线性微分方程的解法

根据二阶线性微分方程解的结构定理 6.2 可知,要求二阶常系数非齐次线性微分方程 (6-20) 的通解,只要求出它的一个特解和其对应的齐次方程 $y'' + py' + qy = 0$ 的通解,两个解相加就得到了方程的通解.6.4.2 节已经讨论了二阶常系数齐次线性微分方程通解的求法,所以这里要解决的问题是如何求得二阶常系数非齐次线性微分方程的一个特解.

方程 (6-20) 的特解的形式与方程的右端项 $f(x)$ 有关,在一般情况下,要求出其特解有相当大的困难,这里仅就 $f(x)$ 一种特殊的形式来求方程 (6-20) 的特解.

设 $f(x)$ 具有形式:
$$f(x) = P_m(x)e^{\lambda x},$$
其中 λ 是常数,$P_m(x)$ 为 m 次多项式.

可以证明:方程 (6-20) 具有形如
$$y = x^k Q_m(x) e^{\lambda x}$$
的特解,其中 $Q_m(x)$ 是与 $P_m(x)$ 同次的多项式,而 k 按 λ 不是特征方程的根、是特征方程的单根或重根依次取 0、1 或 2.

例 6-17 求微分方程 $y'' - 2y' - 3y = 3x + 1$ 的一个特解.

解 非齐次方程的右端项 $3x + 1 = (3x+1)e^{0x}$ 属于 $P_m(x)e^{\lambda x}$ 型 ($m = 1, \lambda = 0$),对应齐次方程的特征方程为 $r^2 - 2r - 3 = 0$. 由于 $\lambda = 0$ 不是特征根,所以应设特解为
$$y^* = Q_1(x)e^{0x} = b_0 x + b_1,$$
把它代入所给方程,得
$$-2b_0 - 3(b_0 x + b_1) = 3x + 1.$$
比较两端 x 同次幂的系数,得
$$\begin{cases} -3b_0 = 3 \\ -2b_0 - 3b_1 = 1 \end{cases}$$
解得,$b_0 = -1$, $b_1 = \dfrac{1}{3}$. 于是求得一个特解为
$$y^* = -x + \frac{1}{3}.$$

例 6-18 求微分方程 $y'' - 4y = e^{2x}$ 的通解.

解 对应的齐次方程的特征方程为
$$r^2 - 4 = 0.$$

其根为 $r_1=2, r_2=-2$，故对应的齐次方程的通解为
$$Y=C_1\mathrm{e}^{2x}+C_2\mathrm{e}^{-2x}.$$
原方程右端项 e^{2x} 属于 $P_m(x)\mathrm{e}^{\lambda x}$ 型($m=0, \lambda=2$)，且 $\lambda=2$ 是特征方程的一个单根，所以应设特解为
$$y^*=xQ_0(x)\mathrm{e}^{2x}=ax\mathrm{e}^{2x}.$$
将其代入原方程，整理得
$$4a\mathrm{e}^{2x}=\mathrm{e}^{2x},$$
两边消去 e^{2x} 后求得，$a=\dfrac{1}{4}$，所以
$$y^*=\frac{1}{4}x\mathrm{e}^{2x},$$
于是原方程的通解为
$$y=C_1\mathrm{e}^{2x}+C_2\mathrm{e}^{-2x}+\frac{1}{4}x\mathrm{e}^{2x}.$$

例 6-19 求微分方程 $y''-3y'+2y=x\mathrm{e}^{2x}$ 的通解.

解 对应的齐次方程的特征方程为
$$r^2-3r+2=0.$$
其根为 $r_1=1, r_2=2$，故对应的齐次方程的通解为
$$Y=C_1\mathrm{e}^{x}+C_2\mathrm{e}^{2x}.$$
原方程右端项 $x\mathrm{e}^{2x}$ 属于 $P_m(x)\mathrm{e}^{\lambda x}$ 型($m=1, \lambda=2$)，且 $\lambda=2$ 是特征方程的一个单根，所以应设特解为
$$y^*=xQ_1(x)\mathrm{e}^{2x}=x(b_0x+b_1)\mathrm{e}^{2x}=(b_0x^2+b_1x)\mathrm{e}^{2x}.$$
对 y^* 求一阶和二阶导数，得
$$y^{*\prime}=[2b_0x^2+(2b_1+2b_0)x+b_1]\mathrm{e}^{2x},$$
$$y^{*\prime\prime}=[4b_0x^2+(8b_0+4b_1)x+(2b_0+4b_1)]\mathrm{e}^{2x}.$$
将 y^*、$y^{*\prime}$ 和 $y^{*\prime\prime}$ 代入原方程，化简后约去 e^{2x}，得
$$2b_0x+(2b_0+b_1)=x.$$
比较等式两端 x 同次幂的系数，得
$$\begin{cases}2b_0=1,\\ 2b_0+b_1=0,\end{cases}$$
从方程组容易求得 $b_0=\dfrac{1}{2}, b_1=-1$，所以
$$y^*=x\left(\frac{1}{2}x-1\right)\mathrm{e}^{2x}.$$
故原方程的通解为
$$y=Y+y^*=C_1\mathrm{e}^{x}+C_2\mathrm{e}^{2x}+x\left(\frac{1}{2}x-1\right)\mathrm{e}^{2x}.$$

习题 6-4

1. 求下列微分方程的通解：

(1) $y'' + y' - 6y = 0$； (2) $y'' - 2y' + 5y = 0$；
(3) $y'' - 6y' + 9y = 0$； (4) $y'' - y' - 12y = 0$；
(5) $4y'' + 4y' + y = 0$； (6) $\dfrac{d^2 s}{dt^2} + \omega^2 s = 0$（常数 $\omega > 0$）.

2. 求下列微分方程满足初始条件的特解：
(1) $4y'' - 12y' + 9y = 0, y|_{x=0} = 1, y'|_{x=0} = 1$；
(2) $y'' - 4y' + 3y = 0, y|_{x=0} = 6, y'|_{x=0} = 10$；
(3) $y'' - 4y' + 13y = 0, y|_{x=0} = 0, y'|_{x=0} = 3$.

3. 求下列微分方程的通解：
(1) $y'' - 2y' + y = e^x(1 + x)$； (2) $y'' - y = -5x^2$；
(3) $y'' - 2y' = (5x + 3)e^{2x}$； (4) $y'' - y' = x^2 e^x$；
(5) $y'' - 5y' + 6y = xe^{2x}$； (6) $y'' + 4y' + 3y = x - 2$；
(7) $y'' - 4y' + 4y = 2e^{2x}$； (8) $y'' + a^2 y = e^x$.

4. 求下列微分方程满足初始条件的特解：
(1) $y'' - 2y' + y = e^x, y|_{x=0} = 1, y'|_{x=0} = 0$；
(2) $y'' + 4y = \dfrac{1}{2} x, y|_{x=0} = 0, y'|_{x=0} = 0$；
(3) $y'' - 4y' = 5, y|_{x=0} = 1, y'|_{x=0} = 0$；
(4) $y'' - y = 4xe^x, y|_{x=0} = 0, y'|_{x=0} = 1$.

复习题 6

1. 单项选择题：
(1) 下列方程中，二阶微分方程是(　　).
A. $(y'')^3 + x^2 y' + xy + x^2 = 0$； B. $y' - y^2 = \sin x$；
C. $y^2 + 3y'' + y' + y = 0$； D. $(y')^2 + 3x^2 y = x^2$.

(2) 下列方程中，可分离变量微分方程是(　　).
A. $\dfrac{dy}{dx} = \ln \dfrac{y}{x}$； B. $\dfrac{dy}{dx} + y = xy$；
C. $\dfrac{dy}{dx} = x + y$； D. $\dfrac{dy}{dx} + y = xy^2$.

(3) 方程 $x + y - 2 + (1 - x)y' = 0$ 是(　　).
A. 可分离变量微分方程； B. 一阶齐次微分方程；
C. 一阶齐次线性微分方程； D. 一阶非齐次线性微分方程.

(4) 微分方程 $y\ln x dx = x\ln y dy$ 满足初始条件 $y(1) = 1$ 的特解是(　　).
A. $\ln^2 x + \ln^2 y = 0$； B. $\ln^2 x + \ln^2 y = 1$；
C. $\ln^2 x = \ln^2 y$； D. $\ln^2 x = \ln^2 y + 1$.

(5) 微分方程 $y'' = x^2$ 的解是(　　).
A. $y = \dfrac{1}{x}$； B. $y = \dfrac{x^3}{3} + C$；

C. $y = \dfrac{x^4}{12}$; D. $y = \dfrac{x^4}{6}$.

(6) 微分方程 $(x+y)dx + xdy = 0$ 的通解是( ).

A. $y = \dfrac{C-x^2}{2x}$; B. $y = -\dfrac{x}{2} + C$;

C. $y = \dfrac{x}{2} + C$; D. $y = \dfrac{C+x^2}{2x}$.

(7) 下列函数中,( ) 是微分方程 $y'' - 7y' + 12y = 0$ 的解.

A. $y = x^3$; B. $y = x^2$;
C. $y = e^{3x}$; D. $y = e^{2x}$.

(8) 函数 $y = y(x)$ 的图形上 $(0, -2)$ 点处的切线为 $2x - 3y = 6$,且该函数满足微分方程 $y'' = 6x$,则此函数为( ).

A. $y = x^3 - 2$; B. $y = 3x^2 + 2$;
C. $3y - 3x^3 - 2x + 6 = 0$; D. $y = x^3 + \dfrac{2}{3}x$.

(9) 方程 $y'' + 2y' + y = e^{-x}$ 的一个特解具有形式( ).

A. $y = ae^{-x}$; B. $y = axe^{-x}$;
C. $y = ax^2 e^{-x}$; D. $y = (ax+b)e^{-x}$.

(10) 方程 $y'' - 6y' + 9y = x^2 e^{3x}$ 的一个特解具有形式( ).

A. $y = ax^2 e^{3x}$; B. $y = (ax^2 + bx + c)e^{3x}$;
C. $y = x(ax^2 + bx + c)e^{3x}$; D. $y = x^2(ax^2 + bx + c)e^{3x}$.

2. 填空题:

(1) 微分方程 $xy'^2 - 2y' + x^2 = 0$ 的阶数为_____,微分方程 $xy''' + 2x^2 y'^2 + x^3 y = x^4 + 1$ 的阶数为_____.

(2) 微分方程 $\dfrac{dy}{dx} = 3x^2 y^2$ 满足初始条件 $y|_{x=0} = 1$ 的特解是_____.

(3) 一阶线性微分方程:$y' + P(x)y = Q(x)$,其通解为_____.

(4) 方程 $y' = f\left(\dfrac{y}{x}\right)$ 称为一阶齐次方程,其求解的方法是:首先作变量代换,令_____,将方程转化为_____.

(5) $y'' = 2\cos x$ 的通解是_____.

(6) 若 $r_1 = 0, r_2 = -1$ 是某二阶常系数齐次线性微分方程的特征方程的根,则该方程的通解是_____.

(7) 微分方程 $y'' - 6y' + 9y = (x-1)e^{3x}$ 的特解形式可设为_____.

(8) 微分方程 $y'' - 6y' + 25y = 0$ 的通解 $y =$ _____.

(9) 以 $y_1 = e^{2x}, y_2 = e^{-2x}$ 为特解的二阶常系数线性齐次微分方程为_____.

(10) 方程 $y'' + y = 0$ 的通解是_____,方程 $y'' + y = x + 1$ 的特解形式为_____.

3. 求下列微分方程的通解:

(1) $\dfrac{dy}{dx} + \dfrac{e^{y^3 + x}}{y^2} = 0$; (2) $3dy + (3y - e^{-2x})dx = 0$;

(3) $x\dfrac{\mathrm{d}y}{\mathrm{d}x}+2\sqrt{xy}=y(x>0)$；　　　(4) $y''+5y'=0$；

(5) $y''-4y'+5y=0$；　　　(6) $y''+y'-2y=x$.

4. 求下列微分方程满足所给初始条件的特解：

(1) $\dfrac{\mathrm{d}y}{\mathrm{d}x}+\dfrac{2y}{x}=\dfrac{x-1}{x^2}, y|_{x=1}=0$；

(2) $y''-ay'^2=0, y|_{x=0}=0, y'|_{x=0}=-1$；

(3) $4y''+4y'+y=0, y|_{x=0}=2, y'|_{x=0}=0$.

5. 设 $f(x)$ 可微分且满足关系式：
$$\int_0^{3x} f\left(\dfrac{t}{3}\right)\mathrm{d}t + \mathrm{e}^{2x} = f(x),$$
求 $f(x)$.

6. 一曲线过点 $(1,1)$，且曲线上任意点 $M(x,y)$ 处的切线与过原点的直线 OM 垂直，求此曲线方程.

附录1　微积分中的一些常用公式

1. 基本导数公式

(1) $(C)' = 0$;

(2) $(x^\mu)' = \mu x^{\mu-1}$;

(3) $(a^x)' = a^x \ln a$;

(4) $(e^x)' = e^x$;

(5) $(\log_a x)' = \dfrac{1}{x \ln a}$;

(6) $(\ln x)' = \dfrac{1}{x}$;

(7) $(\sin x)' = \cos x$;

(8) $(\cos x)' = -\sin x$;

(9) $(\tan x)' = \sec^2 x$;

(10) $(\cot x)' = -\csc^2 x$;

(11) $(\sec x)' = \sec x \tan x$;

(12) $(\csc x)' = -\csc x \cot x$;

(13) $(\arcsin x)' = \dfrac{1}{\sqrt{1-x^2}}$;

(14) $(\arccos x)' = -\dfrac{1}{\sqrt{1-x^2}}$;

(15) $(\arctan x)' = \dfrac{1}{1+x^2}$;

(16) $(\operatorname{arccot} x)' = -\dfrac{1}{1+x^2}$.

2. 导数运算法则

(1) $(Cu)' = C(u)'$;

(2) $(u \pm v)' = u' \pm v'$;

(3) $(uv)' = u'v + uv'$;

(4) $\left(\dfrac{u}{v}\right)' = \dfrac{u'v - uv'}{v^2}$;

(5) $y'_x = y'_u \cdot u'_x$;

(6) $y'_x = \dfrac{1}{x'_y}$.

3. 几个函数的 n 阶导数

(1) $(a^x)^{(n)} = a^x (\ln a)^n$;

(2) $(e^x)^{(n)} = e^x$;

(3) $[\ln(1+x)]^{(n)} = \dfrac{(-1)^{n-1}(n-1)!}{(1+x)^n}$;

(4) $[(1+x)^\alpha]^{(n)} = \alpha(\alpha-1)\cdots(\alpha-n+1)(1+x)^{\alpha-n}$;

(5) $(\sin x)^{(n)} = \sin\left(x + n \cdot \dfrac{\pi}{2}\right)$;

(6) $(\cos x)^{(n)} = \cos\left(x + n \cdot \dfrac{\pi}{2}\right)$.

4. 基本积分公式

(1) $\int 0 \, dx = C$;

(2) $\int x^\alpha \, dx = \dfrac{1}{\alpha+1} x^{\alpha+1} + C \ (\alpha \neq -1)$;

(3) $\int \dfrac{1}{x} \, dx = \ln|x| + C$;

(4) $\int a^x dx = \dfrac{1}{\ln a} a^x + C \ (a > 0, a \neq 1)$;

(5) $\int e^x dx = e^x + C$;

(6) $\int \sin x dx = -\cos x + C$;

(7) $\int \cos x dx = \sin x + C$;

(8) $\int \sec^2 x dx = \tan x + C$;

(9) $\int \csc^2 x dx = -\cot x + C$;

(10) $\int \sec x \tan x dx = \sec x + C$;

(11) $\int \csc x \cot x dx = -\csc x + C$;

(12) $\int \dfrac{1}{\sqrt{1-x^2}} dx = \arcsin x + C$;

(13) $\int \dfrac{1}{1+x^2} dx = \arctan x + C$;

(14) $\int \dfrac{1}{a^2-x^2} dx = \dfrac{1}{2a} \ln \left| \dfrac{a+x}{a-x} \right| + C \ (a \neq 0)$.

5. Wallis 公式

$$\int_0^{\frac{\pi}{2}} \sin^n x dx = \int_0^{\frac{\pi}{2}} \cos^n x dx \begin{cases} \dfrac{n-1}{n} \cdot \dfrac{n-3}{n-2} \cdot \cdots \cdot \dfrac{4}{5} \cdot \dfrac{2}{3}, & \text{当 } n \text{ 为奇数}, \\ \dfrac{n-1}{n} \cdot \dfrac{n-3}{n-2} \cdot \cdots \cdot \dfrac{3}{4} \cdot \dfrac{1}{2} \cdot \dfrac{\pi}{2}, & \text{当 } n \text{ 为偶数}. \end{cases}$$

附录2　常用初等数学公式

一、初等代数

1. 乘法公式与因式分解

(1) $(a \pm b)^2 = a^2 \pm 2ab + b^2$；

(2) $(a+b+c)^2 = a^2 + b^2 + c^2 + 2ab + 2ac + 2bc$；

(3) $a^2 - b^2 = (a-b)(a+b)$；

(4) $(a \pm b)^3 = a^3 \pm 3a^2 b + 3ab^2 \pm b^3$；

(5) $a^3 \pm b^3 = (a \pm b)(a^2 \mp ab + b^2)$。

2. 指数

(1) $a^m \cdot a^n = a^{m+n}$；　　　　　(2) $a^m \div a^n = a^{m-n}$；

(3) $(a^m)^n = a^{mn}$；　　　　　　　(4) $(ab)^m = a^m b^m$；

(5) $\left(\dfrac{a}{b}\right)^m = \dfrac{a^m}{b^m}$；　　　　　　　(6) $a^{-m} = \dfrac{1}{a^m}$。

3. 对数 ($\log_a N, a > 0, a \neq 1$)

(1) 对数恒等式 $N = a^{\log_a N}$，更常用 $N = e^{\ln N}$；

(2) $\log_a (MN) = \log_a M + \log_a N$；

(3) $\log_a \left(\dfrac{M}{N}\right) = \log_a M - \log_a N$；

(4) $\log_a (M^n) = n \log_a M$；

(5) $\log_a \sqrt[n]{M} = \dfrac{1}{n} \log_a M$；

(6) 换底公式 $\log_a M = \dfrac{\log_b M}{\log_b a}$；

(7) $\log_a 1 = 0, \log_a a = 1$。

4. 有限项数列求和

(1) $1 + 2 + 3 + \cdots + (n-1) + n = \dfrac{n(n+1)}{2}$；

(2) $1^2 + 2^2 + 3^2 + \cdots + (n-1)^2 + n^2 = \dfrac{n(n+1)(2n+1)}{6}$；

(3) $a + (a+d) + (a+2d) + \cdots + [a+(n-1)d] = n\left(a + \dfrac{n-1}{2}d\right)$；

(4) $a + aq + aq^2 + \cdots + aq^{n-1} = a\dfrac{1-q^n}{1-q} (q \neq 1)$。

5. 排列、组合与二项式定理

(1) 排列 $P_n^m = n(n-1)(n-2)\cdots[n-(m-1)]$;

(2) 全排列 $P_n^n = n(n-1)(n-2)\cdots 3 \cdot 2 \cdot 1 = n!$;

(3) 组合 $C_n^m = \dfrac{n(n-1)(n-2)\cdots[n-(m-1)]}{m!} = \dfrac{n!}{m!(n-m)!}.$

组合的性质：

(1) $C_n^m = C_n^{n-m}$;

(2) $C_n^m = C_{n-1}^m + C_{n-1}^{m-1}$;

(3) 二项式定理　$(a+b)^n = C_n^0 a^n + C_n^1 a^{n-1} b + \cdots + C_n^{n-1} ab^{n-1} + C_n^n b^n.$

二、平面、立体几何

1. 图形面积

(1) 任意三角形

$$S = \frac{1}{2} bh = \frac{1}{2} ab \sin C.$$

(2) 平行四边形

$$S = bh = ab \sin\varphi.$$

(3) 梯形

$$S = 中位线 \times 高 = \frac{1}{2}(上底+下底)\times 高.$$

(4) 扇形

$$S = \frac{1}{2} rl = \frac{1}{2} r^2 \theta,$$

弧长 $l = r\theta.$

2. 旋转体

(1) 圆柱

设 R——底圆半径，H——圆柱高，则

1) 侧面积 $S_{侧} = 2\pi RH$;

2) 全面积 $S_{全} = 2\pi RH + 2\pi R^2$;

3) 体积 $V = \pi R^2 H.$

(2) 圆锥

设 R——底圆半径，H——高，$l = \sqrt{R^2 + H^2}$——斜高，则

1) 侧面积 $S_{侧} = \pi Rl$;

2) 全面积 $S_{全} = \pi Rl + \pi R^2$;

3) 体积 $V = \dfrac{1}{3}\pi R^2 H.$

(3) 球

设 R——球半径，则

1) 表面积 $S_{全} = 4\pi R^2$;

2) 体积 $V = \dfrac{4}{3}\pi R^3$.

三、三角函数

1. 基本公式

$\sin^2\alpha + \cos^2\alpha = 1, \dfrac{\sin\alpha}{\cos\alpha} = \tan\alpha, \dfrac{\cos\alpha}{\sin\alpha} = \cot\alpha,$

$1 + \tan^2\alpha = \sec^2\alpha, 1 + \cot^2\alpha = \csc^2\alpha,$

$\csc\alpha = \dfrac{1}{\sin\alpha}, \sec\alpha = \dfrac{1}{\cos\alpha}.$

2. 诱导公式(口诀:奇变偶不变,符号看象限)

函数	$\beta = \dfrac{\pi}{2} \pm \alpha$	$\beta = \pi \pm \alpha$	$\beta = \dfrac{3\pi}{2} \pm \alpha$	$\beta = 2\pi - \alpha$
$\sin\beta$	$+\cos\alpha$	$\mp\sin\alpha$	$-\cos\alpha$	$-\sin\alpha$
$\cos\beta$	$\mp\sin\alpha$	$-\cos\alpha$	$\pm\sin\alpha$	$+\cos\alpha$
$\tan\beta$	$\mp\cot\alpha$	$\pm\tan\alpha$	$\mp\cot\alpha$	$-\tan\alpha$
$\cot\beta$	$\mp\tan\alpha$	$\pm\cot\alpha$	$\mp\tan\alpha$	$-\cot\alpha$

3. 和差公式

(1) $\sin(\alpha \pm \beta) = \sin\alpha\cos\beta \pm \cos\alpha\sin\beta$;

(2) $\cos(\alpha \pm \beta) = \cos\alpha\cos\beta \mp \sin\alpha\sin\beta$;

(3) $\tan(\alpha \pm \beta) = \dfrac{\tan\alpha \pm \tan\beta}{1 \mp \tan\alpha\tan\beta}$;

(4) $\cot(\alpha \pm \beta) = \dfrac{\cot\alpha\cot\beta \mp 1}{\cot\beta \pm \cot\alpha}$;

(5) $\sin\alpha + \sin\beta = 2\sin\dfrac{\alpha+\beta}{2}\cos\dfrac{\alpha-\beta}{2}$;

(6) $\sin\alpha - \sin\beta = 2\cos\dfrac{\alpha+\beta}{2}\sin\dfrac{\alpha-\beta}{2}$;

(7) $\cos\alpha + \cos\beta = 2\cos\dfrac{\alpha+\beta}{2}\cos\dfrac{\alpha-\beta}{2}$;

(8) $\cos\alpha - \cos\beta = -2\sin\dfrac{\alpha+\beta}{2}\sin\dfrac{\alpha-\beta}{2}$;

(9) $\sin\alpha\cos\beta = \dfrac{1}{2}[\sin(\alpha+\beta) + \sin(\alpha-\beta)]$;

(10) $\cos\alpha\cos\beta = \dfrac{1}{2}[\cos(\alpha+\beta) + \cos(\alpha-\beta)]$;

(11) $\sin\alpha\sin\beta = -\dfrac{1}{2}[\cos(\alpha+\beta) - \cos(\alpha-\beta)]$.

4. 倍角和半角公式

(1) $\sin 2\alpha = 2\sin\alpha\cos\alpha$;

(2) $\cos 2\alpha = \cos^2\alpha - \sin^2\alpha = 2\cos^2\alpha - 1 = 1 - 2\sin^2\alpha$;

(3) $\tan 2\alpha = \dfrac{2\tan\alpha}{1-\tan^2\alpha}$;

(4) $\sin^2\dfrac{\alpha}{2} = \dfrac{1-\cos\alpha}{2}$;

(5) $\cos^2\dfrac{\alpha}{2} = \dfrac{1+\cos\alpha}{2}$;

(6) $\tan^2\dfrac{\alpha}{2} = \dfrac{1-\cos\alpha}{1+\cos\alpha}$;

(7) $\tan\dfrac{\alpha}{2} = \dfrac{1-\cos\alpha}{\sin\alpha} = \dfrac{\sin\alpha}{1+\cos\alpha}$;

(8) $\sin\alpha = \dfrac{2\tan\dfrac{\alpha}{2}}{1+\tan^2\dfrac{\alpha}{2}}$;

(9) $\cos\alpha = \dfrac{1-\tan^2\dfrac{\alpha}{2}}{1+\tan^2\dfrac{\alpha}{2}}$;

(10) $\tan\alpha = \dfrac{2\tan\dfrac{\alpha}{2}}{1-\tan^2\dfrac{\alpha}{2}}$.

四、解析几何

1. 两点距离公式

设 $A(x_1, y_1), B(x_2, y_2)$ 为平面上两点,则 A、B 的距离为 $d = \sqrt{(x_2-x_1)^2 + (y_2-y_1)^2}$.

2. 平面直线方程

(1) 一般式: $Ax + By + C = 0$, 斜率 $k = -\dfrac{A}{B}$;

(2) 斜截式: $y = kx + b$, k—— 斜率, b—— 截距;

(3) 点斜式: $y - y_0 = k(x - x_0)$, 通过点 (x_0, y_0), k—— 斜率;

(4) 截距式: $\dfrac{x}{a} + \dfrac{y}{b} = 1$, $a \neq 0$, $b \neq 0$, a、b 为两轴上的截距;

(5) 两点式: $\dfrac{y-y_1}{y_2-y_1} = \dfrac{x-x_1}{x_2-x_1}$.

3. 直线间关系

设二直线 $L_1: A_1 x + B_1 y + C_1 = 0$, $k_1 = -\dfrac{A_1}{B_1}$,

$L_2: A_2 x + B_2 y + C_2 = 0$, $k_2 = -\dfrac{A_2}{B_2}$,

1) $L_1 // L_2 \Leftrightarrow k_1 = k_2$ 或 $\dfrac{A_1}{A_2} = \dfrac{B_1}{B_2} \neq \dfrac{C_1}{C_2}$;

2) $L_1 \perp L_2 \Leftrightarrow k_1 k_2 = -1$ 或 $A_1 A_2 + B_1 B_2 = 0$;

3) L_1、L_2 重合 $\Leftrightarrow \dfrac{A_1}{A_2} = \dfrac{B_1}{B_2} = \dfrac{C_1}{C_2}$.

附录 3 Mathematica 软件及应用

一、Mathematica 简介

随着计算机的发展,数学软件也相继发展,把数学软件引入数学学习和研究中,用计算机代替纸和笔以及部分脑力劳动显得日益重要. 本章介绍的 Mathematica 是由美国 Wolfram 公司开发的. 自 1988 年首次发布以来,因系统的精致结构和强大的计算能力而广泛流传. 经过 20 多年的不断扩充和完善,现在已经推出 8.0.4 版. Mathematica 是一种数学分析型软件,以符号计算见长,也具有高精度的数值计算功能和强大的图形功能.

现在,Mathematica 在世界上拥有超过数百万的用户,已在工程领域、计算机科学、生物学、医学、金融和经济、数学、物理、化学和社会科学等范围得到应用. 在教学研究和教学应用方面,世界各地的大学和高等教育工作者已开发基于 Mathematica 的多门课程. 它也是国内"数学模型"和"数学实验"课程最常用的工具.

1. Mathematica 的启动和运行

如果你的计算机已经安装了 Mathematica7.0,系统会在 Windows"开始"菜单的"程序"子菜单中加入启动 Mathematica7.0 的菜单项 Wolfram Mathematica 7,用鼠标单击它就可以启动 Mathematica7.0,在屏幕上显示如图 1 所示的笔记本窗口,系统暂时取名为未命名-1,直到用户保存时重新命名为止.

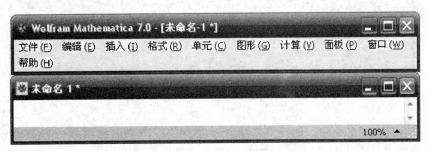

图 1 Mathematica 启动后的界面

输入 $66+88$,按 Shift+Enter 发出执行命令,或在"计算"菜单中选择"计算单元"命令,系统开始计算并输出计算结果,并给输入和输出附上次序标识 In[1] 和 Out[1],注意 In[1] 是计算后才出现的;再输入表达式,要求系统将 $(x+y)^2$ 展开,按 Shift+Enter 输出计算结果后,系统分别将其标识为 In[2] 和 Out[2],如图 2 所示.

如果想使用前面得到的结果,但又不想自己打字时,可以使用简单的方法引用前面的结果. 引用有两种方法,第一种是使用%,一个%表示倒数第一个结果,两个%表示倒数第二个结果.例如在前面的基础上输入:%%+6,则会将倒数第二个输出结果加 6.引用还可以使用 Out[数字],例如输入 Out[3]+40,则使第三个结果加 40.如图 2 所示.

　　有些计算是相当费时的,正在计算的部分右边的括号会变为粗体,如果没有耐心等待计算结果,可以选择菜单栏中的"计算"下的"退出内核"下的 Local,这样就会停止计算.

　　在 Mathematica 的笔记本界面下,可以用这种交互的方式完成各种运算,如函数作图、求极限、解方程等,也可以用它来编写 C 程序.在 Mathematica 系统中定义了许多功能强大的函数,称为内建函数(built-in function),如绝对值函数 Abs[x]、正弦函数 Sin[x]、作函数图形的函数 Plot[]、解方程函数 Solve[] 等,直接调用这些函数可以取到事半功倍的效果.

　　如果不想 Mathematica 的运算结果显示出来,可在运算表达式后加一个分号,即";".一个表达式只有准确无误,方能得出正确结果.如果输入了不合语法规则的表达式,系统会显示出错信息,并且不给出计算结果.学会看系统出错信息,能帮助我们较快找出错误,提高工作效率.Mathematica 的注释以"(*"开始,以"*)"结束,即:(* Mathematica 所注释的内容 *).

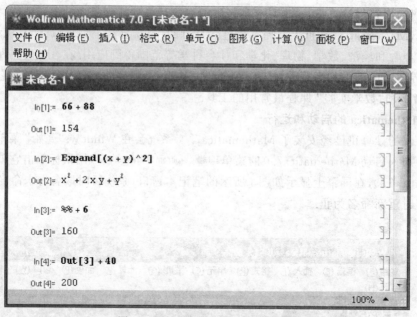

图 2　Mathematica 输入、输出示例

　　必须注意的是,Mathematica 严格区分字母大小写,一般内建函数的首字母必须大写,有时一个函数名是由几个单词构成,则每个单词的首字母也必须大写,如求局部极小值函数 FindMinimum[f[x],{x,x0}] 等.还有一点要注意的是 Mathematica 中括号的使用."[ ]"表示函数,例如,Sin[Pi] 表示 sinπ."( )"表示分组,例如 $(x+y)*2$ 表示先进行 $x+y$,再乘以 2."{ }"表示集合."[[ ]]"表示目录索引,例如,a={7,8,9},a[[2]] 表示 a 的第二个分量 8.

　　完成各种计算后,点击"文件"→"退出"或用鼠标点击 Mathematica 系统集成界面右上角的"关闭"按钮退出.如果文件未存盘,系统提示用户存盘,文件名以".nb"作为后缀,称为 Notebook 文件.以后想使用本次保存结果时,可以通过"文件"→"打开"菜单读入,也可直接双击它,系统自动调用 Mathematica 将它打开.

2. 表达式

(1) 算术表达式

一个算术表达式通常是由数(或变量)经算术运算符(或函数)连接而成的,其中变量的类型可以是数值、符号、列表等,函数可以是系统内嵌函数或者是用户自定义函数. Mathematica 中的算术运算符如表 1 所示.

表 1 算术运算符

运算优先级	运算符	说　明
1	[]、{}、()	函数、列表、分隔符
2	!、!!	阶乘、双阶乘
3	++、--	变量自加 1、自减 1
4	+=、-=、*=、/=	运算后赋值给左边变量
5	^	方幂
6	.	矩阵乘积或向量内积
7	*、/	乘、除
8	+、-	加、减

在不引起误解的情况下,算术表达式中的乘号可以忽略不写. 例如:"2a"、"2　a"、"2*a"的意义是相同的,但是"a2"、"a　2"的意义却是不同的.

(2) 逻辑表达式

一个取值 True、False 的表达式称为逻辑表达式. 逻辑表达式通常由逻辑运算符或关系运算符连接而成.

例如:Infinity == 2Infinity 就是一个取值 True 的逻辑表达式. 当 Mathematica 无法确定表达式是否取值 True、False 的时候,即使该表达式是个恒等式,我们也不认为它是逻辑表达式. Mathematica 中的关系运算符有 <、<=、==、>=、>、!=,逻辑运算符有 And 或 &&、Or 或 ||、Not 或 !等. And[a,b,...] 或"a&&b&&..."表示逻辑与. 当且仅当 a,b,... 都是 True 时,And[a,b,...] 是 True. Or[a,b,...] 或"a||b||..."表示逻辑或. 当且仅当 a,b,... 至少一个是 True 时,Or[a,b,...] 是 True. Not[a] 或"!a"表示逻辑非. 当 a 是 False 时,Not[a] 是 True;当 a 是 True 时,Not[a] 是 False.

(3) 数学表达式的输入

Mathematica 中输入数学表达式,除了使用键盘输入外,还可以使用工具栏和快捷方式键入. Mathematica 提供了两种格式的数学表达式,形如 $x/(2+3x)+y^*(x-w)$ 的称为一维格式,形如 $\frac{x}{x+2y}$ 的称为二维格式. 如果屏幕上没有显示基本输入工具栏,可点击面板 → 其他 → 基本数学输入打开. 图 3 是基本数学输入工具栏的截图.

图 3　基本数学输入工具栏

（4）特殊字符的输入

Mathematica 还提供了用以输入各种特殊符号的工具栏，单击这些字符按钮即可输入．从菜单栏点击面板→特殊字符打开特殊字符工具栏，见图 4．

图 4　特殊字符工具栏

(5) Mathematica 联机帮助系统

在使用 Mathematica 的过程中,常常需要了解一个命令的详细用法,或者想知道系统中是否有完成某一计算的命令,帮助系统永远是最详细、最方便的资料库.

在笔记本窗口界面下,用?或??可向系统查询运算符、函数和命令的定义和用法,获取简单而直接的帮助信息. 例如,向系统查询作图函数 Plot 命令的用法:输入?Plot 系统将给出调用 Plot 的格式以及 Plot 的功能(如果用两个问号??,则信息会更详细些),?Plot* 给出所有以 Plot 这四个字母开头的命令.

任何时候都可以通过按 F1 键或点击菜单项帮助 → 参考资料中心,调出帮助文件中心,见图 5 所示.

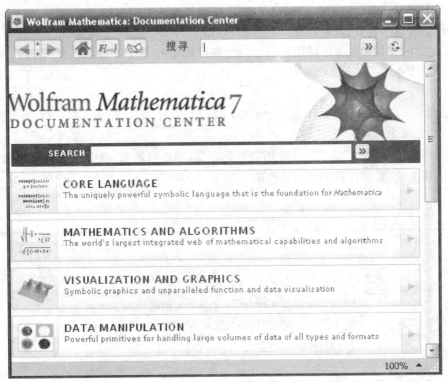

图 5　帮助文件中心

3. 数据类型和常数

(1) 数值类型

在 Mathematica 中,基本的数值类型有四种:整数、有理数、实数和复数. 如果你的计算机的内存足够大,Mathematica 可以表示任意长度的精确实数,而不受所用的计算机字长的影响. 整数与整数的计算结果仍是精确的整数或是有理数.

例 1　2 的 100 次方是一个 31 位的整数:

ln[1] := **2^100**

Out[1] = 1 267 650 600 228 229 401 496 703 205 376

在 Mathematica 中也允许使用分数,但两个整数相除而不能整除时,系统就用有理数来表示,即有理数是用两个整数的比来组成.

例 2 有理数示例.

ln[2]:= **12 345/5555**

Out[2] = $\dfrac{2469}{1111}$

Mathematica 实数的有效位数可以取任意位数,是一种具有任意精确度的实数,当然在计算的时候也可以控制实数的精度.

例 3 计算$\sqrt{10}$(要求精度为 20 位).

ln[3]:= **N[Sqrt[10],20]**

Out[3] = 3.1622776601683793320

例 3 中用到一个转换函数 N[x, n],表示将 x 转换成近似实数,有效数字为 n 个.

实数也可以与整数、有理数进行混合运算,结果是一个实数. Mathematica 也可进行复数计算.复数的实部和虚部可以用整数、实数、有理数表示,虚数单位用 I 表示.

例 4 计算$(3+4i)^{15}$.

ln[5]:= **(3+4I)^15**

Out[5] = 6 890 111 163 + 29 729 597 084 i

(2) 内部常数

Mathematica 定义了以下一些常用的常数,它们都是精确数.数学常数可用在公式推导和数值计算中,在数值计算中表示精确值.

表 2   **Mathematica 中的常数**

内部常数	内部常数含义
Pi	圆周率
E	自然对数的底
Degree	一单位角度 $\pi/180$
Infinity	无穷大
I	虚数单位
GondenRatio	黄金分割数

4. 变量

(1) 变量命名

为了便于计算和保存计算的中间结果,常常需要引进变量.在 Mathematica 中,变量名通常以英文字母开头,后跟数字或字母,变量名的字符长度不限.希腊字母和中文字符也可以用在变量名中.如 a12,ast,x1,林林,A 都是合法的变量名,而 12a,z∗a 是非法的变量名.

Mathematica 区分字母的大小写,因此 A 和 a 表示两个不同的变量.由于 Mathematica 的内置函数或保留关键词都是以大写字母开头,为了避免混淆,建议用户定义变量时以小写字母开头.

变量不仅可以存放一个数、字符串、向量、矩阵或函数,还可以存放复杂的数据或图形和图像. 变量也有类型. 在运算中,变量即取即用,不需要预先说明变量的类型,系统会根据你对变量赋的值作出正确的处理.

(2) 变量赋值

变量的赋值有两种形式,一种是立即赋值,另一种是延迟赋值,分别用运算符"="或":=". 延迟赋值时,系统不立即给出变量的值,只有在下一次调用时,才赋一次值.

Mathematica 中,每条语句由一个或多个表达式组成,可占一行或多行,分号";"用于连接多个表达式. 如果输入计算表达式命令后以分号结尾,则执行一个计算,但不显示输出. 例如下面例 5 中语句 In[3].

例 5 变量赋值示例

In[1]:= **u = v = 1**　　　　　　　　　　　　　　　(* 把值赋给 v 和 u *)
Out[1]= 1
In[2]:= **x:= 6 + 3**　　　　　　　　　　　　　　　(* 延迟赋值 *)
In[3]:= **f = x^2 + x − 3.2;**　　　　　　　　　　　(* 把一个多项式赋给 f *)
In[4]:= **{x,y,z} = {1,2,3}**　　　　　　　　　　　(* 对三个变量同时赋值 *)
Out[4]:= {1,2,3}

对于已赋值的变量,可以用 Unset 函数清除它的值,或用 Clear 函数清除关于它的值和定义. 及时地清除变量可以释放被占用的内存空间,提高 Mathematica 的运行效率. 变量清除函数如表 3 所示.

表 3　　　　　　　　　　　　　　　　变量清除函数

用　法	说　明
Unset[x]　或　x =.	清除 x 的值
Clear[x1,x2,…]	清除 x1,x2,… 的值和定义
Clear["p1","p2",…]	清除与模式 p1,p2,… 相匹配的值和定义

(3) 变量替换

在给定一个表达式时,其中的变量可能取不同的值,这时可用变量替换来计算表达式的不同值,格式为:

　　　　　　　　函数(或表达式)/.{变量 1—>,变量 2—>,…}.

例 6 变量替换示例

In[1]:= **f = 2 ∗ x + 1**
Out[1]= 2x + 1
In[2]:= **f/. x —> 1**　　　　　　　　　　　　　　　(* 一个变量替换 *)
Out[2]= 3
In[3]:= **Clear[x]**

In[4]: = (z+y)(z-y)^2/.{z->3,y->1-a}   (* 二个变量替换 *)
Out[3] = (4-a)(2+a)^2
In[5]: = Clear[y,z]
In[6]: = 2+3x+x^2/.{2->3,3->4}   (* 把2换成3,3换成4 *)
Out[4] = 3+4x+x^3

5. 函数

(1) 系统函数

在 Mathematica 中定义了大量的数学函数可以直接调用,表 4 列出了一些常用的函数.

表 4　　　　　　　　　　　　**Mathematica 常用数学函数表**

函　　数	说　　明
Floor[x](Ceiling[x])	不比 x 大(小)的最大(小)整数
Round[x]	接近 x 的整数(四舍五入)
Sign[x]	符号函数
Abs[x]	x 的绝对值 $\lvert x \rvert$
Max[x1,x2,x3,⋯]	$x_1,x_2,x_3,\cdots$ 中的最大值
Min[x1,x2,x3,⋯]	$x_1,x_2,x_3,\cdots$ 中的最小值
Random[ ]	产生 0～1 之间的随机数
Random[Real,x]	产生 0～x 之间的随机数
Exp[x]	以 e 为底的指数函数 e^x
Log[x](Log[b,x])	自然(以 b 为底的)对数函数
Sin[x]、Cos[x]、Tan[x]、Cot[x]、Sec[x]、Csc[x]	三角函数
ArcSin[x]、ArcCos[x]、ArcTan[x]、ArcCot[x]	反三角函数
Mod[m,n]	m 被 n 整除的余数
GCD[n1,n2,n3,⋯]	$n_1,n_2,n_3,\cdots$ 的最大公约数
LCM[n1,n2,n3,⋯]	$n_1,n_2,n_3,\cdots$ 的最小公倍数
n!	n 的阶乘
n!!	n 的双阶乘

(2) 函数的定义

1) 函数的立即定义

立即定义函数的语法为 f[x_] = expr，其中 f 为函数名，自变量为 x，expr 是表达式。在执行时是把 expr 中的 x 都换为 f 的自变量 x（不是 x_）。函数的自变量具有局部性，只对所在的函数起作用。函数执行结束后也就没有了，不会改变其他全局定义的同名变量的值。函数定义后可以求函数值，也可以绘制其图形。

2) 函数的延迟定义

延迟定义的格式为 f[x_] := expr，定义方法比照立即定义区别为"="换成了":="。延迟定义与立即定义的主要区别为即时定义函数在输入函数后立即定义函数并存放在内存中，可以直接调用，而延迟定义的函数只在调用时才真正定义函数。

3) 使用条件运算符定义函数

分段函数根据 x 的不同的值给出不同的表达式，Mathematica 中如何来定义？可使用条件运算符，基本格式为 f[x_] := expr/;condition，当 condition 条件满足时才把 expr 赋给 f。

例 7 定义函数 $f(x) = x\sin x + x^2$，求 $f(2)$ 并绘制图形。

ln[1]: = **f[x_] = x * Sin[x] + x^2**

Out[1] = $x^2 + x\sin[x]$

ln[2]: = **f[2]**

Out[2] = $4 + 2\sin[2]$

ln[3]: = **Plot[f[t],{t,0,2}]**

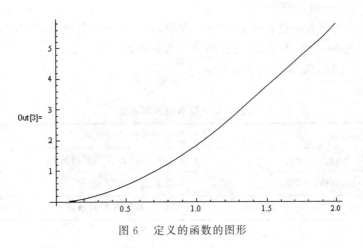

图 6　定义的函数的图形

例 8 使用条件运算符定义函数

$$f(x) = \begin{cases} x-1, & x \geqslant 0, \\ x^2, & -1 < x < 0, \\ \sin x, & x \leqslant -1. \end{cases}$$

并绘制它的图形。

ln[1]: = **f[x_] := x - 1/;x ≥ 0**

　　　　f[x_] := x^2/;(x > -1) && (x < 0)

　　　　f[x_] := Sin[x]/;x ≤ -1

　　　　Plot[f[x],{x,-2,2}]

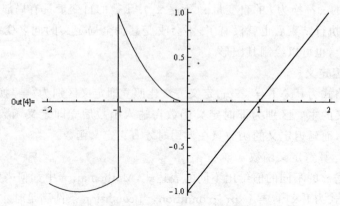

图 7　使用条件运算符定义的函数的图形

6. 求方程的解

例 9　解方程 $x^2 - 3x + 2 = 0$.

ln[1]: = **Roots[x^2 − 3x + 2 == 0, x]**

Out[1] = x == 1 || x == 2

ln[2]: = **Solve[x^2 − 3x + 2 == 0]**

Out[2] = {{x → 1}, {x → 2}}

注意：方程中的等号用逻辑运算符"=="表示. 用 Roots 命令求解时,方程的解被看做逻辑语句,而用 Solve 命令求解时,方程的解为解集形式.

常用的一些方程求解函数如表 5 所示.

表 5　　　　　　　　　　常用的一些方程求解函数

Solve[lhs == rhs, vars]	给出方程的解集
NSolve[lhs == rhs, vars]	直接给出方程的数值解集
Roots[lhs == rhs, vars]	求表达式的根
FindRoot[lhs == rhs, {x, x0}]	求 x_0 附近方程的解值

Solve 函数可处理的主要方程是多项式方程. 如果方程的求解结果比较复杂,这时可用 NSolve[ ] 求数值解.

在 Mathematica 无法给出解的情况下,可用 FindRoot[ ] 来求解,但要给出起始条件.

例 10　求 $3\cos x = \ln x$ 的解.

ln[3]: = **FindRoot[3Cos[x] == Log[x], {x, 1}]**

Out[3] = {x → 1.44726}

这时只能求出 x = 1 附近的解. 如果方程有几个不同的解,当给定不同的条件时,将给出不同的解,因此确定解的起始位置比较关键. 一种常用的方法是,先绘制图形观察后再解,也就是说通过图形可以看出何值附近有根,从而容易确定初始位置,然后利用 FindRoot[ ] 来求解.

7. 绘图

(1) 平面图形

在前面的例题中,已多次使用到绘图命令 Plot,现作进一步介绍.

Plot 命令的一般形式:

Plot[f,{x,xmin,xmax},选项]—— 在区间[xmin,xmax]上按选项定义值绘制单变量函数 $f(x)$ 的图形;

Plot[{f1,f2,…},{x,xmin,xmax},选项]—— 在区间[xmin,xmax]上按选项定义值同时绘制函数 $f_1(x)$、$f_2(x)$ 等的图形.

Plot 命令有许多可选项,如 AspectRatio 表示高宽比,PlotRange 表示作图的值域,Plotpoints 表示图中取样点的个数,越大则图越精细,PlotStyle 指定所画图形的线宽、线型、颜色等特性,AxesLabel 表示在坐标轴上作标记等等.

例 11 绘制抛物线 $f(x) = x^2$ 从 -3 到 3 之间的图形.

ln[1]:= **Plot[x^2,{x,−3,3}]**

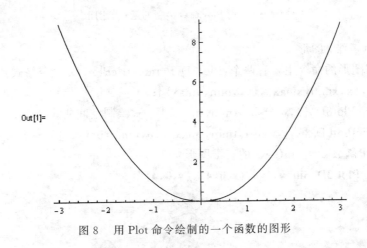

图 8 用 Plot 命令绘制的一个函数的图形

例 12 在同一坐标系下绘制函数 $f(x) = x^2$ 与 $g(x) = 6 - x^2$ 在 -3 到 3 之间的图形.

ln[2]:= **Plot[{x^2,6 − x^2},{x,−3,3}]**

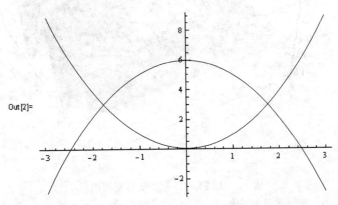

图 9 用 Plot 命令同时绘制的两个函数的图形

例 13 绘制 $f(x) = \dfrac{\cos x^2}{x+1}$ 函数在 $[0, 2\pi]$ 上的图形.

ln[3]: = **Plot[Cos[x^2]/(x+1),{x,0,2Pi}]**

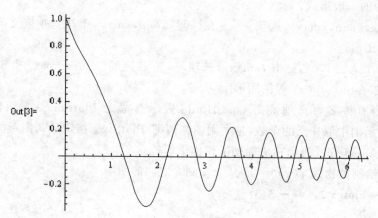

图 10　用 Plot 命令绘制的函数的图形

(2) 空间(三维)图形

绘制空间图形的命令主要有两个:Plot3D、ParametricPlot3D. 命令格式:

Plot3D[f,{x,xmin,xmax},{y,ymin,ymax}];

ParametricPlot3D[{x,y,z},{t,tmin,tmax}]——绘制空间曲线;

ParametricPlot3D[{x,y,z},{t,tmin,tmax},{u,umin,umax}]——绘制空间曲面.

例 14 作函数 $z = \sin(xy)$ 的三维图形.

ln[4]: = **Plot 3D[Sin[x*y],{x,0,4},{y,0,4}]**

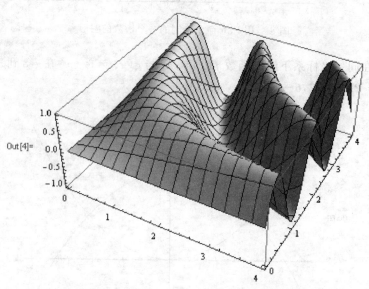

图 11　用 Plot3D 命令绘制空间图形

二、微积分运算

1. 极限

在 Mathematica 中计算极限的命令是 Limit. 命令格式：

Limit[f[x], x −> a]—— 求极限 $\lim\limits_{x \to a} f(x)$.

Limit[f[x], x −> a] 中，a 可取 $+\infty$，$-\infty$，即 Infinity，−Infinity；"−>" 由减号和大于号构成. x −> a 后加上选项 Direction −> 1 和 Direction −> −1 分别表示求 a 处的左极限和右极限.

例 15 求极限 $\lim\limits_{x \to +\infty} e^x$.

输入、输出结果如下：

ln[1]: = **Limit[Exp[x], x −> Infinity]**

Out[1] = ∞

例 16 求极限 $\lim\limits_{x \to 0} \dfrac{\sin x}{2x}$.

输入、输出结果如下：

ln[2]: = **Limit[Sin[x]/(2x), x → 0]**

Out[2] = $\dfrac{1}{2}$

例 17 求右极限 $\lim\limits_{x \to 1^+} \dfrac{|x|}{x}$ 和左极限 $\lim\limits_{x \to 1^-} \dfrac{|x|}{x}$.

输入、输出结果如下：

ln[3]: = **Limit[Abs[x]/x, x → 0, Direction → −1]**

　　　Limit[Abs[x]/x, x → 0, Direction → 1]

Out[3] = 1

Out[4] = −1

例 18 求极限 $\lim\limits_{x \to \infty} \dfrac{\sqrt{x^2+2}}{3x-6}$.

输入、输出结果如下：

ln[5]: = **Limit[Sqrt[x^2+2]/(3x−6), x −> Infinity]**

Out[5] = $\dfrac{1}{3}$

2. 导数运算

在 Mathematica 中计算函数的导数是非常方便的，命令为 "D[f, x]"，表示对 x 求函数 f 的导数. 求一阶导数和 n 阶导数的格式如下：

D[f, x]—— 用于求 $\dfrac{df}{dx}$；

D[f, {x, n}]—— 用于求 $\dfrac{d^n f}{dx^n}$.

注意：在 Mathematica 中求 n 阶导数时，n 要有具体的数值，否则在 Mathematica 中是不能求导的.

例19 求下列函数的导数：

(1) $y = \dfrac{1}{\sqrt{a^2 - x^2}}$； (2) $y = x^2 \sin x$；

(3) $y = e^{\cos x}$； (4) $y = \ln(\arctan x) + x^2$.

输入、输出结果如下：

ln[1]: = **D[1/Sqrt[a^2 − x^2],x]**
            D[x^2Sin[x],x]
            D[Exp[Cos[x]],x]
            D[Log[ArcTan[x]] + x^2,x]

Out[1] = $\dfrac{x}{(a^2 - x^2)^{3/2}}$

Out[2] = $x^2 \mathrm{Cos}[x] + 2x\mathrm{Sin}[x]$

Out[3] = $-e^{\mathrm{Cos}[x]} \mathrm{Sin}[x]$

Out[4] = $2x + \dfrac{1}{(1 + x^2)\mathrm{ArcTan}[x]}$

例20 求下列函数的二阶导数：

(1) $y = 3x^4 - 2x^2 + 5$； (2) $y = e^x \sin x$.

输入、输出结果如下：

ln[5]: = **D[3x^4 − 2x^2 + 5,{x,2}]**
            D[Exp[x] ∗ Sin[x],{x,2}]

Out[5] = $-4 + 36x^2$

Out[6] = $2e^x \mathrm{Cos}[x]$

3. 积分运算

在 Mathematica 中计算积分的命令格式为：

Integrate[f[x],x]——用于求不定积分；

Integrate[f[x],{x,a,b}]——用于求定积分的准确值；

NIntegrate[f[x],{x,a,b}]——用于求定积分的近似值.

例21 计算下列不定积分：

(1) $\displaystyle\int x\sqrt{x}\,\mathrm{d}x$； (2) $\displaystyle\int \dfrac{\ln(x+1)}{\sqrt{x+1}}\,\mathrm{d}x$；

(3) $\displaystyle\int (5x - 10)^{10}\,\mathrm{d}x$； (4) $\displaystyle\int xe^x\,\mathrm{d}x$.

输入、输出结果如下：

ln[1]: = **Integrate[x ∗ Sqrt[x],x]**
            Integrate[Log[x + 1]/Sqrt[x + 1],x]
            Integrate[(5x − 10)^10,x]
            Integrate[x ∗ Exp[x],x]

Out[1] = $\dfrac{2x^{5/2}}{5}$

Out[2] = $2\sqrt{1+x}(-2+\text{Log}[1+x])$

Out[3] = $-\dfrac{1}{55}(10-5x)^{11}$

Out[4] = $e^x(-1+x)$

例 22 计算下列定积分：

(1) $\displaystyle\int_1^4 (x^2-2x+1)\mathrm{d}x$；   (2) $\displaystyle\int_0^2 |x-1|\,\mathrm{d}x$；

(3) $\displaystyle\int_0^{\sqrt{3}} 2x\arctan x\,\mathrm{d}x$；   (4) $\displaystyle\int_{\frac{\pi}{6}}^{\frac{\pi}{2}} \dfrac{1}{x+\sin x}\mathrm{d}x$.

输入、输出结果如下：

ln[5]: = **Integrate[(x^2 − 2x + 1),{x,1,4}]**
   Integrate[Abs[x − 1],{x,0,2}]
   Integrate[2x ∗ ArcTan[x],{x,0,Sqrt[3]}]
   NIntegrate[1/(x + Sin[x]},{x,Pi/6,Pi/2}]

Out[5] = 9

Out[6] = 1

Out[7] = $-\sqrt{3}+\dfrac{4\pi}{3}$

Out[8] = 0.597051

注意，(4) 题计算时使用的是 NIntegrate 命令，所以结论为近似数值.

例 23 求下列变上限积分对 x 的导数：

(1) $\displaystyle\int_1^x \cos t^2\,\mathrm{d}t$；   (2) $\displaystyle\int_1^{x^2} (1+t^2)\mathrm{d}t$；

(3) $\displaystyle\int_x^{x^3} (2+t)\mathrm{d}t$；   (4) $\displaystyle\int_x^{\sin x} f(t+2)\mathrm{d}t$.

输入、输出结果如下：

ln[9]: = **D[Integrate[Cos[t^2],{t,1,x}],x]**
   D[Integrate[(1 + t^2),{t,1,x^2}],x]
   D[Integrate[(2 + t),{t,x,x^3}],x]
   D[Integrate[f[t + 2],{t,x,Sin[x]}],x]

Out[9] = $\cos[x^2]$

Out[10] = $2x+2x^5$

Out[11] = $-2-x+6x^2+3x^5$

Out[12] = $-f[2+x]+\cos[x]f[2+\sin[x]]$

例 24 计算广义积分 $\displaystyle\int_1^{+\infty}\dfrac{1}{x^4}\mathrm{d}x$.

输入、输出结果如下：

ln[13]: = **Integrate[1/x^4,{x,1,Infinity}]**

Out[13] = $\dfrac{1}{3}$

4. 微分方程求解

在 Mathematica 中解微分方程的常用命令为"DSolve[ ]",其使用格式为：

DSolve[常微分方程,y[x],x]—— 求常微分方程的通解；

DSolve[{常微分方程,初始条件},y[x],x]—— 求常微分方程满足初始条件的特解.

例 25　求 $y' = x + y$ 的通解.

输入、输出结果如下：

ln[1]：= **DSolve[y′[x] == x + y[x],y[x],x]**

Out[1] = {{y[x] → −1 − x + e^xC[1]}}

例 26　求微分方程 $xy' = y + \dfrac{x}{\ln x}$ 的通解.

输入、输出结果如下：

ln[2]：= **DSolve[x ∗ y′[x] == y[x] + x/Log[x],y[x],x]**

Out[2] = {{y[x] → C[1] + xLog[Log[x]]}}

例 27　求微分方程 $9y'' + 12y' + 4y = 0$ 的通解.

输入、输出结果如下：

ln[3]：= **DSolve[9y″[x] + 12y′[x] + 4y[x] == 0,y[x],x]**

Out[3] = {{y[x] → $e^{-2x/3}$C[1] + $e^{-2x/3}$xC[2]}}

例 28　求微分方程 $2y' + y = 3$ 满足 $y|_{x=0} = 10$ 的特解.

输入、输出结果如下：

ln[4]：= **DSolve[{2y′[x] + y[x] == 3,y[0] == 10},y[x],x]**

Out[4] = {{y[x] → $e^{-x/2}$(7 + 3$e^{x/2}$)}}

习题参考答案

第1章

习题 1-1

1. (1) $[2,6]$; (2) $[1,+\infty)$; (3) $[-3,5]$; (4) $(-\infty,-3) \cup (3,+\infty)$.

2. 不是.

3. (1) 不同; (2) 相同; (3) 不同; (4) 相同.

4. (1) $(-\infty,+\infty)$; (2) $\left(-\frac{1}{2},+\infty\right)$; (3) $(-1,1) \cup (1,3]$; (4) $(1,+\infty)$.

5. $f(0)=1, f(2)=1, f(x+1)=\frac{1}{x^2}, f\left[\frac{1}{f(x)}\right]=\frac{1}{(x^2-2x)^2}$.

6. (1) a) 无界; b) 有界,$M \geqslant 3$; (2) a) 无界; b) 有界,$M \geqslant \lg 3$.

7. (1) $y = e^{2x+1}$; (2) $y = \lg\sqrt{1+\tan x}$.

8. (1) $y = \sqrt{u}, u = x+\cos x$; (2) $y = 2^u, u = \sin v, v = 3x$;
   (3) $y = u^2, u = \arccos v, v = \sqrt{x}$; (4) $y = \sin u, u = e^v, v = \frac{1}{x}$.

9. $s = \frac{1}{300}v^2 \ (v > 0)$.

10. $y = 200(x+43) \ (0 \leqslant x \leqslant 6, x \in \mathbf{Z})$.

11. $y = \begin{cases} 0.8, & 0 < x \leqslant 20, \\ 1.60, & 20 < x \leqslant 40, \\ 2.40, & 40 < x \leqslant 60, \\ 3.20, & 60 < x \leqslant 80, \\ 4.00, & 80 < x \leqslant 100, \\ 6.00, & 100 < x \leqslant 120. \end{cases}$

习题 1-2

1. (1) 1; (2) 不存在,此时也称该极限为无穷大; (3) 不存在; (4) 0.

2. (1) 0; (2) 1; (3) 0; (4) 0; (5) 1; (6) 不存在.

3. $\lim\limits_{x \to -5} f(x) = 14, \lim\limits_{x \to 1} f(x)$ 不存在, $\lim\limits_{x \to 2} f(x) = 2, \lim\limits_{x \to 3} f(x) = 4$.

4. $a = 0$.

习题 1-3

1. (1) 无穷小； (2) 无穷大； (3) 无穷小； (4) 无穷小.

2. (1) 当 $x \to k\pi$ 时为无穷小, $x \to k\pi + \dfrac{\pi}{2}$ 时为无穷大；

   (2) 当 $x \to 1$ 时为无穷小, $x \to 0^+, +\infty$ 时为无穷大；

   (3) 当 $x \to -1$ 时为无穷小, $x \to -2$ 时为无穷大；

   (4) 当 $x \to 0^-$ 时为无穷小, $x \to 0^+$ 时为无穷大.

3. (1) 0； (2) 0； (3) 0； (4) 0.

4. (1) ∞； (2) 0.

习题 1-4

1. (1) 19； (2) -1； (3) ∞； (4) $-\dfrac{4}{3}$； (5) -3； (6) ∞； (7) 0； (8) -1；

   (9) 1； (10) $\left(\dfrac{3}{2}\right)^{20}$； (11) 3； (12) $\dfrac{1}{2}$.

2. (1) 3； (2) 9； (3) $\dfrac{1}{2}$； (4) 1； (5) $\dfrac{1}{2}$； (6) 1.

3. (1) e^4； (2) e^{-6}； (3) $e^{-\frac{1}{3}}$； (4) e^2； (5) e^5； (6) e^3.

习题 1-5

1. $x \to 0$ 时, $\sin^3 x$ 是比 $2x^2$ 高阶的无穷小.

2. (1) 因为 $\lim\limits_{x \to 0} \dfrac{1-\cos x}{\dfrac{1}{2}x^2} = 2\lim\limits_{x \to 0} \dfrac{1-\cos x}{x^2} = 2 \times \dfrac{1}{2} = 1$, 所以 $1-\cos x \sim \dfrac{1}{2}x^2$；

   (2) 因为 $\lim\limits_{x \to 0} \dfrac{\tan 2x}{2x} = \lim\limits_{x \to 0} \dfrac{\sin 2x}{2x} \cdot \dfrac{1}{\cos 2x} = \lim\limits_{x \to 0} \dfrac{\sin 2x}{2x} \cdot \lim\limits_{x \to 0} \dfrac{1}{\cos 2x} = 1$, 所以 $\tan 2x \sim 2x$.

3. (1) 2； (2) $\dfrac{1}{2}$； (3) $\dfrac{2}{3}$； (4) 2.

习题 1-6

1. (1) -3； (2) $(\Delta x)^2 + 4\Delta x$； (3) $(\Delta x)^2 + 2x_0 \Delta x$.

2. 连续, $(-\infty, +\infty)$.

3. (1) 极限存在； (2) 不连续.

4. (1) $x = 2$, 二类, 无穷间断点；

   (2) $x = 0$, 一类, 可去间断点；

   (3) $x = 0$, 一类, 可去间断点；

   (4) $x = 0$, 一类, 跳跃间断点；

   (5) $x = 1$, 一类, 可去间断点; $x = 2$, 二类, 无穷间断点；

   (6) $x = 1$, 一类, 跳跃间断点.

5. (1) 4； (2) 1； (3) 0； (4) 1； (5) 0； (6) $\sin 2$； (7) 0； (8) 0.

复习题 1

1. (1)C； (2)A； (3)D； (4)D； (5)A； (6)B； (7)A； (8)D.

2. (1) $(-2,-1) \cup (-1,3]$； (2) $\sin \ln^2 x$； (3) 0； (4) 2.

3. (1) -1； (2) ∞； (3) $\frac{1}{4}$； (4) -3； (5) e^{-2}； (6) 0.

第 2 章

习题 2-1

1. (1) $\bar{v} = 8\Delta t + 16$； (2) 16； (3) $16t_0$.

2. (1) 4； (2) $-\frac{2}{x^2}$.

3. (1) $\frac{3}{4}x^{-\frac{1}{4}}$； (2) $1.6x^{0.6}$； (3) $-\frac{3}{2}x^{-\frac{5}{2}}$； (4) $\frac{1}{x\ln 2}$.

4. 切线方程：$y - 1 = 3(x - 1)$；法线方程：$y - 1 = -\frac{1}{3}(x - 1)$.

5. 切线方程：$y - 1 = \frac{1}{e}(x - e)$；法线方程：$y - 1 = -e(x - e)$.

6. (1) 不连续，不可导； (2) 连续，不可导.

习题 2-2

1. (1) $6x^5 + 12x^3$； (2) $\frac{-5\pi}{x^6} - \frac{1}{x\ln 10}$；

   (3) $2x^{-\frac{1}{3}} - 3^x \ln 3 + 3e^x$； (4) $\cos^2 x - \sin^2 x$；

   (5) $x^3(4\ln x + 1)$； (6) $2x \arctan x + 1$；

   (7) $\frac{1 - x}{2\sqrt{x}(1 + x)^2}$； (8) $\frac{1 + \cos x + \sin x}{(1 + \cos x)^2}$；

   (9) $-\csc^2 x \cdot \arctan x + \frac{\cot x}{1 + x^2}$； (10) $e^x(\tan x + x\tan x + x\sec^2 x)$.

2. (1) $12(2x + 5)^5$； (2) $\frac{x}{\sqrt{1 + x^2}}$；

   (3) $3\sin(4 - 3x)$； (4) $-2e^{-2x}$；

   (5) $\ln 3$； (6) $\frac{2x}{1 + (1 + x^2)^2}$；

   (7) $\frac{2}{\sqrt{4 - x^2}} \arcsin \frac{x}{2}$； (8) $\frac{-x}{\sqrt{1 - x^2}} e^{-\sqrt{1 - x^2}}$；

   (9) $\frac{1}{x\sqrt{x^2 - 1}}$； (10) $\frac{1}{2\sqrt{x + \sqrt{x + \sqrt{x}}}}\left[1 + \frac{1}{2\sqrt{x + \sqrt{x}}}\left(1 + \frac{1}{2\sqrt{x}}\right)\right]$.

3. (1) $-\frac{1}{2}e^{-\frac{x}{2}}(\cos 3x + 6\sin 3x)$； (2) $(1 - x^2)^{-\frac{3}{2}}$；

(3) $-\dfrac{1}{x^2+1}$;

(4) $\dfrac{1}{\sqrt{1+x^2}}$;

(5) $3\cot 3x$;

(6) $e^{\frac{x}{\ln x}}\left(\dfrac{\ln x-1}{\ln^2 x}\right)$;

(7) $2^{\sin x}\ln 2 \cdot \cos x - \dfrac{\sin\sqrt{x}}{2\sqrt{x}}$;

(8) $\dfrac{2\ln x}{3x}(1+\ln^2 x)^{-\frac{2}{3}}$.

4. (1) $\dfrac{41}{15}$; (2) $\dfrac{1}{3}$.

5. (1) $y' = \dfrac{1}{f(x)}f'(x)$;

(2) $y' = \sin 2x \cdot f'(\sin^2 x)$;

(3) $y' = f'(x) \cdot \sin 2f(x)$.

习题 2-3

1. (1) $\dfrac{3y-4xy-3x^2}{2x^2-3x}$;

(2) $\dfrac{e^{x+y}-y}{x-e^{x+y}}$;

(3) $\dfrac{2}{3(1-y^2)}$;

(4) $-\dfrac{y^2}{xy+1}$;

(5) $x+y-1$;

(6) $\dfrac{1}{\cos y - 1}$.

2. (1) -1; (2) 2.

3. $x+y=0$.

习题 2-4

1. (1) $20(3+x)^3$;

(2) $(2+x)e^x$;

(3) $4+9\cos 3x$;

(4) $4e^{1-2x}$;

(5) $-\dfrac{2+2x^2}{(1-x^2)^2}$;

(6) $\dfrac{2(\sqrt{1-x^2}+x\arcsin x)}{\sqrt{(1-x^2)^3}}$.

2. $f''(1)=18, f'''(1)=12, f^{(4)}(1)=0$.

3. $\dfrac{d^2s}{dt^2}=-A\omega^2\sin\omega t$.

4. (1) $(-1)^n e^{-x}$; (2) $(-1)^{n-1}\dfrac{(n-1)!}{(1+x)^n}$.

习题 2-5

1. $0.0901, 0.09; 0.009001, 0.009$.

2. $-4dx$.

3. (1) $2x(\sin 2x + x\cos 2x)dx$;

(2) $\ln x\, dx$;

(3) $[e^x\cos(1-x)+e^x\sin(1-x)]dx$;

(4) $\dfrac{(1-x^2)\cos x + 2x\sin x}{(1-x^2)^2}dx$;

(5) $8x\tan(1+2x^2)\sec^2(1+2x^2)dx$;

(6) $-\dfrac{e^x}{1-e^x}dx$.

4.(1) $\frac{2}{3}x^3 + C$;　　　　　　　　(2) $4\arctan x + C$;

　(3) $\arcsin x + C$;　　　　　　　　(4) $-\frac{1}{3}\cos 3t + C$;

　(5) $-\frac{1}{2}e^{-2x} + C$;　　　　　　　(6) $\frac{(1+e^x)^3}{3} + C$.

5.(1) 0.99;　(2) 1.05;　(3) $\frac{\sqrt{3}}{2} - \frac{\pi}{360}$.

复习题 2

1.(1) D;　(2) B;　(3) C;　(4) D;　(5) C.

2.(1) $\frac{1}{x\ln x}$;　　　　　　　　　(2) $\frac{2\ln x + 5}{x}$;

　(3) $4e^{2x}$;　　　　　　　　　　(4) $2edx$;

　(5) $\frac{1}{2-\cos y}dx$;　　　　　　　(6) $\frac{e^y}{1-xe^y}, \frac{1-xe^y}{e^y}$.

3. $20x^3 - \sin x$;

4. $e^{2x}\left(2\arcsin x + \frac{1}{\sqrt{1-x^2}}\right)$;

5. $-2e$;

6. $2\arctan x + \frac{2x}{1+x^2}$;

7. $-6\cot(3x+5)\csc^2(3x+5)dx$;

8. $2x - y = 0, x + 2y - 5 = 0$;

9. 9.9867.

第 3 章

习题 3-1

1.(1) 满足,$\xi = 2$;　(2) 不满足,因为 $f(x) = |x|, x \in [-2,2]$ 在 $x = 0$ 处不可导.

2. $\xi = \sqrt{\frac{13}{3}}$.

3.(1) 1;　(2) 3;　(3) 2;　(4) 0;　(5) 3;　(6) 0;　(7) 1.

习题 3-2

1. 单调减少.
2. 单调增加.
3.(1) 单调减少区间 $(-\infty, 1]$,单调增加区间 $[1, +\infty)$;

　(2) 单调减少区间 $\left(0, \frac{1}{2}\right]$,单调增加区间 $\left[\frac{1}{2}, +\infty\right)$;

(3) 单调增加区间 $(-\infty,+\infty)$;

(4) 单调减少区间 $\left(-\infty,\dfrac{1}{2}\right]$, 单调增加区间 $\left[\dfrac{1}{2},+\infty\right)$;

(5) 单调减少区间 $(0,2]$, 单调增加区间 $[2,+\infty)$;

(6) 单调减少区间 $(-\infty,0)$, $\left(0,\dfrac{1}{2}\right]$, $[1,+\infty)$, 单调增加区间 $\left[\dfrac{1}{2},1\right]$.

4. (1) 极小值 $y(1)=2$;

(2) 极大值 $y(0)=0$, 极小值 $y(1)=-1$;

(3) 极大值 $y(-1)=17$, 极小值 $y(3)=-47$;

(4) 极小值 $y(0)=0$;

(5) 极大值 $y(\pm 1)=1$, 极小值 $y(0)=0$;

(6) 极小值 $y\left(-\dfrac{1}{2}\ln 2\right)=2\sqrt{2}$;

(7) 极大值 $y\left(\dfrac{\pi}{4}+2k\pi\right)=\dfrac{\sqrt{2}}{2}e^{\frac{\pi}{4}+2k\pi}$,

极小值 $y\left(\dfrac{\pi}{4}+2(k+1)\pi\right)=-\dfrac{\sqrt{2}}{2}e^{\frac{\pi}{4}+(2k+1)\pi}$ $(k=0,\pm 1,\pm 2,\cdots)$;

(8) 极大值 $y\left(\dfrac{3}{4}\right)=\dfrac{5}{4}$.

5. $a=2$, 取得极大值, 极大值为 $f\left(\dfrac{\pi}{3}\right)=\sqrt{3}$.

习题 3-3

1. (1) 最大值 $y(4)=80$, 最小值 $y(-1)=-5$;

(2) 最大值 $y(3)=11$, 最小值 $y(2)=-14$;

(3) 最大值 $y\left(\dfrac{3}{4}\right)=\dfrac{5}{4}$, 最小值 $y(-5)=-5+\sqrt{6}$;

(4) 最大值 $y(e)=e$, 最小值 $y\left(\dfrac{1}{e}\right)=-\dfrac{1}{e}$;

(5) 最大值 $y\left(-\dfrac{\pi}{2}\right)=\dfrac{\pi}{2}$, 最小值 $y\left(\dfrac{\pi}{2}\right)=-\dfrac{\pi}{2}$;

(6) 最大值 $y(4)=8$, 最小值 $y(0)=0$.

2. $x=\dfrac{1}{5}$ 处取得最大值, 最大值为 $\dfrac{1}{5}$.

3. $x=1$ 处取得最大值, 最大值为 -29.

4. $x=-3$ 处取得最小值, 最小值为 27.

5. $x=1$ 处取得最大值, 最大值为 $\dfrac{1}{2}$.

6. 底宽为 $\sqrt{\dfrac{40}{4+\pi}}$ 米时截面周长最小.

7. $r = \sqrt[3]{\dfrac{V}{2\pi}}, h = 2\sqrt[3]{\dfrac{V}{2\pi}}$,直径与高的比为 1：1.

习题 3-4

1.（1）$(-\infty,2)$ 内是凸的，$(2,+\infty)$ 内是凹的，拐点是 $(2,2e^{-2})$;

（2）$(-\infty,-1),(1,+\infty)$ 内是凸的，$(-1,1)$ 内是凹的，拐点是 $(1,\ln 2)$ 和 $(-1,\ln 2)$;

（3）凹的，无拐点；

（4）凹的，无拐点；

（5）是凹的，无拐点；

（6）$(0,1)$ 内是凸的，$(1,+\infty)$ 内是凹的，拐点是 $(1,-7)$.

2. $a = -\dfrac{3}{2}, b = \dfrac{9}{2}$.

3. $a = 1, b = -3, c = -24, d = 16$.

4.（1）铅直渐近线 $x = -4, x = 1$，水平渐近线 $y = 0$；

（2）铅直渐近线 $x = 0$，水平渐近线 $y = 0$；

（3）铅直渐近线 $x = -1$，水平渐近线 $y = 0$；

（4）水平渐近线 $y = 0$；

（5）水平渐近线 $y = \dfrac{\pi}{2}, y = -\dfrac{\pi}{2}$；

（6）铅直渐近线 $x = 0$，斜渐近线为 $y = x$.

习题 3-5

(1)

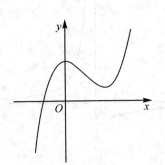

(2)

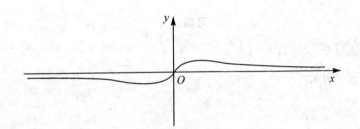

(3)
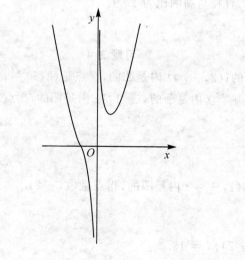

(4)
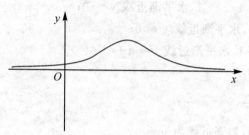

(5)
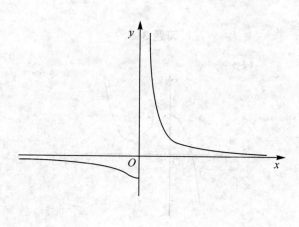

习题 3-6

1. $P = 170 - \dfrac{Q}{50}, Q \in [500, 1000]$.

2. 600(元), 12(元/件).

3. 450, 800.

4. (1) 740;

(2) $C'(20) = 52$, 说明当产量为 20 个单位时, 再增加一个单位的产量, 总成本增加 52;

$C'(30) = 72$, 说明当产量为 30 个单位时, 再增加一个单位的产量, 总成本增加 72.

习题参考答案

5. $L'(20) = 50$(千元/吨),说明每天产量为 20 吨时,再增加 1 吨产量,利润将增加 50(千元);

   $L'(25) = 0$(千元/吨),说明每天产量为 25 吨时,再增加 1 吨产量,利润不增也不减;

   $L'(30) = -50$(千元/吨),说明每天产量为 30 吨时,再增加 1 吨产量,利润不仅不会增加,反而要减少 50(千元).

6. $\dfrac{2}{3}$.

7. (1) $\dfrac{EQ}{EP} = -\dfrac{1}{5}P$;

   (2) $\left.\dfrac{EQ}{EP}\right|_{P=3} = -0.6$,说明 $P=3$ 时,价格上涨 1%,需求减少 0.6%;

   $\left.\dfrac{EQ}{EP}\right|_{P=5} = -1$,说明 $P=5$ 时,价格上涨 1%,需求减少 1%;

   $\left.\dfrac{EQ}{EP}\right|_{P=6} = -1.2$,说明 $P=6$ 时,价格上涨 1%,需求减少 1.2%.

8. (1) $\dfrac{EQ}{EP} = \dfrac{-2P^2}{75-P^2}$;

   (2) $P=5$ 时,单位弹性;

   $0 < P < 5$ 时,缺乏弹性;

   $5 < P < 8$ 时,富有弹性.

9. 30 个单位,最低平均费用 80.

10. 30 个单位,最大平均收益为 340.

11. 2.5 个单位,最大利润 3.25 百元.

复习题 3

1. (1) B; (2) C; (3) A; (4) C; (5) A; (6) C; (7) B; (8) D; (9) B; (10) A.

2. (1) $f(a), f(b)$; (2) $4x - y - 1 = 0$; (3) $(1,4)$;

   (4) $1, 2$; (5) $\dfrac{11}{6}, 0$.

3. (1) 极大值 $f(1) = 4$,极小值 $f(3) = 0$.

4. 在 $(-\infty, -2]$ 和 $[1, +\infty)$ 上是单调增加,在 $[-2, 1]$ 上是单调减少.

5. (1) -1; (2) ∞.

6. $h = \dfrac{4}{3}R$.

第 4 章

习题 4-1

1. (1) $\dfrac{1}{2}\sin^2 x$, $-\dfrac{1}{4}\cos 2x$, $-\dfrac{1}{2}\cos^2 x$ 都是

   (2) $\ln x$, $\ln ax$ ($a > 0$,且 a 为常数), $\ln x + C$ (C 为常数) 是.

2. (1) $\dfrac{1}{\arcsin\sqrt{1-x^2}}+C$; (2) $\dfrac{1}{x\arctan\sqrt{1+x^2}}dx$;

   (3) $x\cos^2 x \ln x + C$; (4) $e^x\sin x - \cos x$.

3. (1) $\dfrac{2}{5}x^{\frac{5}{2}}+C$; (2) $\dfrac{3}{10}x^{\frac{10}{3}}+C$;

   (3) $-\dfrac{2}{3}x^{-\frac{3}{2}}+C$; (4) $\dfrac{1}{3}x^3-\dfrac{3}{2}x^2+2x+C$;

   (5) $\dfrac{1}{3}x^3+\dfrac{2}{5}x^{\frac{5}{2}}-\dfrac{2}{3}x^{\frac{3}{2}}-x+C$; (6) $2\sqrt{x}-\dfrac{4}{3}x^{\frac{3}{2}}+\dfrac{2}{5}x^{\frac{5}{2}}+C$;

   (7) $\dfrac{1}{2}x^2-3x+3\ln|x|+\dfrac{1}{x}+C$; (8) $x^3+\arctan x+C$;

   (9) $x-\arctan x+C$; (10) $3\arctan x-2\arcsin x+C$;

   (11) $2e^x-4\cos x+\dfrac{1}{x}+C$; (12) $\dfrac{3^x e^x}{\ln 3+1}+C$;

   (13) $2x-\dfrac{5\cdot\left(\dfrac{2}{3}\right)^x}{\ln 2-\ln 3}+C$; (14) $\tan x-x+C$;

   (15) $\dfrac{1}{2}(x-\sin x)+C$; (16) $-4\cot x+C$;

   (17) $\tan x-\sec x+C$; (18) $\dfrac{1}{2}\tan x+C$;

   (19) $\sin x+\cos x+C$; (20) $\dfrac{4(x^2+7)}{7\sqrt[4]{x}}+C$.

习题 4-2

1. (1) $\dfrac{1}{a}$; (2) $\dfrac{1}{a}$; (3) $\dfrac{1}{2}$; (4) $\dfrac{1}{2a}$; (5) $-\dfrac{1}{2a}$; (6) $\dfrac{1}{12}$; (7) $\dfrac{1}{3}$; (8) -2;

   (9) $-\dfrac{2}{3}$; (10) $-\dfrac{1}{5}$; (11) $\dfrac{1}{4}$; (12) $-\dfrac{1}{2}$.

2. (1) $-3\cos\dfrac{x}{3}+C$; (2) $-\dfrac{1}{16}(1-4x)^4+C$;

   (3) $\sin e^x+C$; (4) $\ln(2+e^x)+C$;

   (5) $-\dfrac{1}{3}\ln|1-3x|+C$; (6) $-\dfrac{1}{3}e^{-3x}+C$;

   (7) $\dfrac{1}{4}\sin(3+2x^2)+C$; (8) $\dfrac{1}{6}\arctan\dfrac{3}{2}x+C$;

   (9) $-\dfrac{1}{20}\cos 4x^5+C$; (10) $-e^{\frac{1}{x}}+C$;

   (11) $\dfrac{1}{4}\ln^4 x+C$; (12) $e^{\sin x}+C$;

   (13) $\dfrac{1}{2}\ln(x^2+4)+C$; (14) $\ln\left|\dfrac{1+2x}{1-2x}\right|+C$;

(15) $\frac{2}{3}(\arctan x)^{\frac{3}{2}}+C$;

(16) $\frac{1}{5}\sqrt[3]{(3x+1)^2}(x+2)+C$;

(17) $2[\sqrt{x}-\ln(1+\sqrt{x})]+C$;

(18) $\frac{1}{2}(\arctan x+\frac{x}{x^2+1})+C$;

(19) $-\frac{\sqrt{1-x^2}}{x}+C$;

(20) $\ln\frac{\sqrt{1+e^x}-1}{\sqrt{1+e^x}+1}+C$.

习题 4-3

1. $\frac{x^2}{2}\ln x-\frac{x^2}{4}+C$;

2. $x\ln(1+x^2)-2x+2\arctan x+C$;

3. xe^x-e^x+C;

4. $-e^{-x}(x^2+2x+2)+C$;

5. $x\arcsin x+\sqrt{1-x^2}+C$;

6. $x\arctan x-\frac{1}{2}\ln(1+x^2)+C$;

7. $-\frac{1}{4}x\cos 2x+\frac{1}{8}\sin 2x+C$;

8. $x^2\sin x+2x\cos x-2\sin x+C$;

9. $\frac{1}{2}(\sec x\tan x+\ln|\sec x+\tan x|)+C$;

10. $4x\sin x+4\cos x-\sin x+C$;

11. $2e^{\sqrt{x}}(\sqrt{x}-1)+C$;

12. $\frac{1}{3}\sqrt{2x+1}(x-1)+C$.

复习题 4

1. (1) C; (2) A; (3) D; (4) B; (5) C; (6) B; (7) C; (8) B; (9) D; (10) A.

2. (1) $f(x)+C$;

(2) $y=x^2$;

(3) $(x+1)e^x$;

(4) $\frac{1}{2}\arctan 2x+C$;

(5) $e^{\cos x}(\sin^2 x-\cos x)$.

3. (1) $\ln|x-\sin x|+C$;

(2) $\frac{\sqrt{2}}{2}\arcsin\sqrt{2}x+C$;

(3) $\ln|\ln x|+C$;

(4) $\sqrt{x^2-4}-2\arccos\frac{2}{x}+C$;

(5) xe^x+C;

(6) $-\frac{1}{x}(1+\ln x)+C$;

(7) $\frac{1}{2}x\sin 2x+\frac{1}{4}\cos 2x+C$;

(8) $\frac{1}{2}e^{-x}(\sin x-\cos x)+C$.

第 5 章

习题 5-1

2. (1) $\int_1^2 x^2 dx \leqslant \int_1^2 x^3 dx$;   (2) $\int_0^1 x^2 dx \geqslant \int_0^1 x^3 dx$;

 (3) $\int_1^2 \ln x dx \geqslant \int_1^2 (\ln x)^2 dx$;   (4) $\int_0^1 e^x dx \geqslant \int_0^1 e^{\frac{x}{2}} dx$.

3. (1) $4 \leqslant \int_1^3 (x^3+1) dx \leqslant 56$;   (2) $0 \leqslant \int_{-1}^2 (4-x^2) dx \leqslant 12$;

 (3) $\dfrac{\pi}{2} \leqslant \int_0^{\frac{\pi}{2}} e^{\sin x} dx \leqslant \dfrac{\pi}{2} e$;   (4) $\dfrac{2\pi}{13} \leqslant \int_0^{2\pi} \dfrac{dx}{10+3\cos x} \leqslant \dfrac{2\pi}{7}$.

习题 5-2

1. (1) $\dfrac{e^x}{x^2+1}$;   (2) $-\sin x^2$;   (3) $-\dfrac{1}{2}\sqrt{\dfrac{1}{x}+1}$;   (4) $-\sin 2x$.

2. (1) 1;   (2) 2.

3. (1) 4;   (2) 1;   (3) $\dfrac{\sqrt{2}}{2}$;   (4) $\dfrac{\pi}{6}$;   (5) $\dfrac{\pi}{6}$;   (6) $\dfrac{29}{6}$;   (7) $\dfrac{1}{2}$;   (8) 4.

4. $\dfrac{\pi}{2}(\pi-1)+1$.

习题 5-3

1. (1) $\dfrac{1}{6}$;   (2) $4-2\ln 3$;   (3) $\arctan e - \dfrac{\pi}{4}$;   (4) 1;   (5) $\dfrac{5}{2}$;   (6) $\dfrac{\pi}{4}$;   (7) 4π;   (8) 0.

2. (1) -2;   (2) $\pi-2$;   (3) $\dfrac{\pi}{6}-\dfrac{\sqrt{3}}{2}+1$;   (4) 1;   (5) $\dfrac{3}{2}-\dfrac{1}{2}\ln 2$;   (6) $\dfrac{1}{4}(\pi-2)$.

3. $\dfrac{1}{3}+e$.

习题 5-4

(1) 发散;   (2) 发散;   (3) $\dfrac{1}{3}$;   (4) $\dfrac{1}{a}$;   (5) π;   (6) 1;   (7) 发散;   (8) 发散.

习题 5-5

1. (1) $\dfrac{3}{2}-\ln 2$;   (2) $2(\sqrt{2}-1)$;   (3) $e+\dfrac{1}{e}-2$;   (4) $\dfrac{9}{2}$;   (5) $\dfrac{1}{3}$;   (6) $\dfrac{1}{6}$;   (7) 1;

 (8) $b-a$;   (9) $\dfrac{32}{3}$.

2. $\dfrac{\pi^2}{2}$.   3. 4π.   4. $\dfrac{2\pi}{15}$.   5. $\dfrac{4\pi}{3}$.   6. $2\pi^2 bR^2$.   7. $\dfrac{1}{2}Q^2+24Q+1000$(元).

8. $C(Q)=10e^{0.2Q}+80$.   9. 75.

10. (1) $-\dfrac{5}{8}$(万元);(2)4(万台);(3)$C(Q) = 4Q + \dfrac{1}{8}Q^2 + 1, L(Q) = 5Q - \dfrac{5}{8}Q^2 - 1$.

复习题 5

1. (1)D; (2)B; (3)B; (4)A; (5)A; (6)C; (7)C; (8)D; (9)A; (10)C.

2. (1)1; (2)$b-a-1$; (3)1; (4)$\sin x + x\cos x$; (5)$\dfrac{1}{2}$; (6)$e^{\sqrt{2}}$; (7)7; (8)0;

   (9)$\dfrac{1}{12}$; (10)$10\dfrac{2}{3}$.

3. (1)$\dfrac{13}{2}$; (2)4; (3)$\sqrt{2}-1$; (4)$4-2\arctan 2$; (5)$\dfrac{4}{3}$; (6)$\dfrac{1}{5}(e^\pi - 2)$; (7)$\dfrac{1}{2\ln^2 2}$;

   (8)$\dfrac{\pi}{2}$.

4. $\dfrac{5}{12}$.

5. $\dfrac{5}{2}$.

6. $\dfrac{2\pi}{15}$.

第 6 章

习题 6-1

1. (1) 一阶;(2) 一阶;(3) 三阶;(4) 二阶.　3. $y = x(2-\ln x)$.　4. $y = \dfrac{1}{3}x^3 - \dfrac{1}{3}$.

习题 6-2

1. (1) $y = e^{Cx}$;　　　　　　　　　　(2) $y = \dfrac{1}{5}x^3 + \dfrac{1}{2}x^2 + C$;

   (3) $y = -\dfrac{1}{x^2 + C}$;　　　　　　(4) $x^2 + y^2 = 2\ln x + C$;

   (5) $y = -\dfrac{1}{\sin x + C}$;　　　　　(6) $y\sqrt{x^2+1} = C$;

   (7) $(e^x + 1)(e^y - 1) = C$;　　　　(8) $\sin x \sin y = C$.

2. (1) $y^2 = x^2(\ln x^2 + C)$;　　　　　(2) $y = xe^{Cx+1}$;

   (3) $\sqrt{xy} - x = C$;　　　　　　　(4) $Cx = e^{\sin\frac{y}{x}}$.

3. (1) $y = \dfrac{x^3}{2} + Cx$;　　　　　　(2) $y = \dfrac{1}{2}(x+1)^4 + C(x+1)^2$;

   (3) $y = e^{-x}(x + C)$;　　　　　　(4) $y = \dfrac{1}{x^2+1}\left(\dfrac{4}{3}x^3 + C\right)$;

   (5) $y = e^{-\sin x}(x + C)$;　　　　　(6) $x = -y - 1 + Ce^y$.

4. (1) $x^2 + y^2 = 5$;　　　　　　　(2) $y = \dfrac{2}{\ln(1+x^2) + 2}$;

(3) $\cos y = \dfrac{\sqrt{2}}{4}(e^x + 1)$;   (4) $y = \dfrac{2}{3}(4 - e^{-3x})$;

(5) $y = \dfrac{1}{x}(\pi - 1 - \cos x)$;   (6) $y = \dfrac{1}{2}x^3(1 - e^{\frac{1}{x^2} - 1})$.

习题 6-3

1. (1) $y = \dfrac{1}{6}x^3 - \sin x + C_1 x + C_2$;   (2) $y = x\arctan x - \ln\sqrt{1 + x^2} + C_1 x + C_2$;

   (3) $y = -\ln|\cos(x + C_1)| + C_2$;   (4) $y = C_1 e^x - \dfrac{1}{2}x^2 - x + C_2$;

   (5) $y = \arcsin e^{x + C_2} + C_1$;   (6) $y = 1 - \dfrac{1}{C_1 x + C_2}$.

2. (1) $y = x^3 + 3x + 1$;   (2) $y = \dfrac{4}{(x - 5)^2}$;

   (3) $\sqrt{2y - 1} = x + 1$;   (4) $y = -\dfrac{1}{3}\ln(3x + 1)$.

习题 6-4

1. (1) $y = C_1 e^{-3x} + C_2 e^{2x}$;   (2) $y = e^x(C_1 \cos 2x + C_2 \sin 2x)$;

   (3) $y = (C_1 + C_2 x)e^{3x}$;   (4) $y = C_1 e^{-3x} + C_2 e^{4x}$;

   (5) $y = (C_1 + C_2 x)e^{-\frac{1}{2}x}$;   (6) $s = C_1 \cos\omega t + C_2 \sin\omega t$.

2. (1) $y = \left(1 + \dfrac{5}{2}x\right)e^{-\frac{3}{2}x}$;   (2) $y = 4e^x + 2e^{3x}$;

   (3) $y = e^{2x}\sin 3x$.

3. (1) $y = (C_1 + C_2 x)e^x + x^2\left(\dfrac{1}{6}x + \dfrac{1}{2}\right)e^x$;   (2) $y = C_1 e^x + C_2 e^{-x} + 5x^2 + 10$;

   (3) $y = C_1 + C_2 e^{2x} + \left(\dfrac{5}{4}x^2 + \dfrac{1}{4}x\right)e^{2x}$;   (4) $y = C_1 + C_2 e^x + \left(\dfrac{1}{3}x^3 - x^2 + 2x\right)e^x$;

   (5) $y = C_1 e^{2x} + C_2 e^{3x} - x\left(\dfrac{1}{2}x + 1\right)e^{2x}$;   (6) $y = C_1 e^{-x} + C_2 e^{-3x} + \dfrac{1}{3}x - \dfrac{10}{9}$;

   (7) $y = (C_1 + C_2 x)e^{2x} + x^2 e^{2x}$;   (8) $y = C_1 \cos ax + C_2 \sin ax + \dfrac{e^x}{1 + a^2}$.

4. (1) $y = e^x\left(\dfrac{x^2}{2} - x + 1\right)$;   (2) $y = -\dfrac{1}{16}\sin 2x + \dfrac{1}{8}x$;

   (3) $y = \dfrac{11}{16} + \dfrac{5}{16}e^{4x} - \dfrac{5}{4}x$;   (4) $y = -e^{-x} + e^x + x(x - 1)e^x$.

复习题 6

1. (1) A; (2) B; (3) D; (4) C; (5) C; (6) A; (7) C; (8) C; (9) C; (10) D.

2. (1) 一, 三;   (2) $y = \dfrac{1}{1 - x^3}$;   (3) $y = e^{-\int P(x)dx}\left(\int Q(x)e^{\int P(x)dx}dx + C\right)$;

   (4) $u = \dfrac{y}{x}$, 可分离变量方程;   (5) $y = -2\cos x + C_1 x + C_2$;   (6) $y = C_1 + C_2 e^{-x}$;

(7) $y^* = x^2(ax+b)e^{3x}$;　(8) $e^{3x}(C_1\cos 4x + C_2\sin 4x)$;　(9) $y'' - 4y = 0$;

(10) $y = C_1\cos x + C_2\sin x, y^* = ax + b$.

3. (1) $e^{-y^3} = 3e^x + C$;　　　　　(2) $y = Ce^{-x} - \dfrac{1}{3}e^{-2x}$;

(3) $y = x(C - \ln x)^2$;　　　　　(4) $y = C_2 + C_1 e^{-5x}$;

(5) $y = e^{2x}(C_1\cos x + C_2\sin x)$;　(6) $y = C_1 e^{-2x} + C_2 e^x - \dfrac{1}{2}\left(x + \dfrac{1}{2}\right)$.

4. (1) $y = \dfrac{1}{2} - \dfrac{1}{x} + \dfrac{1}{2x^2}$;　　　　(2) $y = -\dfrac{1}{a}\ln(ax + 1)$;

(3) $y = (2 + x)e^{-\frac{x}{2}}$.

5. $f(x) = e^{3x}(-2e^{-x} + 3)$;

6. $x^2 + y^2 = 2$.

参 考 文 献

[1] 谭杰锋,郑爱武.高等数学.北京:清华大学出版社,北京交通大学出版社,2006
[2] 李君湘,邱忠文.高等数学.天津:天津大学出版社,2007
[3] 陈水林,黄伟祥.高等数学.武汉:湖北科学技术出版社.2007
[4] 同济大学.高等数学.第5版.北京:高等教育出版社,2002
[5] 柳重堪.高等数学.北京:中央广播电视大学出版社,2000
[6] 彭文学,李少斌.经济数学基础.武汉:武汉大学出版社,2007
[7] 高焱,陈继业.高等数学.北京:机械工业出版社,2011
[8] 杨艳华,李丽莉.高等数学.北京:科学出版社,2011
[9] 侯谦民.高职应用数学.武汉:华中科技大学出版社,2011
[10] 黄焕福,何友萍,范忠.高等数学.成都:电子科技大学出版社,2010
[11] 滕桂兰,杨万禄.高等数学.第3版.天津:天津大学出版社,2003
[12] 黎诣远.经济数学基础.北京:高等教育出版社,1998
[13] 田立平,谢斌.微积分.第2版.北京:机械工业出版社,2012
[14] 李艳梅,刘振云.经济应用基础(微积分).北京:机械工业出版社,2012
[15] 张耘.应用数学基础.北京:北京邮电大学出版社,2012
[16] 林道荣,秦志林,周伟光.数学实验与数学建模.北京:科学出版社,2011
[17] 张韵华,王新茂.Mathematica 7 实用教程.合肥:中国科学技术大学出版社,2011
[18] 杨珏,何旭洪,赵昊彤.Mathematica 应用指南.北京:人民邮电出版社,1999